Pferdeweide-Weidelandschaft

Kulturgeschichtliche, ökologische und tiermedizinische Zusammenhänge

Ein Leitfaden und Handbuch für die Praxis

Renate U. Vanselow

Die Neue Brehm-Bücherei Bd. 657
Westarp Wissenschaften · Hohenwarsleben · 2005

Mit 10 Abbildungen, 19 Tabellen und 25 Farbtafeln

Titelbild: Koniks im Stiftungsland Schäferhaus bei Flensburg. (Foto: GERD KÄMMER, BUNDE WISCHEN E. V.).

http://www.westarp.de

Satz und Layout: Gabi Severin
Druck und Bindung: Meiling Druck, Haldensleben

Vorworte

Nun ist es soweit, Sie haben ein Buch in Händen welches nach langen Bemühungen endlich geschrieben werden konnte und dies in Zusammenarbeit mit der Vereinigung der Freizeitreiter und -fahrer Deutschland e.V. (VFD).

Pferdehaltende Freizeitreiter, Natürschützer und Ökologen, naturkundlich interessierte Laien und die Mitglieder unserer Vereinigung bilden die Zielgruppe.

Das Grünland ist für unsere Pferde Lebensraum und Nahrungsgrundlage. Außerdem ersetzten zunehmend Pferde Rinder auf den für diese ursprünglich ausgelegten Grünflächen. In diesem Zusammenhang stellt sich auch die Frage der Austauschbarkeit von Pferd und Rind. Wie wirkt sich moderne Grünlandbewirtschaftung auf die Gesundheit unserer Pferde aus? So ist z.B. die Hufrehe bei Pferden inzwischen zu einer der häufigsten und gefährlichsten Erkrankungen geworden. Vielfach wird schon davon abgeraten, Pferde überhaupt noch unkontrolliert – bis zu 24 Stunden pro Tag – weiden zu lassen.

Dieses und andere Problemfelder werden in anschaulicher Weise für den Freizeitreiter verständlich dargestellt. Vor dem Hintergrund des Wunsches nach gesunder Pferdehaltung und moderner Landschaftspflege mit Weidetieren, versucht dieses Buch, ein umfassendes Wissen über die Grundlagen und wissenschaftlichen Streitfragen zu vermitteln.

Die einmalige Zusammenstellung an Material und Erfahrungen ergibt ein Mosaik aus den unterschiedlichsten Blickwinkeln und lässt ein logisches Bild der wechselseitigen Anpassung Weideland – Weidetier entstehen.

Viel Freude mit diesem Buch wünsche ich allen Lesern und danke gleichzeitig ganz herzlich Frau Dr. VANSELOW für dieses großartige Werk.

HANSPETER HARTMANN

Bundesvorsitzender der Vereinigung

der Freizeitreiter und -fahrer Deutschland e.V. (VFD)

Extensive Weidelandschaften schlagen eine Brücke zwischen den letzten europäischen Wildnisgebieten und der heutigen intensiv genutzten Agrarlandschaft. Ohne Weideflächen sähe unsere mitteleuropäische Landschaft ärmer aus. Ohne die frei laufenden Weidetiere hätten viele unserer wildlebenden Tiere und Pflanzen keine guten Überlebenschancen. Extensive Weidelandschaften sind also wichtig und in jedem Fall ein musterhaftes Beispiel für eine zukunftsfähige nachhaltige Landnutzung. Für den Schutz der europäischen Natur in ihrer ganzen Vielfalt müssen wir extensive Weidelandschaften erhalten – und wieder aufbauen. Aber was wären die Weiden ohne Pferde?

Genau an diesem Punkt bekommt das Buch von Frau Dr. VANSELOW seine große Bedeutung. Denn Pferde besetzen in diesen Landschaften neben Rindern und Schafen die Schlüsselrolle. Doch viele Weideflächen sind heute schon sehr stark verändert. Durch den Einsatz von speziellem Saatgut und durch gezielte Düngung haben viele Flächen ihre Eignung als Dauerweide für Pferde bereits verloren.

Ein neues Weidekonzept muss also her. In dem Buch wird die so genannte »Megaherbivoren-Theorie« erläutert und das Konzept der »Halboffenen Weidelandschaft« erklärt: Eine möglichst große Fläche (100 Hektar und mehr) wird umzäunt und mit robusten Weidetieren besetzt, so etwa ein Tier je zwei oder drei Hektar. Die Tiere laufen im Idealfall das ganze Jahr über auf der Fläche.

Vor allem robuste Pferde werden in Zukunft in den Weidelandschaften gefragt sein: zum Beispiel Koniks und Exmoor-Ponys. Aber wie funktioniert der Umgang mit den Tieren? Auf was muss man achten? Wie können die Probleme mit Parasiten gelöst werden? Was kann man gegen die gefürchtete Hufrehe-Erkrankung machen? »Der Teufel steckt im Detail«, das hat jeder Projektmanager von halboffenen Weidelandschaften in den letzten Jahren gelernt. Und Frau Dr. VANSELOW trägt mit dem umfangreichen Wissen, das sie in diesem Buch ausbreitet, dazu bei, das Management von großen Weidelandschaften zu erleichtern.

Dr. WALTER HEMMERLING

Geschäftsführender Vorstand der

Stiftung Naturschutz Schleswig-Holstein

Einleitung

In einer Zeit, in der Globalisierung und Gentechnik in aller Munde sind, wird »normalen« Problemen oft recht wenig Aufmerksamkeit geschenkt. So beschäftigt sich dieses Buch mit ganz banalem Grünland. Doch wird der Leser bald merken: So einfach ist das gar nicht. Außerdem möchte ich hier darauf hinweisen, dass ich keinerlei neue Forschungsergebnisse präsentiere. Vielmehr bemühe ich mich, das Mosaik aus vorhandenen Steinen neu zu kombinieren, sodass dem Pferdehalter wie dem Naturschützer sichtbar wird, wie die Zusammenhänge wirken. Das sich ergebende Bild ist vielleicht ein neuer Blickwinkel. Wirklich neu ist es nicht, wie die Fülle an Zitaten belegt. Neu ist die Kombination, die Beleuchtung von vorhandenem Wissen vor neuem Hintergrund.

Es werden eine Reihe von Hypothesen vorgestellt und aufgestellt. Wissenschaft lebt von Hypothesen und dem Streit darum. Ohne Diskussion, ohne Versuch und Irrtum, ist ein Lernen nicht möglich. Hypothesen sind nicht »Glauben« sondern Werkzeuge, Modelle für Interpretationen von Beobachtungen und die mögliche Umsetzung in die Praxis. Diese Modelle sind dazu da, aufgestellt und bei Bedarf verbessert, überholt, erweitert oder widerlegt zu werden. Sie sind nicht dazu da, bedingungslos geglaubt zu werden.

Wo auch immer ich meine Gedanken vorgetragen habe, bin ich auf Zweifel, Fragen und Gegenargumente gestoßen. Ich habe diese sehr ernst genommen und versucht, allen nachzugehen. So ist alles das zusammengekommen, was jetzt als Buch vorliegt – quasi als Antwort in einem keineswegs beendeten Dialog. Mit dieser meiner Antwort möchte ich das Wort zurückgeben an alle jene, die die Dinge anders sehen. Der Erfolg im Naturschutz bzw. in der Praxis wird die eigentliche Antwort geben: Wenn die Hypothesen stimmen, sollten die Früchte (gesunde Pferde, extensiv beweidete Landschaften) nicht ausbleiben. Somit fordere ich jeden Leser auf, mitzudenken und die Hypothesen verbessern zu helfen, zum Wohle von Umwelt, Pferden und Menschen.

Ist diese »naturnahe« Haltung extrem? Bis vor 100 Jahren noch war sie großflächig normal... Das sollte zu denken geben.

Renate U. Vanselow

Inhaltsverzeichnis

1 Pferdegesundheit als Indikator der Grünlandbewirtschaftung

Die Hufrehe ist bei Pferden inzwischen zu einer der häufigsten und gefährlichsten Erkrankungen geworden. Vielfach wird davon abgeraten, Pferde überhaupt noch unkontrolliert (bis zu 24h pro Tag) auf Gras zu lassen. Wegen der enormen Probleme laufen mit großem Aufwand betriebene wissenschaftliche Studien in Australien, aber auch in England und den USA. Inzwischen steht fest: Hauptauslöser der Krankheit bei im Grünland weidenden Pferden sind die Fruktane, die vor allem in »Hochleistungsgräsern« enthalten sind. Bei Stress wird sogar besonders viel Fruktan von der Pflanze produziert.

Meine Hypothese ist, dass wir durch die herkömmliche Hochleistungsgräserzucht unser Grünland bereits so verändert haben, dass es als bedenkenlose Nahrungsgrundlage für Pferde problematisch geworden ist, und dass möglicherweise sogar per Pollenflug Wildgräser in Naturschutzgebieten mit ihren Zuchtformen vermischt wurden. Zu ähnlichen Erkenntnissen kommen zunehmend auch Pferdezeitschriften mit aktuellen Artikeln aus gegebenem Anlass zur neuesten Forschung über Hufrehe. Da das Pferd in Deutschland ein Sympathieträger ist und viele Menschen direkt oder indirekt mit Pferden zu tun haben (ca. 1,2 Mio. Pferde und Ponys, ca. 1,6 Mio. Reiter und noch mehr Eltern und Partner, die indirekt mit diesem Massenphänomen verbunden sind), handelt es sich hier um ein Problem, das nicht nur wenige Landwirte oder Viehhalter betrifft. Hier wird, durch Wirtschaftszwänge gesteuert und bisher kaum bemerkt, eine Vernichtung von Ernährungsgrundlagen praktiziert, die aus ökologischer Perspektive als rücksichtslos angesehen werden kann.

Noch ist die Forschung zur Hufrehe auf die Entstehung und Behandlung der Erkrankung im Tier konzentriert, es laufen aber zunehmend Studien zu Entstehung und Vorkommen von Fruktan in Gräsern. Man hat Gräser auf Energieproduktion gezüchtet und auf Böden und in Klima angebaut, die nicht dem ursprünglichen Biotop der Wildgräser entsprechen. Nun zeigt sich bei extremeren Klimaschwankungen, dass diese Gräser dort unter Stress geraten und noch mehr Fruktan produzieren – welches die unerwartete Nebenwirkung zeigt, für Pferde schädlich zu sein... eine

Tatsache, die an manchen Arzneimittelskandal erinnert. Auch Contergan war ein hervorragendes Produkt, nur leider mit unvorhergesehenen Auswirkungen in der Schwangerschaft.

1.1 Probleme mit Pferden auf Rinderweiden

Die Probleme mit Hufreheerkrankungen scheinen von Jahr zu Jahr zuzunehmen. Reiter, die ihre Pferde im Sommer auch auf Turnieren oder anderen Veranstaltungen vorstellen wollen, lassen ihre Vierbeiner selten mehr als ein paar Stunden pro Tag aufs Gras, aus Angst vor Verfettung, trotz aller positiven Effekte wie z.B. Bewegung und frischer Luft. Dann lieber Boxen mit Auslauf oder Bewegungslaufställe (sog. Aktivställe). Man möchte meinen, unsere Pferde fressen sich kaputt und leiden unter Wohlstandserkrankungen, die vom Menschen verursacht werden. Diesen Beobachtungen möchte ich hier nicht nur als Pferdehalterin, sondern als botanische Ökophysiologin auf den Grund gehen, und hoffe, dem interessierten Leser viele neue Aspekte und Ursachen aufzuzeigen.

Die meisten Weiden, die heute den Pferdehaltern zur Verfügung stehen, sind ehemalige Rinderweiden. Obwohl Pferdehalter i.d.R. ihre Pferde artgerecht halten wollen, und somit Weidehaltung in mehr oder weniger begrenzter Form anstreben, wissen die wenigsten etwas über die Ansprüche ihrer Schützlinge und das Angebot der Landwirte (VANSELOW 2002a). Die meisten Betriebe im norddeutschen Flachland, die auf Pferdehaltung umstellen oder hier ein zweites Standbein aufbauen wollen, haben vorher Milchvieh gehalten, aber auch Bullenmast oder seltener Mutterkuhhaltung betrieben. Die Höfe sind auf Rinder eingestellt. Wie wirkt sich das auf die Wiesen und Weiden aus, die nun zur Pferdehaltung herangezogen werden sollen? Was frisst eine Kuh? Und was leistet sie? Und wie sind also die Grünflächen als Rinderweide bzw. zur Futterproduktion für Rinder ausgelegt? Welche Unterschiede ergeben sich zur Pferdehaltung? Ist die alte Weisheit der Vollblutzüchter ernstzunehmen, dass kalkreiche Weiden »harte« Pferde bringen, stickstoffreiche Weiden aber »weiche« Pferde?

Ich hoffe, dass der eine oder andere Pferdehalter an der Haltung als solcher Freude hat und bereit ist, um der Gesundheit seines Pferdes willen einen kleinen Exkurs in die ursprüngliche Umwelt zu machen, in der unsere Hauspferde entstanden. Denn es war nicht immer so wie heute und unsere Pferde wurden für andere Voraussetzungen gezüchtet.

Unsere Pferde verfetten zusehends. Und das hat nicht immer mit mangelnder Bewegung zu tun. Wer den ganzen Tag Naschkram zur freien Verfügung hat und zugreift, verliert bald jegliche Figur und wird krank. Aber haben Pferde nicht immer schon ganztags auf Weiden gestanden? Viele alte Landwirte schütteln zu Recht ungläubig den Kopf über die vielen betüddelten, kranken Pferde in Boxen und Paddocks. »Das gab es früher nicht...!« hört man immer wieder. Haben sich unsere Weiden denn verändert? Um zu begreifen, was uns da in Form einer Weide vorliegt, bleibt es uns Pferdehaltern nicht erspart, uns mit dem das Weideland beherrschenden Hausrind zu beschäftigen und uns Gedanken darüber zu machen, ob eine rindergerechte Umwelt auch zur Pferdehaltung geeignet ist. So wie man vieles in der Pferdehaltung erst verstehen kann, wenn man in der Evolution des Pferdes ein paar Schritte zurück geht, ist auch das Rind erst verständlich, wenn man seine Vergangenheit betrachtet.

1.2 Vom Auerochsen zur Milchkuh

Das Hausrind (*Bos primigenius* f. *taurus*) stammt vom Auerochsen (*Bos primigenius* f. *primigenius*), auch Ur genannt, ab. Dieses Rind war bis 1,80m hoch, wog bis 1.000kg und hatte äußerlich große Ähnlichkeit mit den Stieren der Camargue bzw. den spanischen Kampfstieren. Die Färbung der Stiere war schwarzbraun mit rotbraunem Aalstrich. Sie trugen kräftige und wie eine Forke nach vorne geschwungene Hörner. Die Kühe waren rotbraun gefärbt und deutlich kleiner als die Stiere. Der Auerochse lebte in Wäldern von Europa bis Indien und in Nordafrika und ist seit 1627 ausgestorben.

Rinder sind Wiederkäuer. Lange Fressphasen werden von entsprechend langen Phasen des Wiederkäuens, zumeist im Liegen, abgelöst. Aufgrund des Fehlens der oberen Schneide- und Hakenzähne haben Rinder eine völlig andere, weniger selektive Fresstechnik als Pferde. Statt der Zähne haben Rinder eine Kauplatte und eine kräftige Zunge zum Rupfen langer Büschel. Die Bewegungen der Rinder erinnern eher an ein Waten durch sumpfiges Gelände als an ein stetiges Ziehen durch die Steppe. Man möchte sich den Auerochsen in einem frischen, von Natur aus eutrophen (d.h. nährstoffreichen bzw. überdüngten) Auenwald mit reichlich Großstauden und üppigem Feuchtgrünland vorstellen.

Heutige Hochleistungsrinder sind keine Auerochsen, sondern wurden sehr stark durch Zucht für die Erfordernisse des Menschen verändert. Milchkühe bringen nicht nur pro Jahr ein Kalb zur Welt. Die Zeiten, in denen Landwirte stolz waren auf Leistungskühe, die zu Spitzenzeiten über 30l Milch pro Tag gaben, sind längst vorbei. Heute ist eine Milchleistung von 7.000l Milch pro Jahr bestenfalls normal, in den USA bereits die Untergrenze beim Milchvieh. Es wird eine Milchleistung von 16.000 Litern im Jahr, also im Schnitt über 40l pro Tag, angestrebt. Damit ist eine Kuh genetisch zur Höchstleistung gezwungen. Die ersten »Wunderkühe« verhungerten: Die Kühe konnten gar nicht so viel Futter aufnehmen, wie ihr Körper für die Produktion verbrauchte. Doch diese Probleme sind inzwischen gelöst:
»Mit dem züchterischen Fortschritt bei den landwirtschaftlichen Nutztieren wuchsen auch die Anforderungen an den Futterwert, also die Verdaulichkeit, Rohfasergehalt und Energiedichte (MJ NEL/kg TM) des Grundfutters. Vor diesem bedeutsamen Hintergrund stellt sich nun sehr häufig die Frage, ob und wie derartige, aus extensiver Nutzung anfallende Pflanzenaufwüchse sinnvoll im landwirtschaftlichen Betrieb eingesetzt werden können. ... Mit der oben erwähnten züchterischen Fortentwicklung haben sich die Qualitätsansprüche an das Raufutter insbesondere beim Milchvieh drastisch erhöht. ... Zur Erzeugung der heute üblichen, durch den Zuchtfortschritt ermöglichten, hohen Milchleistung reicht selbst Grünland-Grundfutter bester Qualität nicht mehr aus. Besonders die Energiekonzentration, gemessen in MJ NEL/kg TM, ist hierbei limitierend. Die Qualitätseigenschaften von Grünland-Aufwüchsen hängen dabei vor allem vom physiologischen Stadium der Pflanze bei der Nutzung ab und verschlechtern sich mit zunehmendem Alter stark. ... Die trockenstehende Kuh hat für ca. 6 Wochen verminderte Futteransprüche, welche etwa denen einer Kuh mit 6 Litern Milchleistung entsprechen. Aus pansenphysiologischen Gründen sollten auch in dieser Lebensphase die energiereichen Futtermittel der sonstigen Fütterung verabreicht werden, damit die Mikroflora des Pansens vor abrupten Millieuänderungen geschützt wird. Um aber einer drohenden Verfettung der Tiere vorzubeugen, ist es notwendig, gleichzeitig über energiearmes Raufutter einen Verdünnungseffekt zu erzielen. Deshalb können in dieser Lebensphase Extensivgrünland-Aufwüchse mitverfüttert werden« (BRIEMLE et al. 1991).

Ein umfangreicher Verdauungstrakt hilft nicht nur, relativ wertloses Futter aufzuschließen, er befähigt auch zur Entgiftung vieler (Gift-) Stoffe, die sonst zumindest gesundheitlich bedenklich wären. Robustrinder wie Galloway, und erst Recht die im Naturschutz gerne eingesetzten, aus Rumänien oder Italien (Mozzarella-Käse) importierten, asiatischen Wasserbüffel, fressen oft das, was kein Pferd mehr anrührt und was es – gesundheitlich gesehen – auch nicht fressen könnte. Da die Verweildauer der Nahrung im Verdauungstrakt eines Rindes länger ist (ca. 80h) als beim Pferd (35-52h), und das Rind über riesige Gärkammern mit vielen Mikroorganismen verfügt, ist es dem Pferd in der Verdauung prinzipiell überlegen (HOWE & WESTLEY 1993). Als Vergleich: Lignifizierte Luzernefaser wird vom Rind zu 70% verdaut, vom Hirsch zu 56%, von Pferd und Elefant zu 50% und vom Menschen zu 9%. In freier Natur würden Rinder und Pferde sich bei der Futterauswahl eher ergänzen, als sich Konkurrenz zu machen. Das ist schon allein durch die unterschiedliche Fresstechnik vorgegeben, die ein Rind mit der Zunge ganze Büschel abreißen und verschlingen lässt, während Pferde gezielt Futterpflanzen auswählen und noch im Maul wieder aussortieren. Aber selbst die gute Entgiftungsfunktion des Rinder-Verdauungstraktes kann in Nord-Amerika die wohl durch die Fresstechnik unvermeidliche Aufnahme von wildem Rittersporn nicht ausgleichen: »*Delphinium barbeyi* gilt als die giftigste Art. Larkspur toxicosis (engl. Bezeichnung dieser Vergiftung, Anm. d. Autorin) ist ein ernsthaftes Problem für die Weidewirtschaft in den betroffenen Regionen. Die Verluste an Rindern können bis 12% betragen, Schafe sind weniger, Pferde kaum betroffen. Schon 1917 wurden Verluste von jährlich über 5.000 Stück Rindern genannt und die Ausmerzung von *Delphinium* gefordert (FROHNE & PFÄNDER 1997).« In der Literatur wird berichtet, dass erfahrene Pferde Herbstzeitlose nicht nur auf der Weide gezielt stehen lassen, sondern sogar im Heu aussortieren, während unerfahrene Jungpferde gefährdet sind (MÄRTIN 1983, BRIEMLE et al. 1991).

1.3 Der Unterschied zwischen Rind und Pferd

»Normale« Milchkühe benötigen 21kg Trockenfutter pro Tag, eine moderne Hochleistungs-Milchkuh entsprechend mehr. Davon entfallen bei der Kuh 50% auf Kraftfutter mit hohem Soja-Anteil (Proteine) und 50% auf Heu (nicht Gras!) bzw. Silage (MAHLKOW-NERGE 2000), wobei hier nur Trockenmasse (TM) ohne Wassergehalt zu zählen ist.

Zur Erinnerung: Bei einem Reitpferd rechnet man 1kg Heu pro 100kg Körpergewicht pro Tag bzw. ca. 10kg frisches Gras pro 100kg Lebendgewicht bei freier Verfügung (24h Weidegang). Also ca. 5kg Heu pro Großpferd. Je nach Arbeitsleistung kommt noch Kraftfutter dazu. Bei Robustponys reduziert sich das oft aufs Mineralfutter, beim Sportpferd können es über 5kg Kraftfutter, verteilt auf viele kleine Portionen, sein. Bildlich gesprochen hieße das, Sie fahren mit einer Schubkarre voll Trockenfutter zur Kuh und gehen mit einer kleinen Handvoll zum Freizeitpferd.

Folgende Tabellen zeigen prinzipielle Unterschiede der Weidetiere auf, sind aber schwer verständlich und daher irreführend. Da in der Literatur derartige Werte und Gegenüberstellungen nicht selten sind, soll an dieser Stelle eine Interpretation versucht werden.

Tab. 1: Qualitätskriterien für Grundfutter (nach BRIEMLE et al. 1991). MJ NEL/kg TM: verwertbare Energie als »Netto Energie Laktation« in Mega Joule pro kg Trockenmasse.

Qualität des Raufutters:	Gehalte in Silage für Milchvieh	Gehalte in Heu für Freizeitpferde
Rohfasergehalt [%]	20 – 23	35
Rohprotein [%]	ca. 15	ca. 10
Verdaulichkeit [%]	> 70	55
Energiegehalt MJ NEL/kg TM	> 6	4,25

Die Tabelle 1 spiegelt in erster Linie die Höchstleistung einer normalen Milchkuh wieder, zu der sie genetisch gezwungen ist (Milchproduktion, Gewichtszunahme). Hieraus einen Rückschluss zu ziehen, die Kuh könne schlechter verdauen als ein Pferd, ist nicht zulässig. Ein derartiger Vergleich erscheint nur auf gleichem Leistungsniveau gerechtfertigt, also Milchkuh verglichen mit einem Pferd, das über 7.000l Milchleistung im Jahr gibt, oder Freizeitpferd mit Freizeitkuh ohne Milch- und Fleischproduktion.

Tab. 2: Leistungsfähigkeit des Verdauungssystems von Wiederkäuern und Pferden (nach MEYER 1986 in BRIEMLE et al. 1991).

	Wiederkäuer	Pferdeartige
Verdaulichkeit:		
Rohfaser	sehr gut	gut
Verträglichkeit:		
Zucker	gering	sehr gut
Stärke	gut	sehr gut
Fette	gering	sehr gut
Verwertung:		
hochwertige Eiweiße	gering	sehr gut
leicht abbaubare Kohlenhydrate	gering	gut

Die Tabelle 2 lässt sich in der 3. Aufl. der Pferdefütterung von MEYER (1995) nicht wiederfinden. Sie ist irreführend, weil hier drei verschiedene Parameter aufgelistet werden, als wären sie vergleichbar: Verdaulichkeit, Verträglichkeit und Verwertung. Rinder sind bekanntermaßen mit einem im Vergleich zum Pferd viel effektiveren und doppelt so langen Verdauungstrakt ausgestattet (siehe Kapitel »Hufrehe durch Grünland«, Tab. 10). Wiederkäuer stammen ursprünglich von Standorten, die zeitweise stickstoff- und proteinarm sind. Rinder verfügen über den sogenannten ruminohepatischen Kreislauf (ruminieren: lat. wiederkäuen, hepatisch: gr.-lat. die Leber betreffend). Dieser Kreislauf stellt die Eiweißsynthese durch Mikroorganismen im Pansen sicher. Dabei wird der Harnstoff, der im Zuge des Eiweißabbaus in der Leber anfällt, nicht vollständig über den Harn ausgeschieden, sondern zum Teil über die Speicheldrüsen und über die Pansenwand in die Vormägen zurückgeführt. Die Pansenflora kann ihn somit zur erneuten Eiweißproduktion nutzen. Mit Hilfe ihrer Symbionten sind die Rinder nachweislich proteinautark und können längere Zeit unabhängig von äußerer Eiweißzufuhr, also zeitweise völlig proteinfrei, leben (SCHLEGEL 1985, S. 406). Wenn die Verwertung hochwertiger Eiweiße in Tab. 2 als gering angegeben wird, kann es an der Effektivität der Nutzung nicht liegen, sondern diese Bewertung muss einen anderen Hintergrund haben. Wiederkäuer neigen bei Obst zu Fehlgärungen. Schafe sollten beispielsweise nicht größere Mengen an Pflaumen fressen. Die Verträglichkeit der leichtverdaulichen Kohlenhydrate ist demnach gering, die effektive Verdauung durch Mikroorganismen findet an physiologisch ungünstigem Ort statt.

Rinder scheinen ihr Nahrungssortiment nicht so drastisch der Jahreszeit anpassen zu können und machen dementsprechend in den Naturschutzgebieten im Jahresverlauf viel stärkere Schwankungen in den Fettreserven durch. Das Rind ist mit seinem hochspezialisierten Verdauungstrakt angepasst an rohfaserreiches, zeitweise proteinarmes und kohlenhydratreiches Futter. Dadurch scheint es für frische Böden mit üppigem Aufwuchs geeignet, kann aber auch schwer aufschließbare Nahrung (Zellulose, Lignin) effektiver nutzbar machen als das Pferd. Bei Futtermangel im Winter, wenn das Gras kurz und strohig wird, ist es gezwungen auszuweichen. Der eintretende Gewichtsverlust zeigt, dass das Notfutter aus Zweigen, Knospen und harten Pflanzenresten nur ein Behelf ist, nicht die Lebensgrundlage. Vielleicht kann aufgrund der Fresstechnik nicht so viel Futter aufgenommen werden, wie in gleicher Zeit von einem Pferd. Der ruminohepatische Kreislauf ermöglicht einem Rind das Überleben allein von Stroh, vorausgesetzt, davon ist genug vorhanden. Das Fressverhalten der Rinder erscheint im Vergleich zum Pferd homogen, d.h. es werden große

Mengen recht gleichförmigen Futters aufgenommen. Da die empfindlichen Mikrobenkulturen des Pansens ungeschützt gleich zu Beginn des Verdauungstraktes liegen, ist diese behutsame Pflege der Kulturen möglicherweise notwendig.

Anders das Pferd. Sein Verdauungstrakt erinnert im Vergleich zum Rind eher an selektive Konzentratfresser, obwohl es sich wie das Rind weitgehend an Grasnahrung angepasst hat. Hohe Wassergehalte in üppigem Aufwuchs führen leicht zu dünnflüssigem Kot. Bei zu hohem Rohfasergehalt und niedrigen Proteinkonzentrationen macht sich der Eiweißmangel bald im Abbau von wichtigen Muskeln (langer Rückenmuskel, Kruppenmuskulatur) bemerkbar. Dem Pferd fehlt der ruminohepatische Kreislauf. Es ist in solchen Situationen auf hochwertige Zusatzkost angewiesen. Pferde können zwar sprichwörtlich von etwas Reetdach überleben, wie Berichte von der Flucht der Ostpreußen und ihrer Pferde über das Frische Haff belegen. Sie ergänzen dieses Raufutter aber durch geringe Mengen besonders hochwertiger Nahrung wie Knospen (Howe & Westley 1993) oder beispielsweise Hafer während der Flucht der Trakehner. Im Naturschutz können das ausgegrabene (Speicher-) Wurzeln, Rinde, Zweige und Knospen oder Samen bzw. die grünen »Herzen« von Bultgräsern sein. Im Vergleich zum Rind ist die Nahrungsauswahl des Pferdes heterogener, stabil scheint die Summe der den Mikroben zugeführten Stoffe zu sein. Dieses flexible Ernährungsverhalten wird möglicherweise durch die Enddarmfermentierung ermöglicht: Die Mikoorganismen liegen relativ geschützt am Ende des Verdauungstraktes, wo eine Aufbereitung und Vermengung des Nahrungsbreis bereits stattgefunden hat. Bei Nahrungsmangel muss eine Fernwanderung möglich sein. Jegliche artgerechte Haltung endet also am Zaun. Notfalls muss hier der Mensch regulierend eingreifen und den Bestand ethisch vertretbar verkleinern.

Andererseits erhalten Sportpferde oft fälschlicherweise hohe Gaben an Energie und Eiweiß, aber bewusst niedrige Raufuttermengen, um den unerwünschten Raufutterbauch zu reduzieren (sog. aufschürzen). Der Mangel an Rohfaser macht sich nicht nur in verzweifeltem Holznagen bemerkbar, sondern führt neben Magengeschwüren (58% der Turnierpferde, 43% der Traber und 90% der Galopper, siehe www.tierschutz-tvt.de/meldung24.html S. 21; April 2005) zu Koliken (Fehlgärungen) und schweren Verhaltensstörungen (z.B. Koppen). Die Strohkolik ist vorprogrammiert, gelangt ein solcherart ausgehungertes Pferd plötzlich an große Raufuttermengen. Damit zeigt das Pferd physiologisch, worauf es angepasst ist: Zu energiereiches Futter führt u.U. zu Hufrehe, auf jeden Fall zu Verfettung und kann die tödliche Hyperlipidämie nach sich ziehen. In der

Evolution hätten Pferde auf solchen Flächen nicht überlebt. Auf kargen Flächen mit abwechslungsreicher, teilweise konzentrierter Nahrung, nicht nur aus Gras, leben Pferde gesund.

Wer die Möglichkeit hat, beide Tierarten auf einer Weide gemeinsam laufen zu lassen, wird die Ergänzung beider Weidetiere in der Weidepflege bestätigen können. Nicht jede Rinderrasse läuft gleich gut mit Pferden. Hochleistungskühe benötigen fette Weiden mit relativ hohem Gras. Kurzes Gras lässt sich nicht gut mit der Zunge rupfen, weshalb die Rinder die hohen Geilstellen der Pferdeweiden kurz fressen, während sie Geilstellen durch eigene Kotfladen meiden. Die Kuh schlingt große Futterbüschel relativ schlecht gekaut runter und kaut dann später beim Wiederkäuen den Futterbrei nochmals sorgfältig durch. Große Kühe mit enormem Appetit bekommen auf Weiden, auf denen Pferde sich wohlfühlen, schnell großen Hunger. Daher sind Extensivrassen, wie Galloway oder Dexter, nicht nur wegen der geringeren Körpergröße als Weideergänzung sinnvoll.

Festzustellen bleibt, dass Pferde Futterwechsel im Vergleich zu Rindern besser vertragen, weil ihre Fermentation geschützt im Enddarm erfolgt, während Rinder im Aufschließen und Entgiften komplexer pflanzlicher Verbindungen durch Fermentation gleich zu Beginn des Verdauungstraktes dem Pferd überlegen sind. Unter der Voraussetzung, dass genug Raufutter den Kohlenhydratbedarf des Rindes deckt, kann dieses im Gegensatz zum Pferd zeitweise völlig proteinautark überleben. Es bleibt aber fraglich, ob das moderne Leistungs-Futter den Leistungs-Rindern auf Dauer wirklich bekommt.

1.4 Die übliche Besatzdichte auf Weiden

Trotz dieser gravierenden Unterschiede, die zu oft übersehen werden, wird Weideland in »Großvieheinheiten« eingeteilt. Eine Großvieheinheit (GV) entspricht einem Rind oder einem Pferd von 500kg Lebendgewicht (LG). Man rechnet 2 Großvieheinheiten pro ha Standweide (d.h. während der gesamten Vegetationsperiode ohne Umtrieb auf einer Fläche) auf guten Böden. Auf sehr schlechten Böden wird z.T. die doppelte Fläche benötigt. Da Pferde sehr unterschiedlich groß sind, kann man besser 0,1ha Standweide pro 100kg Lebendgewicht rechnen. Manche Gemeinden als Verpächter schreiben den maximalen Weidebesatz vor, unterscheiden aber nicht zwischen Shetlandpony und Shire Horse. Auf extensiv zu Naturschutzzwecken beweideten Flächen (Halboffene Weidelandschaften), auf denen z.B. eine savannenähnliche Landschaft mit Buschwerk und Einzelbäumen angestrebt wird, rechnet man maximal 0,6GV/ha, also 1/3 der üblichen Besatzstärke. Die Erfahrungen lassen Trockenrasen mit höchstens 0,2GV/ha gut gepflegt erscheinen.

Die hohe Besatzdichte bei intensiver Bewirtschaftung verlangt, dass nichts dem »Zufall« überlassen wird. Die Artenzusammensetzung der Weiden wurde neben den Aufwuchsbedingungen durch spezielle Saaten und Pflege festgelegt. Die Bodenbewirtschaftung hat einen gravierenden und lang anhaltenden Einfluss auf die Vegetation. In der Landwirtschaft kennt man nicht nur »Unkräuter«, die es zu bekämpfen gilt, man kennt auch »Ungräser«, die den gehegten Zuchtgräsern Konkurrenz machen. Für den Landwirt ist also Gras nicht gleich Gras.

1.5 Nutzungsorientierte Unterscheidung der Gräser

Erst einmal unterscheidet man zwischen Wiesen- und Weidegräsern. Eine (Mäh-) Wiese dient der Futterproduktion und wird nicht beweidet, nur gemäht. Eine Weide dient dem Vieh als eingegrenztes Territorium. Die Weide wird vom Vieh betreten und abgegrast. Wird die Fläche sowohl beweidet als auch zur Mahd genutzt, spricht man von einer Mähweide. Hierin liegen schon deutliche Unterschiede in den Ansprüchen an die Gräser begründet.

Wiesengräser brauchen nicht vertrittfest zu sein. Sie sollen viel Erntegut erbringen, also hoch und dicht aufwachsen. Ein einheitlicher Aufwuchs ist für die modernen Erntemaschinen nötig.

Je nach Weiterverarbeitung des Mähgutes sind unterschiedliche Eigenschaften wichtig. Hier hat der Mensch züchterisch eingegriffen, und Hochleistungssorten bestimmter Grasarten geschaffen, die gewünschte Eigenschaften zeigen. Neben dem Aufwuchsverhalten des Grases ist der Schnittzeitpunkt für die Nutzung entscheidend. Das gilt nicht nur für die Heumahd (im Ähren-/Rispenschieben, Beginn bis Mitte Blüte oder Ende der Blüte), sondern insbesondere bei der Silageproduktion, denn Silierung ist ein Prozess, der durch Mikroorganismen unter Luftabschluss und in feuchtem (nicht nassem), verdichteten Substrat abläuft. Es entsteht eine biologische Konservierung wie beim Sauerkraut. Das Gras als Substrat lässt sich nur entsprechend sauerstoffarm verdichten, wenn noch nicht zu viel Strukturfaser gebildet wurde und noch genug Zucker den Mikroorganismen zur Verfügung stehen. Zu hoher Wassergehalt und damit zu wenig Trockensubstanz wird durch Anwelken des Siliergutes reguliert. Hartes, verheutes Material (viel Rohfaser) ist nicht silierfähig. Die weichblättrigen, großwüchsigen Gräser feuchter, stickstoffreicher Standorte sind dagegen ein geradezu optimales Siliergut.

Grassorten für die Silierung sollten also wie bei der Heuproduktion eine hohe Biomasseproduktion zeigen, positiv mit starkem Wachstum auf Düngung reagieren (ein typisches Merkmal der Gräser aus von Natur aus nährstoffreichen, feuchten Standorten) und zum Schnittzeitpunkt hohe Zuckergehalte bei mäßigen Rohfasergehalten zeigen (BRIEMLE et al. 1991). Heutige Zuchtgräser entsprechen weitestgehend diesen Forderungen. Dass gerade diese Eigenschaften in der Pferdefütterung problematisch sein können, wird in den folgenden Kapiteln diskutiert.

Weiden setzen sich zusammen aus Gräsern, die weidefähig sind, also Vertritt und Verbiss ertragen. Auch hier wird eine gleichmäßige Narbe angestrebt, und auch hier ist eine hohe Biomasseproduktion Zuchtziel. Die Artenzusammensetzung entscheidet sich nach Standort (Boden, Klima, Wasserverfügbarkeit), Nutzungsdauer (langjährig oder kurzfristig) und Nutzungsintensität.

Trittrasen sind eine Vegetationsform, die sich an viel betretenen Plätzen einstellt, z.B. auf Ausläufen und Treibwegen bzw. an der Viehtränke. Die Pflanzen, die hier überlebensfähig sind, müssen ständige Beschädigungen durch die Tritte der Tiere verkraften. Zusätzlich ist der Boden deutlich verdichtet und zeigt so veränderte Eigenschaften (schlechte Durchlüftung, Staunässe). Typisch für die Trittrasen sind die ursprünglich aus (schlickigen) Flutrasen stammenden Gräser Einjähriges Rispengras (*Poa annua*) und Weidelgras (*Lolium perenne*), sowie der Vogelknöterich (*Polygonum aviculare*), die Strahllose Kamille (*Matricaria discoidea*) und der Breitblättrige Wegerich (*Plantago major*).

1.6 Saatgutmischungen für Wiesen und Weiden im Wandel der letzten 100 Jahre

Die Ansaatmischungen früher und heute unterscheiden sich stark. Wie KLAPP (1983) feststellt, kommen nur wenige Gräser überhaupt in Frage. Die meisten Gräser sind zu »minderwertig« oder zu »ertragsarm«, seltener scheiden sie wegen Problemen bei der Saatgewinnung oder schwierigen Standortansprüchen aus. Hinzu kommt, dass sich fast nie das Artengefüge einstellt, das beabsichtigt war. Meist kommen nur sehr wenige Arten zur Dominanz. Es genügen daher ca. 6 Arten bzw. Sorten pro Mischung. »Die

Konkurrenzkraft einer und derselben Art ist keine konstante Größe, die man einfach in Rechnung setzen könnte (ELLENBERG 1986, S. 770).« »Die Leistungsergebnisse der Arten in Mischkulturen lassen sich aus den Leistungen der Reinkulturen nicht voraussagen (BESSON 1972, zitiert in ELLENBERG 1986, S. 770).« Insbesondere das Deutsche Weidelgras (*Lolium perenne*) hat in Saatmischungen in den letzten vier Jahrzehnten einen rapiden Aufschwung genommen, seit es durch Züchtungserfolge zu einem wichtigen Rasengras geworden ist. Dieses Gras braucht zum guten Gedeihen hohe Nährstoffgaben, besonders an Stickstoff.

Im Jahre 1983 schreibt KLAPP: »Die fortschreitende Verbesserung der Bodenkultur, die heutigen Möglichkeiten der Düngung und der Intensivierung der Weidenutzung führen dazu, dass manche früher empfohlene und verwendete Arten nicht mehr als ansaatwürdig gelten können.« Die von ihm dann aufgelisteten Arten möchte ich in einem anderen Licht darstellen, nämlich nach ihrer Herkunft und dem heutigen Einsatzort.

Die Tabelle 3 dokumentiert eindrucksvoll die Veränderung der Wiesen und Weiden in den letzten 100 und insbesondere den letzten 50 Jahren. Sie zeigt in der Spalte »ursprüngliches Vorkommen« die Entwicklung von trockenarmen Böden zu fetten Feuchtwiesen, ermöglicht durch Düngeeffekte, auf. »Ungestraft bleibt niemand, der ein auf felsigem Boden in lichter Alpenhöhe gezüchtetes Pferd in sumpfige Niederungen verpflanzen will« (GASSEBNER 1891: Pferdezucht der östereichisch-ungarischen Monarchie, Wien, zitiert in NÜRNBERG 1993). Diese Warnung, gerichtet gegen eine Lipizzanerzucht in der Tiefebene, sollte uns zu denken geben. Heute droht die nährstoffreiche und wüchsige Tiefebene quasi in Form moderner Zuchtgräser und Dünger »zum Lipizzaner auf die Hochalm« zu kommen.

Bisher ging man davon aus (ELLENBERG 1986), dass Wiesengesellschaften sich urspünglich nach der letzten Eiszeit nur in Hochgebirgen finden. Dort sollen sie sich natürlich durch Lawinenabgänge, die den ansonsten flächendeckenden Wald zerstörten, gebildet haben. Nur alpine Rasenmatten (oberhalb der Waldgrenze), Sümpfe, Wasserflächen und Gesteinsfelder unterbrachen den ausgedehnten Wald nach der letzten Eiszeit – bis der Mensch das Land besiedelte und eine Kulturlandschaft erzeugte. Insbesondere der Verbiss des Viehs in den Wäldern reduzierte diese und schuf künstliche Auflichtungen.

Steppen dagegen, wie sie in Osteuropa als Waldsteppe (darunter versteht man ein Makromosaik aus kleinen Laubwäldern und Wiesensteppe auf den nicht baumfähigen Standorten) und in Asien als waldlose Steppe natürlich vorkommen, werden verursacht durch das extrem trockene Klima sowie

Tab. 3: Saatgräser für Wiesen und Weiden früher und heute. Nach KLAPP (1983) und ELLENBERG (1986) sowie Angaben der norddeutschen Landwirtschaftskammern, aus VANSELOW 2002a. AW: ansaatwürdig vor 75 (1) oder 20 (2) Jahren bzw. heute (3).

wichtige Grasarten	ursprüngliches Vorkommen	Einsatzstandort, Ansaat	AW
Schafschwingel *Festuca ovina*	Bergwiesen, lichte, trockene Wälder	Notfutter ärmlichster, bodensaurer Standorte	(1)
Ruchgras *Anthoxanthum odoratum*	Heiden, Birken-Eichenwälder	magere, beschattete, schwach saure Flächen	(1)
Zittergras *Briza media*	arme, ungedüngte Böden	trockene Mager- und Heidewiesen	(1)
Ackertrespe *Bromus arvensis*	Ruderalflächen	trockene, kalkhaltige Böden	(1)
Aufrechte Trespe *Bromus erectus*	Trockenrasen	trockene Kalkböden	(1)
Wehrlose Trespe *Bromus inermis*	Steppenrasen	trockenste Lagen	(1)
Flutender Schwaden *Glyceria fluitans*	Auenwälder, Ufer, Röhricht, Nasssümpfe	überschwemmte/ nasse Wiesen	(1)
Wasserschwaden *Glyceria maxima*	Röhrichte	nährstoffreiche Stromniederungen	(1)
Rohrglanzgras *Phalaris arundinacea*	Auenwälder, Uferröhrichte	nährstoff- und sauerstoffreiche Überschwemmungsbereiche	(1)
Flaumhafer *Avena pubescens*	Halbtrockenrasen, Fettwiesen	mäßig gepflegtes Grasland	(1)
Kammgras *Cynosurus cristatus*	Tal- und Bergfettweiden	feuchte, kühle Lagen	(1)
Rotes Straußgras *Agrostis tenuis*	Bergland	Futtergras, Berglagen	(1)
Weißes Straußgras *Agrostis gigantea*	See-/ Gebirgsklima	feuchte/ nasse Lagen,	(1), (2)
Goldhafer *Trisetum flavescens*	Hochgebirge, Ufer, Strommarschböden	warme, nährstoffreiche Wiesen	(1), (2)
Wolliges Honiggras *Holcus lanatus*	Waldschläge, minderwertige Wiesen	»Allerwelts-« Grünlandgras	(1)
Gemeines Rispengras *Poa trivialis*	lichte Bruch- und Auenwälder	Futter-/ Unkrautgras	(1)
Wiesen-Rispengras *Poa pratensis*	Felsheiden, lichte Wälder	wichtigstes Weide- und Wiesenuntergras	(1), (2), (3)

wichtige Grasarten	ursprüngliches Vorkommen	Einsatzstandort, Ansaat	AW
Glatthafer *Arrhenatherum elatius*	feuchte, stickstoffreiche Felsschutthalden	ertragreichstes Mähegras guter Frischwiesen	(1), (2)
Knäuelgras *Dactylis glomerata*	lichte Wälder, Raine, Schutt	trockene/ mäßig feuchte Wiesen	(1), (2), (3)
Ausläufer Rotschwingel *Festuca rubra* s.str.	Bergwiesen, lichte Nadel-/ Mischwälder	überall, aber nicht dürrefest	(1), (2), (3)
Rohrschwingel *Festuca arundinacea*	Ufer, Auenwälder	Pferderennbahnen Turnier-Rennbahnen	(1), (2), (3)
Wiesenschwingel *Festuca pratensis*	Nasswiesen Küste/Täler, Auenlehmböden	frisches, wechselfeuchtes Grünland	(1), (2), (3)
Wiesen-Lieschgras *Phleum pratense*	frische bis feuchte, reiche Böden	Feldfutterbau, Pferdeheu	(1), (2), (3)
Wiesen-Fuchsschwanz *Alopecurus pratensis*	nährstoffreiche Überschwemmungsbereiche	reiche, feuchte Wiesen, überdüngte Flächen	(1), (2), (3)
Deutsches Weidelgras *Lolium perenne*	Küste, Flutrasen, Marschkleiböden	wichtigstes Weidegras, Fettweiden, Düngewiesen	(1), (2), (3)
Welsches Weidelgras *Lolium multiflorum*	eutrophe, feuchte Wiesen	Feldfutterbau, Rieselfelder	(1), (2), (3)

Böden und deren Gründigkeit. Die Dürreperioden mit Waldbränden im Sommer und im Winter der z.T. anhaltende Frost bewirken, dass kein reifer Baumbestand aufkommen kann. Übrigens sind nicht alle Steppen öde und »arm«. Der Nordteil der ostasiatischen Steppe zeigt eine durchaus üppige Vegetation auf fruchtbarsten Böden. Hier ist der trockene Herbst der begrenzende Faktor, der die Besiedlung durch Gehölze verhindert.

Während der Bronzezeit (1800-800v.Chr.) gab es nach dieser Lehrmeinung in Europa nur Wälder, die durch extensive Weidenutzung auf ungedüngten Grünlandflächen aufgelockert waren. Hochwüchsige Düngewiesen, die am ehesten dem üppigen Frühjahrsaspekt einer kurzzeitig blühenden Steppe vergleichbar wären, fehlen bis in die frühe Neuzeit (ab ca. 1500n.Chr.) hinein. Im westlichen Mitteleuropa wurden die Grünländer trockener Böden bis ins späte Mittelalter nur als Viehweide genutzt, nicht gemäht. Gedüngte Mähwiesen des südlichen Mitteleuropas wurden wegen der Sommertrockenheit bis 1960 fast ausschließlich durch Mähen genutzt.

Im Gegensatz dazu ist im nordwestlichen Flachland eine intensive, eintönige Weidewirtschaft (Dauerweiden) seit Jahrhunderten die Regel. Begünstigt durch das milde, feuchte Küstenklima mit feuchten Sommern und milden Wintern ist eine Weideperiode von bis zu 220 Tagen im Jahr möglich. Dazu kommen weitgehend brauchbare Böden, die vielfach mit Entwässerungsmaßnahmen nutzbar gemacht wurden. Seit der Verfügbarkeit von Wirtschaftsdüngern sind die intensiv genutzten Düngeweiden unabhängig vom Boden (Sand-, Lehm, Torfböden) verbreitet (KLAPP 1950 in ELLENBERG 1986, S. 780). Weiden sind porenärmer als Wiesen. An Verdichtung werden sie nur übertroffen von Wegrändern und Sportplätzen (ELLENBERG 1986). Dies begünstigt Arten aus natürlichen oder halbnatürlichen Flutrasengesellschaften. Durch die intensive Düngung und die Verdichtung unterscheiden sich Düngeweiden grundsätzlich von den natürlichen Gebirgswiesen und der Steppe (deren Gräser z.T. vor 100 Jahren noch als ansaatwürdig galten), mit ihrer völlig anderen Vegetation.

Das hier gezeichnete Szenario beruht auf der gängigen Lehrmeinung. Nach neueren Veröffentlichungen (z.B. BUNZEL-DRÜKE et al. 1994, BUNZEL-DRÜKE 2004) ist diese Lehrmeinung umstritten, denn – zur Freude aller Pferdehalter, die Pferde gerne im Freien halten – man hat bisher die »Megaherbivoren«, also die großen Pflanzenfresser wie Elefanten und Nashörner, aber auch die Grasfresser wie Rinder und Pferde in der Rekonstruktion der natürlichen Landschaft nicht berücksichtigt. Diese Tiere kamen hier nachweislich vor, und sie neigen dazu, sich durch ihr Verhalten (Fraß und Tritt) ihre eigene Landschaft zu gestalten, wie die Viehweide in Wäldern gezeigt hat. Zwischen den Eiszeiten lebten in Europa eine Vielzahl von Großtieren (neben Rinderarten und Wildpferden auch verschiedene Nashörner und Elefanten, siehe BUNZEL-DRÜKE et al. 1994), die mit der Besiedlung durch den Menschen verschwanden, möglicherweise vom Menschen ausgerottet wurden. Zum Ende der letzten Eiszeit waren diese Tiere nicht mehr vorhanden und somit stellte sich nach der Megaherbivorentheorie eine neue Situation ein: ein flächendeckender Wald, der nicht durch Fraß der Wildtiere savannenähnlich aufgelichtet war.

Resultate naturnaher, extensiver Beweidung (0,6 bis 0,3 Großvieheinheiten pro Hektar) sind eintretende Verbuschung und parkähnliche Bewaldung vornehmlich durch Einzelbäume, die im Schutze des Buschwerks aufkommen, dazwischen kurz gehaltene Grasflächen. Die Übergänge sind fließend. Gebüsch und Bäume können keine Oberhand gewinnen, weil die älteren Büsche von innen licht werden und dann von den Weidetieren als Sonnen- und Insektenschutz genutzt werden.

Abb. 1: Koniks und Galloway im ganzjährigen Einsatz als Landschaftspfleger auf Trockenrasen. Halboffene Weidelandschaft (Savanne) auf dem ehemaligen Truppenübungsplatz Schäferhaus bei Flensburg. Das Land gehört der Stiftung Naturschutz SH, der Verein BUNDE WISCHEN E. V. hat die Flächen gepachtet und beweidet sie mit Galloways und Koniks. (Foto: GERD KÄMMER).

Abb. 2: Von Weidetieren geformtes Weißdorngebüsch als viel genutzter Witterungs- und Insektenschutz. NSG Schäferhaus. (Foto: R. VANSELOW).

Daher entsteht keine geschlossene Buschzone. Der halboffene Charakter der Landschaft ist ein Gleichgewichtszustand zwischen aufkommender Vegetation und Verbiss durch Beweidung. Das Mosaik der Vegetation verschiebt sich in ca. 500 Jahren, also etwas mehr als dem Durchschnittsalter einer Eiche: Im kurzgenagten Rasen behauptet sich ein dorniger Busch, zumeist Weißdorn. Er braucht sehr lange, um größer zu werden, da er vom Großwild immer wieder wie eine Hecke gekürzt wird, bis er über die Reichweite der Mäuler hinauswachsen kann. Im Schutz dieses Busches kommt eine Eiche auf, die der Eichelhäher (*Garrulus glandarius*) dort als Vorrat hingetragen und versteckt hat. Eichelhäher scheinen eine sehr wichtige Rolle bei der Aussaat des »Savannenbaums« Eiche zu spielen. Auch die Eiche muss lange gegen den Verbiss anwachsen. Doch hat sie es geschafft, über die gefräßigen Mäuler hinauszuwachsen, wird sie zu einem starken Schirmbaum, der den lichten Wald der Savanne bildet. Savannen sind im Gegensatz zu Steppen je nach Typ auch auf guten, duchaus baumfähigen Böden zu finden.

Tatsächlich zeigen die Versuche mit Halboffenen Weidelandschaften, dass viele heimische Pflanzen und Tiere an Vertritt und Verbiss angepasst sind, ja, dies sogar brauchen. So finden sich in den verbissenen Büschen weit mehr Insekten als in den nicht beweideten, die heckenartige Landschaft bietet weit mehr Vogelarten, auch Bodenbrütern wie der Feldlerche, Lebensräume, Amphibien nutzen die Wasserpfützen in den Trittsiegeln und empfindliche Ufervegetation erhält wieder eine Chance gegen raschwüchsige Konkurrenten. Sogar die Fledermäuse profitieren: Sie benötigen vor allem im Frühjahr und Herbst große Insekten wie Mistkäfer, und die Mistkäfer sind wiederum auf die großen Kotballen angewiesen.

Die verschiedenen Hypothesen haben grundlegende Auswirkungen für das Verständnis der Landbewirtschaftung. Waldboden ist in unseren Breiten natürlicherweise humusreich und fruchtbar. Viehweide und Mahd ohne Erhaltungsdüngung führt über Ausbeutung zu ärmsten Böden. Hält man sich an die Lehrmeinung von der Klimaxvegetation, so entstanden künstlich arme Böden aus ursprünglich recht monoton flächendeckenden, reichen Waldböden durch Rodung und Raubbau. Pollendiagramme weisen eine von der Buche beherrschte, flächendeckende Waldvegetation seit der letzten Eiszeit nach, bei gleichzeitiger Ausbreitung von Wiesen und Heiden. Diese Situation weicht von den vorangegangenen Wärmezeiten, in denen der moderne Mensch fehlte, ab, wie die Pollendiagramme ebenfalls zeigen (siehe Kapitel »Die Megaherbivorentheorie«). Die Megaherbivorentheorie lässt dagegen ein Mosaik aus armen und reichen Böden bedingt durch die Vielfalt an abiotischen und biotischen Faktoren erwarten. Sie wird gestützt durch die Befunde der vergangenen Wärmezeiten, vor dem Auftauchen des modernen Menschen.

Zurück zum Dauergrünland für Milchviehhaltung. Die Zucht auf Hochleistung mit immer produktiveren Gräsern führt zu einer extremen Verarmung an Arten. Standardmischungen bestehen heute z.T. nur noch aus einer einzigen Grasart, nämlich dem Deutschen Weidelgras, diesem aber in bis zu 6 verschiedenen Zuchtsorten:

z.B. die Reparatursaat Optima Standard GV Toledo Mix
15% Deutsches Weidelgras, LILORA M
15% Deutsches Weidelgras, MARIKA
15% Deutsches Weidelgras, TOLEDO
15% Deutsches Weidelgras, WEIGRA
10% Deutsches Weidelgras, ORLEANS M
30% Deutsches Weidelgras, TIVOLI (t).

Diese Zuchtsorten des Deutschen Weidelgrases zeichnen sich dadurch aus, dass sie durch hohe Stickstoff- und Phosphorgaben stark gefördert werden. Die züchterische Vervielfältigung der Erbsätze hat schon im Altertum die leistungsfähigen Getreidesorten aus normalen Gräsern geschaffen. Das t hinter der Sorte Tivoli steht für tetraploid (4 Erbsätze), d.h. verdoppelter Erbgutsatz der diploiden Wildform (ein vollständiger, diploider Satz mütterlicherseits und desgleichen väterlicherseits). Es gibt beispielsweise diploide (2x), tetraploide (4x) und hexaploide (6x) Weizensorten (auch die Getreide sind Gräser!). Entsprechende Zuchtsorten des Deutschen Weidelgrases (tetraploid, vierfacher Erbgutsatz) sind leistungsstärker als normale (diploid, doppelter Erbgutsatz). Die folgende Tabelle stellt die Veränderungen der Prioritäten der Gräser, gesetzt durch die Selektion im Laufe der Evolution bzw. durch den züchtenden Menschen, gegenüber:

Tab. 4: Die Einwirkung des Menschen auf die Anpassung der Gräser.

Zucht und Pflege durch den Menschen	natürliche Selektion durch die Evolution
»düngefreudig«	ökonomisch
Dünger → versch. Standorte	versch. Strategien → versch. Standorte
Zucker → silierfähig	Zucker → Substanz
Biomasse → Futter	Biomasse → Selektionsvorteil, Speicher
Wachstum: mit Hilfe von Dünger und Wasser aufgeblasene Zellen	Wachstum: stabile Grundlage für Reproduktion → Standortsicherung, Vermehrung

An dieser Stelle sei darauf hingewiesen, dass außer Kräutern auch Gräser Stoffe enthalten können, die bei Weidetieren zu Gesundheitsstörungen führen können. So verursacht der in Tabelle 3 aufgeführte Goldhafer bei Weidetieren Calzinose. Es handelt sich dabei um die Ablagerung von Kalziumphosphat in inneren Organen, wie Herz, Lunge und Leber. Ursache ist der hohe Gehalt an aktivem Vitamin D_3, wodurch eine Vitamin-D_3-Hypervitaminose hervorgerufen wird. Seit dem Altertum bekannt ist auch der heute fast ausgestorbene Taumellolch (*Lolium temulentum*), der Pyrolizidin-Alkaloide (z.T. krebserregend) enthält. Die Vergiftung durch das Gift Lolitrem B wird von einem endophytisch lebenden Pilz-Symbionten verursacht. Vergiftungen machen sich in Gleichgewichtsstörungen, Schwindel und Verwirrung bemerkbar. Die Pflanze macht aber auch schläfrig und wurde daher im Mittelalter als Narkotikum eingesetzt. Durch Atemlähmung kann es zum Tod kommen.

1.7 Kräuter in Wiese und Weide: Vor- und Nachteile

Kräuter sind dem Vertritt und Weidedruck bei intensiver Bewirtschaftung selten gewachsen, es sei denn, sie sind unattraktiv (mechanisch durch Stacheln, Dornen etc., oder chemisch durch unverdauliche oder giftige Substanzen geschützt). Diese Weideunkräuter zieren dann falsch gepflegte, meist stark überweidete Flächen. Prinzipiell sind Kräuter in intensiv genutzten Mähwiesen oft unerwünscht. Sie erbringen zu wenig Phytomasse als Trockensubstanz (Heu) bei zu hohen Bröckelverlusten (zerbrochene Blätter, die beim Wenden zu Boden fallen und auf dem Feld verbleiben) im Vergleich zu Gräsern. Daneben sind Kräuter Konkurrenten der Gräser im Kampf um Licht, Wasser, Nährstoffe und Raum.

Unsere Pferde stehen aus diesen Gründen zumeist auf langweiligen Monokulturen und lernen nicht mehr, mit einer natürlichen Futterumwelt umzugehen (TEUSCHER 1996). Sie können sich weder nach Gefühl mit dem versorgen, was ihnen gerade gut tun würde, noch lernen sie, giftige Pflanzen zu meiden. Würden Sie Ihr Pferd auf einer Weide mit vielen Herbstzeitlosen weiden lassen? Früher war das kein Problem (BRIEMLE et al. 1991, S. 128): »Das Rindvieh wie auch die Pferde lassen die Pflanze auf der Weide stehen und in der Regel auch im Futtertrog liegen. Junge Tiere aber, die die Pflanze gelegentlich im Heu oder Gras aufnehmen, gehen daran leicht zugrunde. Schafe und Ziegen scheinen weniger empfindlich zu sein; sie können nach HEGI (1909/1939) im Gegenteil ohne Schaden ziemliche Mengen von der Herbstzeitlosen vertragen. Dafür enthält dann die Milch dieser Tiere das Gift!«

Da einige Kräuter nicht nur positive Wirkungen auf Tiere zeigen, sondern manche Kräuter mehr oder weniger giftig sind (VANSELOW 2002b), sei hier eine Tabelle eingefügt, die die häufigsten Symptome einzelnen Pflanzen zuordnet:

Tab. 5: Symptome und die sie verursachenden giftigen Pflanzen (VANSELOW 2002a).

häufige Symptome	verursachende Pflanzen, z.T. auch im Heu, in Silage oder in Stutenmilch
Durchfall (und Erbrechen beim Menschen)	Nachtschatten, Blaualgen, Herbstzeitlose, Robinie, Wacholder, Lebensbaum, Eisenhut, Rhododendron, Eibe
Verstopfung	Eiche, Walnuss, Ulme, Heidegewächse, Robinie, Eibe
Koliken	Seidelbast, Hundszunge, Robinie, Wacholder, Lebensbaum, Eisenhut, Rhododendron, Eibe
(Schüttel-) Krämpfe	Schierling, Buchsbaum, Goldregen, Eibe
Betäubung, Lähmung, Gefühllosigkeit	Schierling, Buchsbaum, Eisenhut, Rhododendron
Hufrehe	Robinie
Komatöser Zustand	Stechapfel, Tollkirsche
Bewegungsstörungen	Greiskraut, Adlerfarn, Sumpfschachtelhalm, Ampfer
Photosensibilisierung (Wiesendermatitis, »Sonnenbrand«)	Johanniskraut, Liebstöckel, Engelwurz, Herkulesstaude, Hahnenfuß, Buchweizen, Klee-Arten, Luzerne
Pupillenerweiterung	Tollkirsche, Bilsenkraut, Schierling, Eibe, Sumpfschachtelhalm
verlangsamte Atmung	Tollkirsche, Bilsenkraut, Eisenhut
beschleunigte Atmung	Tollkirsche, Seidelbast, Ampfer, Eisenhut
Atemnot, oft mit beschleunigter Atmung	Eibe
Speicheln	Hahnenfuß, Eibe, Bingelkraut, Rhododendron
Allergien, Ekzem	Würz-, Geruchs- und Arzneikräuter, z.B. Teebaum, Lorbeer
innere Blutungen (wie Rattengift)	(Stink-) Asant, Steinklee, Waldmeister, Ruchgras
krebserregend	Adlerfarn, Greiskraut, Beinwell
herzwirksam	Fingerhut, Maiglöckchen, Pfaffenhütchen
blausäurehaltig	Traubenkirsche, Leinsamen, Akazie, Samen von Rosengewächsen (z.B. Mandel)
blutzersetzend	Bingelkraut, Adlerfarn, Zwiebel, Knoblauch

Abb. 3: Ganzjährig frei lebende Koniks im Stiftungsland Schäferhaus bei Flensburg auf Trockenrasenvegetation. Nicht zu jeder Jahreszeit ist der Tisch gut gedeckt. Die Reserven des Sommers werden im Winterhalbjahr abgebaut. Der Besenginster wird in geringen, verträglichen Mengen verbissen, bleibt ansonsten aber als giftiges Weideunkraut stehen. (Foto: GERD KÄMMER, BUNDE WISCHEN E. V.).

1.8 Die Einwirkung des Weidetieres auf seine Weide

Aus dem Dargestellten wird klar, dass Wiesen und Weiden, die zur Futterproduktion für Kühe vorgesehen waren, nicht den Ansprüchen der Pferde entsprechen. Während Kühe eine hohe Milchleistung bieten und mit viel Milch im Euter eher träge Bewegungen zeigen, sind Pferde auf Leichtfuttrigkeit bei hoher Arbeitsleistung gezüchtet. Was den Reiter erfreut (bewegungsfreudig), ist dem Landwirt ein Greuel, der seine schöne, grüne Wiese vor allem in regenreichen Zeiten allzu schnell in einem geradezu umgepflügten Zustand wiederfindet. So wird auch erklärlich, weshalb die kleinwüchsige und dicht wachsende einjährige Rispe (*Poa annua*) im Grünland als Ungras ausgemerzt wird, während sie in Rasen (Fußball-, Tennisplätze, Golfgreens) oft zur Alleinherrschaft kommt, und dort wegen ihrer Eigenschaften (verträgt starken Be-/Vertritt und ständigen Verbiss/Schneiden) erwünscht ist.

Folgende Tabelle soll das unterschiedliche Verhalten und die Einwirkung von Rind und Pferd auf der Weide weiter verdeutlichen:

Tab. 6: Der Einfluss von Pferd und Rind auf die Weide (verändert nach VON KORN 1987 in BRIEMLE et al. 1991).

	Rind	Pferd
Trittwirkung	leicht schädigend	deutlich schädigend
Fressverhalten	wenig selektiv	selektiv
Verbiss	schonend, relativ hoch	tiefer Verbiss
Pflanzenvielfalt	eher fördernd	mindernd

Das Pferd übt also einen negativeren Einfluss auf die Weide aus als das Rind. Diese Tatsache ist stark standortabhängig und zeigt je nach Boden, Wasserverhältnissen, und Topographie (Hügeligkeit des Geländes) deutliche Schwankungen:

Tab. 7: Eignung extensiver Tierhaltung in Abhängigkeit vom Standort (verändert nach VON KORN 1987 in BRIEMLE et al. 1991).

Eignung der Tierhaltung	Topographie	Bodenverhältnisse	Futterertrag
Mutterkuhhaltung	ebene bis mäßig steile Flächen	vorwiegend trockene Böden	mäßig
Hüteschafhaltung	Ebene und Steilflächen	trockene wie nasse Flächen	gering
Pferdehaltung	nur ebene Flächen	nur trockene Böden	hoch

Aus der Sicht der Weidewirtschaft sind Pferde also durchaus problematisch. Das gilt um so mehr, wenn Pferde sich durch Laufen auf abwechslungsreichen, stark relieffierten Flächen selber trainieren sollen. Dies ist insbesondere in der Fohlenaufzucht für spätere Sportpferde wünschenswert.

Auch die Lipizzaner für die Hofreitschule in Wien wachsen auf Almen auf, um gesund, trainiert und ausbalanciert ihre Laufbahn zu beginnen. Das Verhältnis von Körpermasse zur körperlichen Stabilität ist bei Jungtieren erheblich günstiger als bei ausgewachsenen Pferden, weshalb »akrobatisches Training« im Jugendalter stattfinden sollte, vorausgesetzt, das Pferd wächst im Freien auf. (Hinzu kommen Erfahrungen aus dem Training von Leistungsturnern, die zeigen, dass das Kleinhirn (Motorisches Zentrum) des Menschen ab einem bestimmten Alter (ca. 16 Jahre) nur noch schwer zu trainieren ist. Wer also vorher die Schraube oder andere rasante (Dreh-) Bewegungen im Flug nicht gelernt hat, tut sich danach extrem schwer damit. Das Gehirn macht dabei quasi Momentaufnahmen in Bruchteilen einer Sekunde und bestimmt die jeweilige Lage des Körpers im Raum. Eine Leistung, die vielleicht auch das Kleinhirn der Pferde nur zeitlich begrenzt zu erlernen vermag.) Flache, nasse Flächen sind speziell zur Aufzucht ungeeignet, weil der Körper im Jugendalter nicht genügend trainiert wird (Knochen, Gelenke, Bänder, Sehnen, Muskulatur, Bewegungskoordination). Je trockener und härter der Boden, um so besser verträgt er den Tritt der Pferdehufe. Da die Vegetation solcher Böden ebenfalls hart und derb ist, ist sie relativ trittfest. Schäden an Vegetation und Boden verursachen aber an Hängen und insbesondere auf trockenen Standorten mit langsamem Pflanzenwachstum, wenn sie denn eintreten, leicht Bodenerosion und verlangen lange Erholungszeiten. Eine Haltung von Pferden auf Hängen ist daher äußerst problematisch und nur auf großen Flächen bei geringer Besatzstärke zu vertreten. Auf den Almen, insbesondere auf den trockenen Böden der Kalkalpen, ist Pferdehaltung auf Hängen Tradition (Haflingerzucht in Tirol und Bayern).

Abb. 4: Erosion am Hang nach Beweidung mit Pferden im Winter bei hoher Besatzdichte auf lehmigem Boden. (Foto: R. VANSELOW).

Abb. 5: Zur Erhaltung der geschützten Ufervegetation eingesetzte Gallowayherde im kalkoligotrophen Bültsee. (Foto: GERD KÄMMER, BUNDE WISCHEN E. V.).

Tatsächlich ist in Naturschutzgebieten nicht nur der tiefe Verbiss der Grasnarbe (Brut- und Balzplätze für Vögel), der Verbiss der Sträucher (Beseitigung unerwünschter Büsche bzw. deren Verdichtung zu Hecken, auch als Habitat für Insekten) sondern in gewissem Rahmen auch der Vertritt von positiver Bedeutung. Vegetationslose Böden werden von seltenen Pionierpflanzen besiedelt, und im Uferbereich ist die Entfernung der Vegetation u.U. förderlich für einige seltene Pflanzen und Amphibien.

1.9 Verbreitungsoptima von Vegetation und Pferden

Obwohl viele Pferderassen im Verhalten ein territoriales Erbe (Verteidigung eines Revieres, Standwild) zeigen, sind Pferde auch zum teilweise durch Klimaschwankungen oder Nahrungsmangel bedingt ziehenden Großwild geworden. »Territorialisiert« wird dann nicht mehr das Revier, sondern die Stutenherde. Auf solchen Wanderungen ziehen viele Familienverbände u.U. gemeinsam mit anderen Großwildarten. In Afrika kann man sich heute noch ähnliche Eindrücke verschaffen, wenn riesige Herden auf Wanderschaft gehen.

Abb. 6: Natürliche Steppen-Vegetation am Rambla de Tavernas im ariden Klima Südost-Andalusiens (200mm Niederschlag im Jahr). (Foto: R. VANSELOW).

Oder zogen nur kleine Verbände über die Kontinente? Vielleicht beides. Die Wissenschaftler streiten noch, ob das Pferd mono- oder polyphyletischer Abstammung ist (ein einziger Urahn, oder mehrere Arten, Rassen oder Schläge, von denen das Pferd abstammt). Die Belege, die für eine polyphyletische Abstammung von mindestens vier sehr unterschiedlich veranlagten Wildpferdetypen sprechen, mehren sich, und scheinen sich wissenschaftlich durchsetzen zu können (SCHÄFER (1971), SCHÄFER (2000), ST. GEORG (9/2002), JANSEN et al. (2002)).

Pferde kommen wahrscheinlich oder zumindest zum Teil aus der Steppe, der Wald-Steppe und der Savanne. Die wilden Pferde Afrikas, nämlich die Zebras, leben beispielsweise in der Savanne ebenso wie im Gebirge, je nach Art. Pferde kommen vermutlich aus Gebieten, die ihnen lange Zeiten im Jahr relativ hartes, karges Futter boten. Das gilt für die Pferde im Gebirge ebenso, wie für die an der nördlichen Verbreitungsgrenze. Die Pflanzen dieser Standorte sind nicht selten extremen Bedingungen ausgesetzt (Kälte, Trockenheit, Nährstoffmangel, starke Sonneneinstrahlung und Hitze etc.) und zeigen dadurch vielfach einen xeromorphen Bau, d.h., sie sind gedrungen, wasserarm, hart und holzig. Interessanterweise gehören die Böden unter Pfeifengraswiesen (zur Produktion von

Einstreu), Trockenrasen, *Calluna*-Heiden und unter tropischen und subtropischen Savannen mit häufigen Bränden (Feuerökologie, WALTER 1986) zu den physiologisch stickstoffärmsten Böden (WALTER 1984, ELLENBERG 1986)! Die biologische Nitrifikation (Produkt: auswaschbares Nitrat) wird durch Trockenheit und mangelnde Durchlüftung des Bodens gehemmt, die biologische Ammonifikation (Produkt: Ammonium, adsorptiv an Tonpartikel gebunden und gute Bindung an Humusbestandteile) kann bei genügender Feuchtigkeit auch ohne Sauerstoff und in saurem Millieu ablaufen. Bewohner gut nährstoffversorgter Feuchtwiesen (Flussauen u.a.) und Wälder hatten somit ein üppigeres Nahrungsangebot.

Die Pferde waren weit verbreitet, auch in Europa. Ihre Vorfahren waren ursprünglich kniehohe kräuter-, blätter- und beerenfressende »Gebüschducker« entsprechend dem Reh. Es gibt verschiedene Abstammungstheorien (siehe Kapitel »Abstammungshypothesen der Hauspferde«). Recht unstrittig ist wohl, dass es zumindest zwei Tarpanformen (Unterarten?) gab: den Steppentarpan und den Waldtarpan. Letzterer ist direkter Vorfahr der polnischen Primitivpferde (Koniks), die mit Hauspferden vermischt sind. Die m-DNA-Analyse (m-DNA ist nicht-chromosomale Erbsubstanz, die nur vom Muttertier weitergegeben wird) hat ans Licht gebracht, dass Pferde so unterschiedliches Erbgut aufweisen, dass sie unmöglich von einem einzigen Vorfahren abstammen können. Die Unterschiede müssen schon vor der Domestizierung bestanden haben. Die heutigen Hauspferde wurden offensichtlich zu unterschiedlichen Zeiten von unterschiedlichen Völkern an unterschiedlichen Orten gezähmt und später (Handel, Wanderungen) miteinander vermischt (JANSEN et al. 2002). Die Untersuchung des Gengutes zeigt auch, dass Koniks und Sorraias auf gleiche Vorfahren zurückgehen. Berber sind iberische Pferde und nicht arabischen Ursprungs. Vielleicht sind die Sorraias Nachkommen einer Enklave der in Asien längst ausgestorbenen Steppentarpane, die aus Asien nach Nord-Afrika und Süd-Iberien wanderten. Wenn man weiterhin bedenkt, dass viele nahe verwandte Tiere sich in der Wildbahn durchaus paaren (SCHÄFER 2000), mag an der Idee, dass der Waldtarpan eine Mischung an der natürlichen Verbreitungsgrenze zweier Unterarten war (Wildstandsverbastardierung, SCHÄFER 2000), etwas dran sein. Vielleicht lebten früher wirklich Vorfahren des heutigen Sorraia-Pferdes als Steppentarpane in Asien und vermischten sich an der Grenze zu Europa mit den dort verbreiteten Unterarten. (Beispielsweise paaren sich in freier Natur bei den Singvögeln Fitis und Zilpzalp oder auch Nachtigall und Sprosser.) Es gibt auch Forschungen über eine südafrikanische Zebraart, nämlich das von den Buren ausgerottete, kaum gestreifte

Quagga, die vermuten lassen, dass das Quagga aus der Vermischung von Zebraunterarten entstanden sein mag. Oder war das Quagga ein archaisches Urzebra, dessen Gengut bei Kreuzung als Atavismus (siehe Kapitel »Abstammungshypothesen der Hauspferde«) sichtbar wird? Neueste Untersuchungen der mitochondrialen DNA von rezenten Zebras und Präparaten (Knochen, Zähne, Fell) von Quaggas ergaben, dass das Erbgutmuster dem des Steppenzebras sehr ähnlich ist. Die Auseinanderentwicklung fand vor 120.000-290.000 Jahren während der vorletzten Eiszeit statt (freizeit im sattel 10/2005). Die Streifung (Tarnfarbe) ist eine Anpassung des Zebras an Gebiete mit gefährlichen Tsetsefliegen, die in Süd-Afrika fehlen.

In diesem Zusammenhang ist interessant, dass OELKE (PEGASUS 6/2004) von der Auswilderung seiner reinen Sorraias in ihrer Ursprungsheimat (Tal der Wildpferde in Portugal) berichtet, dass diese angeblichen Steppenpferde sofort Schutz im sehr lichten Steineichen- und Kiefernwald suchten und mehrere Tagen nicht mehr gesehen wurden. Dieser naturnahe Wald im Tal der Wildpferde ist eine Halboffene Weidelandschaft, eine durch Beweidung entstandene Savanne. Die Beobachtung unterstützt die Vermutung der Megaherbivorentheorie, dass die großen Pflanzenfresser sich ihre eigene Umwelt schaffen und an eine solche angepasst sind. Man fragt sich sofort: Lebten die Wildpferde freiwillig dort, wo man sie beschrieb und fand (Steppe, Wald, ...) oder waren sie dorthin (vor dem Menschen oder Konkurrenten) ausgewichen? Das ökologische Optimum (das ist der Standort, an dem die Art vorkommt) muss keineswegs mit dem physiologischen Optimum (dem Standort, der der Art optimale Bedingungen bietet) zusammenfallen. Für Grünlandpflanzen stellt ELLENBERG (1986) fest: »Ihre Amplitude in Grünlandgesellschaften hängt von der Gegenwart stärkerer Konkurrenten ab, die sie teilweise weit aus dem Bereich ihres physiologischen Optimums herausdrängen.« Ein typisches Beispiel ist die Kiefer in der borealen Fichtenwaldzone (WALTER 1986): Die Kiefer wächst dort vor allem auf trockenen Sandböden ebenso wie auf nassen Moorböden. Beide Standorte sind für sie Randbereiche ihres physiologischen Optimums, also eher ungünstig. Auf den eigentlich bevorzugten Standorten wird sie von der konkurrenzstärkeren Fichte verdrängt. Die Fichte kann im Schatten der lichtbedürftigen Kiefer aufkommen und die Kiefer durch Beschattung aushungern. Auf Kahlschlag- und Brandflächen kommt entsprechend zuerst die Kiefer als Lichtkeimer auf und wird dann in der Folge von den schattentoleranten Fichten überwachsen. Eingriffe (z.B. des Menschen), die das natürliche Gleichgewicht stören, können somit schnell zu verkehrten Schlüssen aus dem Vorkommen sog. Zeigerpflanzen führen. Sicherlich gilt dies nicht nur für

Pflanzen sondern auch für Pflanzenfresser (Weidetiere). Und sicherlich sind hier nicht nur Konkurrenten (andere Grasfresser) sondern auch Fraßfeinde (Raubtiere bzw. der Mensch) wirksam. Hierauf baut die sog. Megaherbivorentheorie auf. Daher ist für mich fraglich, ob die Vorfahren unserer Pferde wirklich aus der Steppe, dem Wald oder den Sümpfen kamen, oder ob sie dorthin auswichen, nachdem sie an ihren bevorzugten Standorten, möglicherweise savannenähnlichen Landschaften, vor wem auch immer weichen mussten.

1.10 Die Auswirkungen der Domestikation

Das moderne Sportpferd kann man als einen riesigen »automobilen Fermenter« (VANSELOW 2002b) verstehen, der sich durch schnelle Flucht in Sicherheit zu bringen weiß. Seine Vorfahren kamen aus zeitweise recht kargen Landschaften. Die Zeitpunkte der Fohlengeburten und Bedeckungen fielen in die Zeit des Regens und des Grasaufwuchses. Eiweißreiches, zuckerhaltiges zartes Grün für wilde Hochleistungspferde. Im Idealfall kam jedes Jahr ein Fohlen zur Welt, das Höchstalter wilder Pferde betrug ca. 12 Jahre. Gnadenbrot gab es nicht.

Das Pferd war mehr oder weniger ein Nomade, der nutzte, was er fand, oder rechtzeitig weiterzog. Das Wildpferd beschäftigte sich 12 bis 16 Stunden täglich mit der Nahrungsaufnahme, bis zu 9 Stunden waren für Ruheverhalten reserviert (SCHÄFER 1974). Beim Weiden wurden 6 bis 8km im Schritt geradeaus zurückgelegt. Zebras zeigen Wanderungen zwischen Schlaf- und Weideplatz von bis zu 13km (einfache Strecke). Equiden der asiatischen Steppe wandern bis zu 30km zur nächsten Wasserstelle.

Und dann kam der Mensch. Er holte das Pferd zu sich, um es zu nutzen. Vielfach hinderte er es am Weglaufen, indem er zwei Beine jeweils zusammenband (SCHÄFER 2000). Oder er begleitete beritten die zahmen Herden. Als der Mensch sesshaft wurde, baute er Gehege – um mit Hegepflanzen (Hagebutte, Schwarz- und Weißdorn, Brombeere etc.) das freilaufende Vieh von den gehegten Beeten fernzuhalten! Und dann machte er geniale Erfindungen: den Zaun und später den Draht. Endlich Ordnung, alles im Griff. Die Zeit der unerwünschten Haustierchen (Ekto- und Endoparasiten) und der Weideunkräuter setzt ein. Alles Probleme der frühen Massentierhaltung: hoher Besatz immer gleicher Tiere auf immer dem gleichen Territorium. Der eine Wurm besiedelt das Substrat Boden, der andere das Substrat Pferd. Für das Überleben des Wurmes ist nur wichtig, dass das Substrat vorhersehbar ist, also mit hoher Wahrscheinlichkeit zur Verfügung steht. Leider wurden früher nur selten Statistiken geführt. Einen Anlass dazu bot aber der Erste Weltkrieg, in dem 1.236.000 Pferde an den deutschen Fronten zum Einsatz kamen. Das gründliche Militär meldete:

Tab. 8: Erkrankungen der Pferde während des Ersten Weltkrieges (verändert nach BÖTTICHER 1936).

Krankenzugang in der Reihenfolge der Häufigkeit	Anzahl Pferde	% aller Pferde im Einsatz
Räude	827.740	67,0
Erschöpfung	558.540	45,2
Sattel-, Geschirrdruck, Widerristfistel	445.690	36,1
Kolik	417.980	33,8
Schusswunden	405.101	32,8
Brustseuche	55.121	4,5
Rotz	30.981	2,5
ansteckende Blutarmut	27.802	2,2
Druse (nur i. d. ersten 7 Kriegsmonaten)	26.963	2,2

Tab. 9: Verluste an Pferden im Ersten Weltkrieg (verändert nach BÖTTICHER 1936).

Verluste durch Tod, Tötung, und Ausrangierung	Anzahl Pferde	% aller Verluste	% aller Pferde im Einsatz
Erschöpfung (einschl. Räude)	168.049	19,7	13,6
Schusswunden	129.492	15,1	10,5
Kolik	54.950	6,4	4,4
Rotz	30.981	3,6	2,5
Druckschäden	10.728	1,2	0,9

Diese Zahlen aus der Reiterfibel für Soldaten von 1936 sagen mehr aus als Worte. Erstaunlich ist die geringe Anzahl von Ausfällen durch Druckstellen. Schließlich konnte im Krieg unter härtesten Voraussetzungen kaum Rücksicht genommen werden. Zwar musste ein Drittel der Pferde behandelt werden, aber nur 0,9% der Pferde wurden durch Druckstellen tödlich krank. Die Bedeutung der Räude (vermutlich Milben und Ekzem) des Pferdes wird besonders deutlich. Die Koliken werden viele verschiedene Ursachen gehabt haben. Da es noch keine synthetischen Entwurmungsmittel gab, sind neben Ernährungsproblemen sicher viele Koliken auf diese Parasiten zurückzuführen. Die gegen Würmer wirksamen Kräuter (Wurm- und Adlerfarn) waren nur schwer zu dosieren. Daneben gab es wahre Rosskuren, die den Patienten oft mit hinwegrafften, also kaum praktikabel waren. Rotz (eine schwere Seuche, die die Atemwege befällt, ähnlich der Druse) ist heute noch anzeigepflichtig und droht aus dem Osten Europas nach Deutschland zurückzukehren. Alle daran erkrankten Pferde mussten getötet werden, um eine Verbreitung der Seuche zu verhindern.

Bemerkenswert ist auch die Tatsache, dass während des Zweiten Weltkrieges sehr gut ausgebildete Pferdezahnärzte herumfuhren, um den Pferden zu einer optimalen Futterverwertung zu verhelfen. Denn jedes Korn, das nicht ans Pferd verfüttert werden musste, konnte von Menschen gegessen werden. Korn war im Krieg knapp.

Und wie sah die friedliche Nutzung der Pferde aus? Hier möchte ich MICHAEL SCHÄFER (1972) bemühen, und zwar zum Arme-Leute-Pferd, dem norwegischen Fjordpferd: »Es soll nicht unerwähnt bleiben, dass gerade die norwegische Literatur oft auf die allzu ungünstigen Fütterungs- und Haltungsbedingungen im Originalzuchtgebiet verweist, deretwegen die Rasse bis vor etwa 100 Jahren, als man eigentlich erst richtig auf ihre guten Eigenschaften aufmerksam wurde und sie durch staatliche Maßnahmen zu fördern suchte, vielfach nur 110 bis maximal 130cm Widerristhöhe aufwies und eher einem Isländer als einem gewohnten Fjordpferd geglichen haben dürfte. Erst durch die Unterrichtung der Bauern in Pferdezuchtangelegenheiten und eine intensivere Fütterung, die sehr wohl Hafer und andere Getreidearten, ja selbst Eiweißkonzentrate wie Fischmehl mit einbezog, gelang es, wie die Fachleute einstimmig feststellten, den Norweger auf seine heutige Größe von etwa 140cm und zu etwas kräftigeren Körperformen zu bringen; nur in sehr ungünstigen, ärmlichen Gegenden des Vestlands konnte er seine ehemaligen 130cm Höhe nicht überschreiten.« Die Bauern waren also so arm, dass ihre Pferde nur an der Hungergrenze überleben konnten und echte Kümmerexemplare waren. Welche andere Rasse hätte die Leichtfuttrigkeit und Robustheit aufgebracht, so zu überleben? Man muss wohl eher feststellen: Weil diese Pferde derartige Fähigkeiten besaßen, haben die härtesten den Selektionsdruck überlebt.

Stroh und Heu waren früher auch in Norddeutschland knapp und wertvoll. Nicht jeder verfügte über reiche Böden, auf denen sich stattliche Pferde ziehen ließen (z.B. Holsteiner in der Marsch, Oldenburger und Ostfriesen in Friesland). Streu wurde auch in der Geest und auf den armen Sandböden der Heide benötigt. Hier wurde die Heide abgeplaggt (an der Oberfläche abgehackt), mit den Placken die Tiere eingestreut, und der Dung später auf dem Acker ausgebracht. Unter Placke bzw. Plagge oder Heidesoden versteht man den Zwergstrauch samt Streu- und Rohhumusdecke und einem Teil des Bleichsandes. Die Placken wurden v.a. in Norddeutschland und Holland, z.T. schon, seit der Bronzezeit dorffern abgetragen, auf dem Hof gestapelt und als Stallstreu genutzt. Als Mist auf den Feldern ausgebracht entstanden so über Jahrhunderte ackerfähige Böden (Plaggenesch) mit 30 bis 120cm Mächtigkeit.

Streuwiesen wurden zur Streugewinnung herangezogen. Das Bundesamt für Forstwesen der Schweiz gab 1983 verschiedene Pflanzen zur Streunutzung an (BRIEMLE et al. 1991). Als sehr gute Streupflanzen sind neben einer Unzahl Seggen (Sauergräser) einige Süßgräser angegeben, so das Rohrglanzgras, das Pfeifengras und der Wasserschwaden. Als immerhin noch »gute Streupflanzen« werden u.a. Schilf und Adlerfarn genannt. Zum Adlerfarn schreibt Prof. HABERMEHL von der Tierärztlichen Hochschule Hannover im Jahr 1985: »Sowohl in manchen Gebirgsgegenden als auch im Flachland finden sich auf mangelhaft oder gar nicht gepflegten Weiden erhebliche Anteile an Adlerfarn. Ein Besatz von 20% oder mehr ist als gefährlich anzusehen, und eine nutzbringende Viehzucht ist wegen der dann immer wieder auftretenden Todesfälle kaum noch möglich. Auf diese Weise sind auch Almen im Gebirge wegen der großen Mengen Adlerfarn aufgegeben worden. Zu Vergiftungen kann es auch kommen, wenn aus Mangel an anderem Material Adlerfarn als Einstreu in Ställen verwendet wird.« Adlerfarn enthält ein Vitamin B-spaltendes Enzym, so dass es zu Vitamin B-Mangel kommt. Um tödlich zu erkranken, muss ein Großvieh etwa 1 Monat lang täglich 2-3kg Pflanzen aufnehmen. Von zartem Grün und einwandfreier Einstreu für Pferde waren ärmliche Bauernstellen also weit entfernt.

Vielen Reitern ist heutzutage nicht klar, wie hart Pferde früher arbeiten mussten. Zwar hat man schon mal was von Grubenponys v.a. in England oder Schweden gehört, oder von berühmt-berüchtigten Ritten. Auch vom Elend mancher Droschkenpferde ist seit Black Beauty einiges bekannt. Früher war man auf die Leistung der Pferde angewiesen. Heute ist manchem die Leistungsbereitschaft als Unausgeglichenheit ein Dorn im Auge. Dies gilt speziell für ausgesprochene Leistungszuchten, wie z.B. die Trakehner.

»Trakehnen« bedeutet nach einigen Autoren »gerodetes Land«, ist aber von der litauischen Ortsbezeichnung »Trakis« abgeleitet, die »Sumpf« bedeutet. Bis zu Beginn des 18. Jahrhunderts war dort eine sumpfige Urlandschaft, bestehend aus (Erlen- und/oder Weiden-) Bruchwald und Verlandungsbereichen der Seen und Flüsse mit Rohr und Schilf. Ur – ist hier im wahrsten Sinne des Wortes zu verstehen, weil in Trakehnen ursprünglich nicht nur Elche lebten, sondern auch der Ur, also der Auerochse, wie Funde in den dortigen Mooren und Sümpfen belegen. Der Bruchwald als Wildnis war entwässert und gerodet, und das aus gutem mineralischem Schlickboden bestehende Land für das Gestüt urbar gemacht worden.

Der Wald mit Brennholz war 35km vom Gestüt entfernt. Es musste täglich Holz geholt werden. Normale, schwere Warmblüter bewährten sich nicht, sie wurden durch die Strapazen zu schnell verschlissen. Also spannte man Trakehner Pferde ein, die durch Mängel wie teilweise Blindheit oder andere Entstellungen nicht vermittelbar waren. Diese Pferde legten mit dem Holzkarren täglich die 70km zurück.

Ein anderes Beispiel für das Training, das Pferde früher absolvierten, ist die Teilnahme des Leutnants WALZER mit seinem Dienstpferd der Kavallerieschule Hannover am Kaiserritt im Jahr 1905. Dieser Distanzritt über 145km auf Zeit unter reellen Kriegsbedingungen ist berüchtigt, weil die Pferde ihn manchmal nicht überlebten. WALZER schreibt selber (in: BRAUN & MARSANI 1942): »Sämtliche Schulpferde waren tadellos eingesprungen, und oft ließ unser Leiter die Abteilung im langen Exerziergalopp über die Hindernisse des Reitschulhofes gehen, wobei die Abstände und das gleichmäßige Tempo der einzelnen Pferde besondere Beachtung fanden. Einige Pferde wurden von Westphalen und mir auch zu den Jagden geritten. Das war ein Hochgenuss! Die Pferde gingen in prachtvoller Haltung und waren weich in der Hand. Man fühlte sich auf ihnen unbedingt sicher. Im Jahr 1905 ritt ich das 17jährige Schulpferd Derwisch auf dem 145km langen Distanzritt des Kaiserpreises. Wir hatten unter allen Teilnehmern fast die kürzeste Zeit, und trotzdem fühlten wir uns beide in keiner Weise überanstrengt. Am anderen Morgen ging das Pferd seine Schularbeit genau so frisch wie an allen Tagen.«

Diese Schilderung sagt zweierlei aus: Zum einen waren die Dienstpferde der Kavallerieschule Hannover unglaublich gut trainiert und sauber ausgebildet. Zum anderen waren nicht alle Pferde den Strapazen solcher Diszanzritte gewachsen, denn sonst hätte es nicht z.T. tödlichen Ausfälle gegeben (OTTE 1994, S. 156). Im »Reitsportbuch« heißt es zu den damaligen Distanzritten: »Groß waren die Pferdeverluste bei einzelnen Distanzritten, sie stiegen teilweise bis auf ein Drittel der Gestarteten. Hierfür liegen die Gründe zunächst in der geringen Erfahrung der Distanzreiter, später in der Sucht, die Rekorde zu drücken (SCHELLE 1925).«

Pferde sind heute oft Freizeitpartner, die dem gestressten Menschen ein Stück Natur und Erholung bieten. Leider werden heutzutage Pferde, egal ob Shetlandpony oder Warmblut, oft nur als Rasenmäher gehalten. Weide ja, aber bitte vernünftig, sonst benötigt das Pferd den Tierarzt schneller, als dem Halter lieb ist. Gras wächst im Gegensatz zu z.B. dem Farn von der Basis aus, schiebt also von unten nach. Das ist die Voraussetzung dafür, dass man einen Rasen mähen kann und er schnell wieder grün wird. Kurzer Rasen ist daher besonders frisch und für empfindliche Pferde in Bezug auf

Hufrehe gefährlich, so lange er kurz und jung ist. Langes, überständiges Gras ist dagegen alt, hart, rohfaserreich und zuckerarm. An dieser Stelle kurz ein Ausflug in die Physiologie des Pferdes, um dem Pferdehalter die Problematik frischen, jungen Grases deutlich zu machen:

Frisches, junges Grün ist wenig »ausgehärtet«, ist nahrhaft und saftig. Für das grasende Pferd bedeutet das, dass es das Futter gierig runterschlingt, zu wenig kaut und einspeichelt (hoher Wassergehalt) und dadurch kaum die reflektorische Rückmeldung ans Gehirn abschickt, dass es nun viel gefressen habe. Es stellt sich kaum Sättegefühl ein. Das Pferd frisst und frisst und frisst viel junges Gras. Besonders gravierend macht sich der Raufuttermangel im Dickdarm bemerkbar. Hier haben die Fasern verschieden Aufgaben: Sie sind Nährsubstrat für die Dickdarmflora. Mehr mechanisch nutzt der Dickdarm die Fasern als Ballaststoff zur Förderung der Darmbewegungen, zur Volumenerweiterung und (ganz wichtig!) als Barometer für den Füllungsdruck (»Überfressen«, Kolik). Wenn die Darmflora »kippt«, kommt es zu überstürzten Vorgängen, zu Durchfall (Giftstoffe schnell mit Wasser vermengt ausscheiden!) und es können Kolik und Hufrehe (siehe Kapitel »Hufrehe durch Grünland«) folgen. Kurz bevor der Futterbrei das Pferd wieder verlässt, macht sich der geringe Rohfasergehalt erneut bemerkbar. Im kleinen Grimmdarm finden die Wasserresorption, die Eindickung des Futterbreis, und die Verarbeitung zu geformten Kotballen statt. Auch hierfür ist Strukturfaser nötig.

1.11 Artgerechte Weidehaltung – Wunsch und Realität

Wenn wir an Weidehaltung denken, sehen wir vor unserem inneren Auge meist zufriedene, gesunde Pferde auf »unendlich weiten« und hügeligen Weiden, mit Gebüsch, Bäumen, ... alles schön und gut. Was wir unseren Pferden bieten können, sieht dann doch spätestens am Weidezaun sehr begrenzt aus. Der Knick (norddeutsche Wallhecke) steht hinter dem Zaun, in den Wald darf das Pferd nicht und die Weide ist trotz ihrer Begrenztheit immerhin grün. Doch was für Pflanzen wachsen da? Meistens halten nur Düngeweiden (ELLENBERG 1986) der Beweidung mit Pferden stand. Darunter versteht man Intensivweiden und Tritt-/bzw. Flutrasen. Eine Intensivweide des norddeutschen Flachlandes ist eine Weidelgras-Weißkleeweide. Es finden sich in ihr vor allem Deutsches Weidelgras (*Lolium perenne*) und Weißklee (*Trifolium repens*). Die weitere Artenzusammensetzung ist abhängig vor allem von der Düngung und der

Feuchtigkeit. In Trittrasen kommen bestandsbildend Einjähriges Rispengras (*Poa annua*) und Breitblättriger Wegerich (*Plantago major*) hinzu, im Grünland der Flussauen des Tieflandes finden sich zudem Knickfuchsschwanz-Flutrasen (*Alopecurus geniculatus*). Diese Arten sind oft angesät, stellen sich aber u.U. auch von alleine in wenigen Jahren bei entsprechender Nutzung und Pflege der Flächen ein.

1.12 Sinnvolle Saatgutmischungen

Wer einmal versucht hat, andere Gräser und vor allem Kräuter auf der Weide heimisch zu machen, weiß, wie schwierig bis aussichtslos das ist. Es mangelt an Samen, denn die »Samenbank« im Boden ist z.T. nicht mehr vorhanden, und es mangelt an Aufwuchsmöglichkeiten. Von den Fachleuten (Stählin, Bröcheler, Arens & Klapp in Klapp 1983, S. 230) werden nach z.T. jahrzehntelangen Versuchen folgende Resultate verkündet:

- »Von Hunderten untersuchter Bestände ist praktisch in keinem Fall die mit der Ansaatmischung beabsichtigte Zusammensetzung des Pflanzenbestandes erreicht worden.«
- »Soweit Deutsches Weidelgras bei der Ansaat mitverwendet wurde, erreichte dies stets in der Anfangsentwicklung einen unverhältnismäßig hohen, erdrückenden Bestandsanteil, um dann mehr oder weniger rasch zurückzugehen.«
- »Nur ein Drittel bis ein Halb der zusammen angesäten Arten erreichen überhaupt nennenswerte Bestandsanteile und dies oft erst nach langer Zeit. Die übrigen Arten unterliegen früher oder später dem Wettbewerb der kampfkräftigeren Mischungspartner.«
- »Auf Dauer verbleiben unter Weidenutzung nur Wiesenrispengras, Wiesenschwingel, Lieschgras, Rotschwingel, Knäuelgras, und auf geeigneten Standorten Deutsches Weidelgras, von den Kleesorten nur Weißklee.«
- »Bei einer Wiesennutzung behaupten sich, wenngleich für jeden Fall unberechenbar, noch einige weitere Arten.«

Einige Mischungen haben sich als unsinnig herausgestellt, so allgemein die Mischung raschwüchsiger, kurzlebiger Gräser mit langlebigen, langsamwüchsigen. Die Auswahl der Gräser richtet sich nach der Dauer der Nutzung, der Nutzungs- und Pflegeweise und nach dem Standort.

Daraus ergibt sich, dass sechs Arten in fast allen Fällen ausreichen. Was dann Fuß fasst, ist leider meist die Weidelgras-Weißkleeweide, selbst wenn gar kein Klee in der Mischung vorhanden war.

Da Pferde selten schonend mit ihrer Weide umgehen, sind Reparatursaaten bei hoher Besatzdichte unumgänglich. Wie sieht so eine käuflich zu erwerbende Reparatursaat aus? Als Beispiel wurde im Kapitel über Saatmischungen die Mischung »Optima Standard GV Toledo Mix« vorgestellt: Je 15% Deutsches Weidelgras der Sorten Lilora, Marika, Toledo und Weigra, dazu 10% Deutsches Weidelgras der Sorte Orleans und 30% Deutsches Weidelgras der tetraploiden Sorte Tivoli. Hier wird eine einzige besonders leistungsfähige, schnellwüchsige Grasart, aufgeteilt in verschiedene Zuchtsorten, eingesetzt. Es handelt sich dabei um frühe, mittlere und späte Sorten.

Bei Neuansaat wird zumeist die Standardmischung GIIIo empfohlen, die neben 3x Deutschem Weidelgras noch Wiesenlieschgras und Wiesenrispengras enthält. Wer bei soviel Gräsern den Überblick über Standort und Einsatz der jeweiligen Gräser verliert, blättere bitte zurück zu Tabelle 3: »Saatgräser für Wiesen und Weiden früher und heute«. Ich denke, dass die Tabelle sowohl eine Hilfe bei der Beurteilung der eigenen Weide ist, als auch bei der Suche nach dem Weg zu der Weide, die dem Leser als persönliches Ziel vorschwebt.

Vorsicht bei Kräutermischungen! Manchmal sind Pflanzen darin enthalten, die nicht auf Pferdeweiden gehören, weil sie geradezu zu Weideunkräutern mutieren. So z.B. der nicht besonders gerne gefressene, weil durchaus problematische Schwedenklee (»Schwedenklee ist nicht geeignet für Pferde, da Lebererkrankungen auftreten können.« PIRKELMANN 1991, S. 312). Leguminosen wie Schwedenklee aber auch andere Kleearten oder Luzerne können ab etwa 30% Vorkommen im Grünlandaufwuchs zur Trifoliose (Entzündung u.a. von Schleimhäuten oder unpigmentierten Hautstellen, Gelbsucht und Leberschäden) führen. Solche Mischungen sind fast immer herausgeworfenes Geld. Die meisten Kräuter haben spezielle Ansprüche und sind sehr vertrittanfällig. Sind die Samen zudem nicht aus der Region, handelt es sich oft um Lokalrassen z.B. aus dem Osten, wo Saatgut billiger ist, die bei uns auf andere, ungeeignetere Bedingungen treffen, also nicht unbedingt auflaufen.

Die Nutzung und Pflege entscheidet über die Artenzusammensetzung. Wer seine Weide verändern will, muss nicht in erster Linie säen, sondern muss vor allem die Nutzung und Pflege umstellen.

1.13 Umgang mit fetten Weiden

Ich sehe prinzipiell zwei Möglichkeiten, Pferde artgerecht zu halten:

1. Aktivställe mit begrenztem Weideaufenthalt

Wenn viele Pferde mit relativ wenig Weide auskommen müssen, führt an einer intensiven Bewirtschaftung gar kein Weg vorbei. Statt völlig überweidete »Trampelweiden« entstehen zu lassen, wäre es besser, die Pferde nur stundenweise auf vernünftig langes Gras zu lassen. Sieben Stunden pro Tag sind auf satten Weiden völlig ausreichend, für besonders leichtfuttrige Ponys ist eine Stunde vielleicht schon genug. Die restliche Zeit sollte die Herde gemeinsam im Auslauf mit Offenstall oder im Bewegungslaufstall (Aktivstall) verbringen. Solche Lösungen sind gar nicht schwer umzusetzen und benötigen auch nicht viel mehr Raum als Boxen. Literatur über Lösungsmöglichkeiten gibt es inzwischen reichlich (siehe Literaturverzeichnis).

Die geringen Flächengrößen und die jahrzehntelang auf optimale Pflanzenproduktion getrimmten Böden werden oft nur eine intensive Nutzung zulassen, will man nicht die obersten 25cm Boden überall dort abtragen, wo keine leichten Sandböden sind. Vielleicht ist ein Bewegungslaufstall mit zeitlich begrenztem Weideaufenthalt ein gangbarer Kompromiss. Da jedes Pferd im Tagesverlauf trinken will, wird es von selbst die Weide verlassen und zur Tränke im Bewegungslaufstallbereich laufen. Der Transponder, z.B. am Halsband mit Sicherheitsklettverschluss, kann einen zweiten Weideaufenthalt an der elektronisch gesteuerten Weidepforte zulassen oder nicht. Das schwerfuttrige Pferd könnte uneingeschränkten Weidezugang erhalten, das leichtfuttrige Pferd nur einen Aufenthalt täglich und die Shetlandponys und Rehepferde grundsätzlich gar keinen. Die Pferde sollten ganzjährig zusätzlich Raufutter (Heu) angeboten bekommen. Es ist ein gutes Zeichen, wenn die Pferde weder ans Raufutter gehen, noch die Mineralleckschale interessant finden. Selbstverständlich sind nicht alle Böden und Standorte geeignet zur Pferdehaltung. In einer Sumpfdotterblumenwiese hat intensive Pferdehaltung nichts zu suchen. Das ist weder gut für die Wiese, noch für die Pferde. Feuchte bis nasse Böden scheiden wegen des Vertritts der Pferde bei intensiver Haltung aus. Die Böden sollten nicht zu schwer und trocken genug sein, sonst kann man die Tiere kaum je ohne schweren Schaden für die Vegetation auf die Flächen lassen.

Ähnlich problematisch ist intensive Pferdeweide an starken Hanglagen. Um keine totale Vernichtung der Vegetation herbeizuführen, sollte bei nassem Wetter u.U. darauf verzichtet werden, die Pferde auf die Hänge zu lassen. Eine Sanddüne als Standort wäre z.B. sofort geschädigt und bräuchte eventuell Jahre, um wieder eine geschlossene Vegetationsdecke zu bilden. Trotzdem wurden früher auch die Dünen im Listland auf Sylt mit Vieh beweidet. Die Bodenerosion durch diese Weideschäden hat die eindrucksvolle Wanderdüne von bis zu 30m Höhe geschaffen, die heute unter Naturschutz steht. In unseren Breiten entstehen Wanderdünen nicht natürlich. Die Beweidung der Dünen auf Sylt fand bis ins 18. Jahrhundert statt, der Dünenhafer wurde zudem als Winterfutter geerntet. Die Düne wandert auch heute noch bis zu 5m im Jahr. Die Wanderdünen haben auf Sylt mehrfach Dörfer unter sich begraben. Sandige Lehme halten hier mehr aus als schwerer Lehmboden mit schlechter natürlicher Drainage. Feind Nr. 1 der Intensivweide ist der Mensch, der verkündet: »Mein Pferd muss immer und bei jedem Wetter auf die Weide!« Ein sinnvoller Umgang mit Pferd und Weide zahlt sich hier aus, vor allem auch in der Gesundheit der Pferde.

Bei der Artenzusammensetzung der Vegetation sollte darauf geachtet werden, dass keine besonders giftigen Pflanzen Fuß fassen (Tabelle 5: Symptome und die sie verursachenden giftigen Pflanzen). Beispielsweise hat Jakobs-Greiskraut auf einer Pferdeweide einfach nichts zu suchen und ist keinesfalls ein Zeichen für eine »Ökoweide« sondern bestenfalls für Unwissenheit.

2. Extensivierung

Ist viel Fläche bei geringem Pferdebesatz vorhanden, kann man eventuell eine Extensivierung (siehe Kapitel »Pflegemaßnahmen« und »Aushagerbarkeit«) einleiten. Auch hier sollte die Herde u.U. nicht zu jeder Zeit die gesamte Fläche nutzen. Feuchte Ecken müssen eventuell geschont werden, ebenso, wie an sich trockene Böden nach langen Regenperioden. Im Winterhalbjahr vertragen Weiden bei Besatzstärken über 1 GV/ha ein Begehen durch Pferde u.U. nur im gefrorenen oder verschneiten Zustand.

Wer es sich leisten kann, sollte über Mischbeweidung z.B. mit robusten Rinderrassen nachdenken. Das hält den Parasitendruck niedriger, und vermeidet Geilstellen mit Weideunkräutern. Allerdings sind etwa 7 Rinder auf 1 Pferd zu rechnen, wenn sich ein Effekt auf die Verwurmung des Bestandes deutlich positiv bemerkbar machen soll.

Die extensivste Form der Beweidung stellen die Halboffenen Weidelandschaften dar. Schleswig-Holstein ist im Naturschutz bundesweit Vorreiter auf dem Gebiet der Landschaftspflege durch gezielte Beweidung mit großen Grasfressern (Großvieh und Großwild). Der Hintergrund dieser Maßnahme sind die Mühen und Kosten der Pflegemaßnahmen im Naturschutz, die zu der Erkenntnis geführt haben, dass viele schützenswerte Pflanzen, Amphibien, Vögel, Insekten u.a. ohne Beweidung nicht zu halten sind. Da diese Tiere und Pflanzen nachweislich schon lange vor der massenhaften Besiedlung durch den Menschen hier vorkamen, und da sie eindeutig an Beweidung angepasst sind, entstand die Hypothese von einer savannenähnlichen Landschaft (»Halboffene Weidelandschaften«) in Mitteleuropa vor der Besiedlung durch den Menschen während der Warmzeiten im Quartär (siehe BUNZEL-DRÜKE et al. 1994, BUNZEL-DRÜKE et al. 1999). Es werden Galloway, Highlandrinder, Heckrinder (Auerochsen-Rückzüchtung) und Koniks (Tarpannachfahren) in der Weidepflege eingesetzt, über Rotwild wird nachgedacht. Die Besatzdichte beträgt maximal 0,6 Großvieheinheiten pro Hektar bei ganzjähriger Beweidung. Auf den teilweise nie landwirtschaftlich genutzten Flächen entstehen so natürliche Mosaike aus kurzrasigen Weiden, durchsetzt mit verbissenem Buschwerk und aufkommenden Einzelbäumen im Schutze des Buschwerkes. Auf Hängen und im sumpfigen Gebiet entstehen natürliche Wäldchen. In dieser Form ist ganzjährige Weidehaltung auf den unterschiedlichsten, z.T. empfindlichen Flächen naturnah verwirklicht. Die Regulation der Besatzdichte wird in der Natur (z.B. Afrikanische Savanne) weniger durch Beutegreifer als durch Nahrungsangebot, Parasiten und Krankheiten bestimmt. Die Beutegreifer scheinen eher die Funktion der Gesundheitspolizei zu haben: Sie verhindern, dass kranke oder schwache Tiere Nachkommen zeugen können. Greift der Mensch in Naturschutzgebieten ohne große Raubtiere nicht in dieser Form regulierend ein (konsequentes Ausscheiden von ungeeigneten Tieren), produziert er künstlich kranke Populationen, weil z.B. Pferde mit Hufbeinabsenkung nach Hufrehe weiterhin Fohlen zeugen.

Wer ernsthaft überlegt, Pferde und Wiederkäuer auf einem Hof zu halten, sollte auch an die Gefahr einer Viehseuche denken. Schon mehrfach wurde überlegt, Pferde im Seuchenfall (Maul- und Klauen-Seuche, MKS) als Vieh mitzukeulen. Pferde können als Einhufer diese Seuche gar nicht bekommen. Gleiches gilt für Hunde, Katzen und den Menschen. Die Seuche ist aber extrem leicht zu verbreiten. Als Überträger kommt alles in Frage, was mobil ist. Daher die scharfen Bestimmungen. Nun haben Pferde für Menschen allerdings einen anderen Stellenwert und auch einen anderen finanziellen Wert als Rinder, Schweine und Schafe. Daher hat sich die Deutsche Reiterliche Vereinigung (FN) mehrfach stark gemacht und gegen die Überlegungen Stellung bezogen. Trotzdem ist das Thema nicht endgültig vom Tisch (FN-News im Mitteilungsblatt für die Persönlichen Mitglieder der FN, PM-FORUM 1/2002: »Tötung von Pferden bei MKS vorerst vom Tisch – dennoch kein Grund zur Erleichterung«). Wer also kein Risiko eingehen mag, wird sich von dieser Form der extensiven Bewirtschaftung distanzieren. Eine Politik, die einerseits angeblich eine Extensivierung anstrebt und andererseits solche Beschlüsse nicht definitiv ausschließt, ist halbherzig und nicht wirklich glaubwürdig.

1.14 Interessenkonflikt Landwirtschaft – Pferdehaltung

Solange Gras als einheitliche Masse betrachtet und nicht zwischen den Arten und Zuchtsorten unterschieden wird, wird es immer wieder folgende Konfliktpunkte geben: In den Zeitschriften der Pferdehalter wird immer wieder die Frage diskutiert werden, ob Gras »giftig« sei, da es die Pferde ganz offensichtlich krank macht. Und in den Kreisen der Landwirte wird immer aufs neue diskutiert werden, ob Pferdeweiden grundsätzlich Problemweiden sind, bzw. ob man diese »verheerenden« Vierbeiner überhaupt auf Grünflächen lassen kann.

Beide Feststellungen enthalten eine richtige Beobachtung. Insbesondere die auf hohe Produktivität und Silierfähigkeit gezüchteten Grasorten können, bei empfindlichen Pferden durch bestimmte Transportzucker Hufrehe auszulösen (siehe Kapitel »Hufrehe durch Grünland«). Bei der Züchtung der Gräser wurden die Anforderungen der modernen Rinderzucht zu Grunde gelegt. Die Raufutterproduktion für immer weniger Rinder ist stark rückläufig. Mit Raufutter ist der Futterbedarf dieser Hochleistungskühe mit immer höheren Milch- und Fleischleistungen nicht mehr zu decken. Heuwiesen liegen zunehmend brach (z.B. CAVALLO 6/2002, S. 8).

Für die Umstellung auf Pferdehaltung gelten viele Flächen wegen des hohen Schadens durch Vertritt und Verbiss sowie Verunkrautung, den Pferde auf empfindlichen Flächen anrichten, als ungeeignet. Solche Flächen sollten auf keinen Fall mit Pferden beweidet werden, wenn sie in der gegebenen Form erhalten werden sollen. Zumindest ein Lösungsansatz wäre die Rückkehr zu weniger leistungsfähigen Gräsern/Grassorten, viel Fläche pro Pferd (etwa 0,6 GV/ha; geringerer Vertritt/Verbiss) und sehr extensive Nutzung der Flächen, eventuell als Halboffene Weidelandschaften mit extensiver Mischbeweidung. Eine andere Lösung wäre es, die Flächen anders zu nutzen (z.B. aufzuforsten), die intensive Bewirtschaftung beizubehalten, und die Pferde nur noch eingeschränkt auf das Grün zu lassen. Sicherlich werden verschiedene Wege begangen werden. Auf jeden Fall ist es für die Saatguterzeuger an der Zeit umzudenken, und gegebenenfalls neue Sorten auf den Markt zu bringen.

Abb. 7: Gewinnung von Bergwiesenheu im Tal bei Garmisch-Partenkirchen. Die südliche Lage (hoch stehende Sonne) und die Höhenlage (900m ü. NN.) ermöglichen bei reichlicher Festmistdüngung 5 Mahden im Sommer. Hier sind die traditionelle Trocknung auf Reutern und die Heustadl zur Lagerung zu sehen. (Foto: R. VANSELOW).

Statt die Lösung bei Problemen immer in der Genetik zu suchen und über Zucht lösen zu wollen, lohnt es sich, der (Futter-) Umgebung der Tiere mehr Aufmerksamkeit zu schenken. Die Vollblutzüchter haben früher genau beobachtet. Rennpferde von kargen Kalktrockenrasen wuchsen zwar langsamer und sahen nicht so feist und stattlich aus, wie ihre Kollegen von den fetten Weiden. Entscheidend für ein Leistungspferd ist aber Gesundheit, Stehvermögen und Härte im Kampf. Und das leisten agile, zähe Pferde, die viele Bewegungsmöglichkeiten hatten, aber ohne Eiweiß- und Energieüberfütterung im Jugendalter aufwachsen konnten, eher. Die Zusammensetzung und der Aufbau der inneren Organe wie Knochen, Sehnen und Gelenke wird durch die Aufzucht beeinflusst. Die Begriffe »trocken«, »hart«, »leicht« oder »schwer«, »weich«, »fett« werden vielleicht nicht ohne Grund in ähnlicher Bedeutung für Pferde wie für Böden eingesetzt. Die Fruchtbarkeit der Stuten leidet zudem ebenfalls erheblich unter einer Verfettung. Vielen Menschen ist nicht klar: »Fett« ist nicht nur »zu viel Gewicht«, sondern auch mangelernährt. Die Umwelt, die wir unseren Pferden geschaffen haben, tut unseren Pferden also nicht unbedingt gut. Wer auf Pferde umstellt und qualitätsvolle Leistungspferde ziehen will, sollte auch daran denken. Vielleicht wäre hier ein Markt neu zu erschließen.

1.15 Wirtschaftlicher Zwang zu ordnungsgemäßer Grünlandbewirtschaftung

Jeder kennt die Pflegemaßnahmen, die zur Weidepflege durchgeführt werden: Entwässerung gewährleisten (Versumpfung verhindern), Striegeln bzw. Schleppen (Maulwurfshügel etc. einebnen), Nachsaat/Reparatursaat (dichte Grasnarbe), Walzen (Trittschäden einebnen), Bodenproben nehmen und Düngen. Wieso ist das eigentlich so?

Die Entwässerung verhindert minderwertige Erträge, aber auch den Befall mit Leberegeln und Bandwürmern. Maulwurfshügel verunreinigen das Winterfutter (Heu/Heulage) und fördern Unkräuter, die in einer dichten Grasnarbe nicht auflaufen können. Unebener, ausgetrockneter Boden ist nicht nur schlecht beim Einfahren des Erntegutes sondern schädigt auch die Pferdebeine, vor allem bei schnellem Lauf. Und um zu wissen, wie man düngen muss, braucht man die Bodenprobe. Klingt optimal. Ist es das auch für Pferde? Sind unsere Pferde auf unseren Weiden gesund? Wäre es optimal, würden unsere Pferde weder Hufrehe kennen noch bei 24h Weideaufenthalt am Tag unter Verfettung leiden. Wir könnten sie aussetzen und würden bald gesunde Mustangs haben. DIERSCHKE & BRIEMLE (2002) gehen sogar soweit, der üblichen intensiven Weidenutzung die Eigenschaften »ordnungsgemäß und nachhaltig« wegen der häufigen Graslanderneuerung gänzlich abzusprechen.

Das Problem liegt in besagter Weidepflege. Diese Maßnahmen sind erprobt und gedacht zur optimierten Pflanzenproduktion vor dem Hintergrund der bisher auf den Grünländern dominierenden Leistungsrinderzucht. Auf minimaler Fläche muss dazu maximale Pflanzenproduktion stattfinden, um den auf Höchstleistungen (Milch/Fleisch) gezüchteten Rindern genug hochwertiges Futter zu bieten. Wie schon gesagt frisst eine

Kuh, die im Schnitt 20l Milch pro Tag gibt (7000l pro Jahr) am Tag 21kg Futter (50% Kraftfutter, 50% Heu). Das ist fast ½ Zentner Futter, eine Menge, mit der ein Freizeitpferd lange auskommt. Auch die Angabe »extensive Pferdeweide« auf der Bodenprobe bewirkt in der resultierenden Düngeempfehlung keineswegs ein savannen- oder steppenähnliches Grünland. An dieser Stelle möchte ich aus dem »Taschenbuch der Gräser« Ernst Klapp in Bezug auf den Rotschwingel zitieren: »Unter erträglichen Standortbedingungen erscheint die Ansaat des Ausläufer-Rotschwingels bei geplanter starker Düngung und neuzeitlicher Weidenutzung nicht notwendig, weil dann das Wiesenrispengras (*Poa pratensis*) allen Anforderungen besser entspricht.« Damit ist ehrlich und ohne Umschweife klargestellt, wie intensiv unsere heutige »ordnungsgemäße« Grünlandbewirtschaftung nach »guter fachlicher Praxis« ist. Im dichtbesiedelten Deutschland ist eine naturnahe Pferdehaltung allein wegen der Flächenknappheit und der daraus folgenden intensiven Nutzung der Flächen auch vielerorts kaum noch möglich. Der Vertritt durch die Pferde ist auf diesen Flächen oft nur übertroffen von Wegrändern und Fußballfeldern. Bodenverdichtung führt aber zu Staunässe und der entsprechenden Vegetation.

Der Traum von der naturnahen, umweltfreundlichen Pferdeweide zerplatzt bei näherer Betrachtung also schneller, als uns lieb ist. Extensivierung ist nur möglich über langfristige Veränderung des Bodens. Dazu benötigt man erhebliche Flächen und viel Zeit (Jahre). Zusätzlich halten viele Böden (z.B. Humus, Lehm) die jahrzehntelang angereicherten Düngestoffe vor allem in den ca. 25cm Oberboden langfristig fest (siehe Kapitel »Aushagerbarkeit«).

Die Angabe »2 Großvieheinheiten pro ha« gilt für die ordnungsgemäße Landbewirtschaftung. Für extensive Weidewirtschaft gibt es bisher kaum Schätzwerte. Im Naturschutz laufen max. 0,6 GV/ha. Manche besonders empfindlichen Naturschutzflächen sollten aber noch weniger beweidet werden. Je ertragsärmer, desto mehr Fläche pro Pferd. Sprich: das Shetlandpony dürfte den »Kaninchenauslauf« verlassen und über eine große Fläche laufen, ohne zu erkranken. Neben diesem schwer abzuschätzenden Flächenbedarf gibt es weitere Probleme: Kaum ein Landwirt wird bereit sein, sein ertragreiches Land zu extensivieren, war sein Überleben doch bisher an eine größtmögliche Ernte gekoppelt. Zwar sieht die EU-Agrarreform hier eine Entkopplung vor, doch ist das Misstrauen der Landwirte, die um ihre Existenz bangen, nur allzu verständlich.

1.16 Pflanzenproduktion zu Lasten des Bodenschutzes: »Das offene Grünland-Gewächshaus«

Um dem Leser den Ist-Zustand des Bodens, auf dem das Gras wächst, das unsere Pferde fressen, näher zu bringen, gibt es meines Wissens keine fundiertere und klarere Quelle, als einen Beitrag von PROF. DR. B. SATTELMACHER (Pflanzenernährung, Universität Kiel) zum Thema »Düngung von Böden« im »Handbuch Bodenschutz« (Hrsg. H.-P. BLUME, Vlg. ecomed, 1990): »... Mit jeder Nutzung werden dem Boden größere Nährstoffmengen entzogen, ohne deren Ersatz durch Düngungsmaßnahmen der Boden mehr oder weniger rasch verarmen würde. Der Umfang und das Verhältnis der Ergänzung richtet sich zunächst nach der Zielgröße einer für Pflanzenwachstum und Ertrag optimalen Nährstoffkonzentration im Krumebereich des Bodens.

Während die Notwendigkeit von Düngungsmaßnahmen unbestritten ist, kann die Intensität – insbesondere der Mineraldüngung – aus verschiedenen Blickwinkeln betrachtet werden. Für die Intensität der Düngung ist es aus pflanzenbaulicher Sicht entscheidend, die Nährstoffversorgung für die jeweiligen Kulturpflanzen entsprechend ihrem Bedarf während der einzelnen Wachstumsphasen sicherzustellen. Die Höhe der erforderlichen und vertretbaren Düngung richtet sich nach den jeweiligen Boden- und Klimaverhältnissen, der Kulturart, der Fruchtfolge, den Ansprüchen der jeweiligen Fruchtart und -sorte, den Ertragserwartungen sowie dem Verwendungszweck. Unter Berücksichtigung dieser Faktoren ist als Kriterium für die Höhe des Düngereinsatzes eine Optimierung von Ertrag und Qualität zu definieren.

Die Intensität der Düngung wird heute vorrangig durch betriebswirtschaftliche Kriterien bestimmt, da der Landnutzer als Entscheidungsträger den Anbau von Kulturpflanzen zur Einkommenssicherung betreibt. Infolge der in der Europäischen Gemeinschaft geltenden wirtschafts- und agrarpolitischen Bedingungen ist der Einsatz ertragssteigernder Produktionsmittel bei den derzeitigen Preiskostenrelationen in einem weiten Bereich rentabel. Der Gewinn steigt in diesem rentablen Bereich, weil zum einen die je erzeugter Produktionseinheit anfallenden Festkosten sinken, zum anderen die mit dem zusätzlichen Produktionsmitteleinsatz verbundenen Mehrleistungen dessen Kosten übersteigen. Die Mineraldüngung hat sehr erheblich zur Steigerung der Einkommen in der Landwirtschaft beigetragen und bildet heute einen entscheidenden Faktor der Einkommenssicherung. Aus betriebswirtschaftlicher

Sicht liegt die optimale Intensität der Mineraldüngung vieler Marktfrüchte nahe an der für die Erzielung maximaler Erträge erforderlichen Düngungsintensität.

Aus ökologischer Sicht wird die Düngung an ihrem Beitrag zur Belastung von Boden, Luft und Wasser gemessen. Obwohl sich die Zielsetzungen von Düngungsmaßnahmen und Umweltschutz nicht grundsätzlich widersprechen müssen – der Erhalt der Leistungsfähigkeit des Naturhaushaltes wird von beiden angestrebt –, so kommt doch die Düngung um so mehr mit umweltpolitischen Forderungen in Konflikt, je intensiver sie betrieben wird. Gerade im Hinblick auf die nachhaltige Sicherung der Gewässerreinheit sowie der Pflanzen- und Tierwelt müssen Düngungsintensität, Düngerausnutzung sowie mögliche Nährstoffimbalancen als Folge der Düngung kritisch betrachtet werden. Aus ökologischer Sicht ist das Düngungsoptimum dann überschritten, wenn mit der Düngung ökologisch nicht mehr tolerierbare Schäden verbunden sind. Das ökologische Düngungsoptimum ist von Standort zu Standort sehr unterschiedlich und hängt von den durch die Gesellschaft gesetzten Toleranzgrenzen ab; es liegt mit Sicherheit unterhalb der aus pflanzenbaulicher und betriebswirtschaftlicher Sicht optimalen Düngungsintensität.«

Zur geschichtlichen Entwicklung der Düngung schreibt SATTELMACHER weiter: »Der Notwendigkeit, dem Boden die durch die pflanzenbauliche Nutzung entzogenen Nährstoffe wieder zuzuführen, trug der Mensch seit den Anfängen des Acker- und Gartenbaus Rechnung, indem er schon frühzeitig dem Boden Stoffe zur Verbesserung des Wachstums und zur Erhöhung der Erträge zuführte. Später im Altertum kamen die Verwendung von Stallmist und Kompost, Streu und Bodenmaterial aus dem Wald sowie Mergel hinzu. Diese Formen der Düngung blieben weitgehend bis in das 19. Jahrhundert erhalten. Trotz intensiven Bemühens konnte während dieser Zeit der allgemeine Nährstoffmangel nicht beseitigt werden. Der Nährstoffkreislauf und die Erträge verharrten auf einem äußerst niedrigen Niveau. Erst mit der Mineralstofftheorie von LIEBIG sowie der Entwicklung anorganischer Düngemittel war die Möglichkeit gegeben, gezielt Lücken im Nährstoffkreislauf zu schließen und das Nährstoffniveau im Boden anzuheben. Seit der Entwicklung von Mineraldüngern stieg deren Verbrauch innerhalb weniger Jahrzehnte erheblich an, wobei sich die Düngermenge auch insgesamt durch den vermehrten Anfall von organischen Düngemitteln erhöhte. Die parallel auftretenden erheblichen Ertragssteigerungen sind nicht zuletzt auf die verbesserte Düngung zurückzuführen.«

Dieses Zitat sagt sehr deutlich zweierlei aus: In der langen Geschichte der Menschheit und der Viehhaltung, auch der Pferdehaltung, hat es die längste Zeit Mangel gegeben. Die Nutztiere des Menschen waren auf Genügsamkeit selektiert. Erst vor etwa 100 Jahren konnten die Mängel zunehmend beseitigt werden. Aus betriebswirtschaftlicher Sicht führt an intensiver Wirtschaft, also auch Düngung, kaum ein Weg vorbei. Die Gewinnoptimierung hat innerhalb weniger Jahrzehnte zu einer im wahrsten Sinne des Wortes grundlegend veränderten Situation geführt: Der Zustand der heutigen Böden ist mit dem Zustand vor 100 Jahren nicht mehr vergleichbar. In Folge dessen ist auch der Bewuchs auf den Böden ein völlig anderer (siehe z.B. »Glatthafer« bei der Vorstellung der Gräser). Insbesondere die »Robustpferde« (robust im Sinne von »Überleben von Nichts«) sind an derartige Veränderungen aber nicht angepasst und darum besonders häufig gesundheitlich gefährdet.

1.17 Hufrehe durch Grünland

Hufrehe bzw. Klauenrehe wird eine schwere Erkrankung insbesondere des Einhufers genannt, bei der durch eine Stoffwechselentgleisung beim Pferd meist die Vorderhufe, seltener die Hinterhufe einem äußerst schmerzhaften Krankheitsprozess (u.a. Lederhautentzündung) ausgesetzt sind. Die Schäden am Huf können irreparabel sein (chronische Hufbeinabsenkung, Knollhuf).

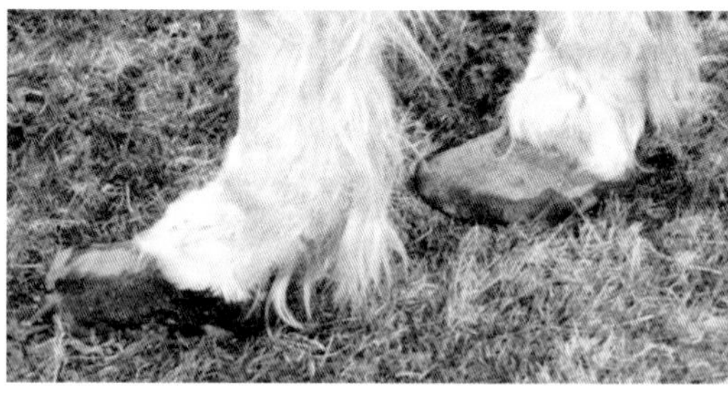

Abb. 8: Chronische Hufrehe. Die flachen Hufen (hier ein eher unauffälliger sog. »Schnabelhuf«) brechen nicht mehr natürlich, der Gang ist durch die Hufbeinabsenkung »pantoffelnd«. Die sog. »Weiße Linie« ist bei diesem Tier stark verbreitert, das Horn der Sohle zeigt reichlich ausgetretenes Blut. Harter Boden wird gemieden, da schmerzhaft. (Foto: R. VANSELOW).

Im Extremfall kann es akut zum Ausschuhen, also Ablösen der Hornkapsel, auf allen vier Hufen kommen. Auch Rinder können an der Klauenrehe erkranken, die dann vorwiegend die Hinterbeine betrifft. Früher vermutete man, ein zu hoher Eiweißgehalt des Futters würde Hufrehe auslösen. Diese Vermutung bestätigte sich nicht. Nachdem in der Freizeitpferdeszene jahrelang Hafer als Futter zu Unrecht, wie ich meine, out war, weil er angeblich zu eiweißreich sei und die Pferde »spinnig« macht, wird er neuerdings von findigen Hufexperten als Wunderheilmittel gegen Hufhornrisse, bei schlechtem Hornwuchs und dünnen Tragrändern gepriesen. Sicherlich sind manche Freizeitpferde aus Angst vor Überversorgung eher eiweiß-unterversorgt. Proteinmangel macht sich beim Hufhorn und beim (stumpfen) Haarkleid sehr bald sichtbar. Auf Intensivweiden ist mit Proteinmangel allerdings kaum zu rechnen, was sich in starkem Hornwuchs während der Weidesaison äußert. Zur Erklärung der Hufrehefälle waren auch die Erkenntnisse über schwerverdauliche Stärke (Mais, Gerste) mit Fehlgärungen im Darm und Hufreheauslösung durch Massenabsterben der Darmbakterien nicht allein befriedigend, konnten sie die Weiderehe doch nicht erklären. Auf jeden Fall spielen bei der Futterhufrehe (es gibt u.a. auch Belastungsrehe bei zu hartem Boden bzw. fehlerhafter Hufbearbeitung sowie durch (psychischen) Stress oder Medikamente ausgelöste Hufrehe!) Kohlenhydrate als Auslöser der die Krankheit einleitenden Dickdarmprobleme die entscheidende Rolle. Ein Vergleich der Verdauungstrakte von Pferd und Rind soll die Problematik verdeutlichen:

Tab. 10: Kenngrößen des Verdauungstraktes des Pferdes nach verschiedenen Autoren, im Vergleich zum Rind (VANSELOW 2002b). MO: Mikroorganismen; TM: Trockenmasse; Ofl.: Oberfläche

Verdauungs-abschnitt	Länge [m]	Volumen [l]	Aufenthalt [h]	MO [Mio.]	TM [%]
Magen	o. A.	8-15 (20) Rind: 110-230	1-5	10-200	
Zwölffinger-darm (*Duodenum*)	1-1,5 Rind: 0,9-1,2	o. A.	o. A.	o. A.	
Leerdarm (*Jejunum*)	17,5-29 Rind: 26-48	o. A.	o. A.	o. A.	
Hüftdarm (*Ileum*)		o. A.	o. A.	1-120	5-8
Σ Dünndarm	16-30 Rind: 27-49	bis 64 Ofl. bis 200m²	ca. 1,5	3-80	
Blinddarm (*Caecum*)	bis 1	30-40 Ofl. ca. 20m²	15-20	10-2500	6-10
Grimmdarm (*Colon*)	bis 8 Rind: 6-13	bis 96	18-24	15-600	12 → 25
Mastdarm (*Rectum*)	0,2-0,3 Rind: 0,3-0,4	o. A.	1-2	o. A.	
Σ Dickdarm	6-8 Rind: 6,5-14	o. A.	o. A.	o. A.	
Σ Gesamt	25-39 Rind: 33-63	bis 212	35-52 Rind: 80	o. A.	

Diese Tabelle zeigt: Das Pferd ist mit seinem im Vergleich zum Rind kürzeren Verdauungstrakt (10fache statt 20fache Körperlänge) und dem sehr kleinen Magen zu einer pausenlosen Aufnahme geringer, relativ hochwertiger Futtermengen gezwungen. Selektives Fressen und Bevorzugung von wertvollen Blättern, Blüten oder Samen ist somit nicht nur ein archaisches Verhalten des ehemaligen Waldbewohners. Die Gärkammern liegen am Ende des Darmes (Enddarmfermentierer). Dadurch kommt es zu massiven Verdauungsproblemen, wenn Nahrung nicht im gegebenen Zeitraum am dafür vorgesehenen Ort verdaut werden kann. Der Futterbrei wird dann einfach weitergeschoben und verursacht in späteren Abschnitten beispielsweise Fehlgärungen, also Koliken. Gelangen schwer verdauliche Kohlenhydrate in die Gärkammern, kann Übersäuerung des Millieus und Hufrehe ausgelöst werden. Man kann das Pferd also als hochsensiblen Indikator für bestimmte Futterpflanzen bzw. eutrophe Böden, auf denen diese Pflanzen bevorzugt gedeihen, betrachten. Das Rind hat seine riesigen Gärkammern (Wiederkäuermägen je nach Rasse 110 bis 230l) gleich zu Beginn des Verdauungstraktes. Als Wiederkäuer frisst es erst vergleichsweise viel, legt sich dann gerne hin und käut in Ruhe sorgfältig den angedauten Nahrungsbrei wieder. Dadurch wechseln sich Pausen mit Phasen hoher Nahrungsaufnahme ab. Schwerverdauliche Kohlenhydrate werden gleich zu Beginn des Verdauungstraktes von Mikroorganismen der Mägen aufgeschlossen. Wiederkäuer bekommen tatsächlich weit seltener (Klauen-) Rehe, die dann meist die Hinterbeine befällt, ansonsten aber der Hufrehe des Pferdes entspricht. Das folgende Pfeildiagramm beruht auf Untersuchungsergebnissen der Tierärztlichen Fakultäten der Hochschulen München und Hannover (nach LENGWENAT 2000 und KIENZLE 2002) sowie verschiedenen Artikeln in Pferdezeitschriften (CAVALLO 4/2004, REITER REVUE INTERNATIONAL 5/2004, FREIZEIT IM SATTEL 2/2005). Es erklärt auch, warum Heparin als Gegenspieler bzw. Bindungspartner des Histamins, welches so gebunden gespeichert werden kann, ein wirksames Medikament bei der Behandlung der Hufrehe ist.

In Frage kommende Kohlenhydrate sind Zucker als Transportform (kurzkettige Zucker) oder als Speicherform (z.B. Stärke als speicherfähiger Vielfachzucker). Die wasserlöslichen Fruktane können sowohl dem Transport als auch der Speicherung dienen. Dabei stellt die Bezeichnung Fruktan (in manchen Büchern auch Laevan) einen Sammelbegriff für Oligo- und Poly-Fructosyl-Zucker dar. Die Mikroorganismen des Darmes können die kürzeren Fruktane schnell, die langen nur langsam aufschließen. Fruktane werden hergestellt, sobald die Zuckerkonzentration in der Zelle durch

Entstehung von Hufrehe durch Futter:

große Mengen von Kohlenhydraten (KH)
(Zucker wie z.B. Fruktane,
schwerverdauliche Stärke, z.B. Gerste und v.a. Mais)

↓

unvollständige Verdauung im Dünndarm
(Enzyme der Bauchspeicheldrüse und der Darmschleimhaut)

↓

unverdaute KH werden weitergeschoben in den Dickdarm
(Gärkammern: Blinddarm und Grimmdarm),
wo das ökologische Gleichgewicht der Mikroorganismen (MO) gestört wird

mikrobieller Abbau der KH zu organischen Säuren,
der pH-Wert des Darmes sinkt von normal 6,5 bis 7,0 auf bis zu 4,0 ab

Massensterben von MO und
Freisetzung von Endotoxinen und Zellwandbausteinen der MO,
durch organische Säuren geschädigte Darmschleimhaut

geschädigte Darmschleimhaut lässt Endotoxine und Zellwandbausteine der toten MO in die Blutbahn gelangen

»Großalarm« des Immunsystems,
entzündlich-allergische Reaktion, Endotoxin-Schock:
Histaminausschüttung verändert die Durchlässigkeit der Blutgefäße,
Kontraktion feiner Blutgefäße ($>80\mu m$) bei gleichzeitiger Erweiterung feinster Blutgefäße ($<80\mu m$)

betroffene Gewebe schwellen an, Austritt von Blutserum,
krankhafte Aktivität der Enzyme, die Lösung und Verbindung der Plättchen in der Huflederhaut beim normalen Hufwachstum regulieren - es kommt zur »Hufrehe«,
allergische Sensibilisierung

Photosynthese einen Schwellenwert erreicht hat. Hohe Fruktanwerte entstehen bei Stress, wenn z.B. durch ungünstige Temperaturen oder mangelndes Wasser das Photosyntheseprodukt Zucker nicht in Wachstum umgesetzt werden kann. Außer in Gräsern (Fruktane im Phlein-Typ) sind sie auch in manchen Kräutern als Reservematerial in geringen Mengen zu finden, speziell als Inulin-Typ bei den Korbblütlern (Löwenzahn, Saudistel, Alant, Artischocke, Dahlie, Topinambur, Wegwarte, Chicoree). Es darf vermutet werden, dass der Inulin-Typ dem Phlein-Typ bei der Verdauung durchs Pferd vergleichbar ist. Die Menge dürfte entscheidend sein. Moderne Züchtung und Gentechnik ist um die Erhöhung des Anteiles dieser Ballaststoffe in Gemüsen für den menschlichen Verzehr (Lebensmittelzutaten aus gentechnisch veränderten Kartoffeln und Zuckerrüben) sehr bemüht. Was für den Zivilisationsmenschen als unverdaulicher Ballaststoff gut ist, kann für das Pferd hier schädlich werden. Die Speicherung und die Umwandlung in Transportformen spielen bei bestimmten Wetterlagen (Sonnenschein nach Frostnächten bzw. bei Frost, Trockenheit bei starker Sonneneinstrahlung, einsetzender Regen nach langer Trockenheit) eine entscheidende Rolle. Denkbar wäre, dass Sommerdürre beispielsweise zu Speicherung längerkettiger Fruktane führt, die bei plötzlich einsetzendem Regen in wenigen Stunden in großem Umfang zu kürzerkettigen umgebaut werden und dann vielleicht im Pferd die Hufrehe auslösen. Vermutlich werden in Bezug auf Hufreheerkrankungen Standorte mit bestimmten leistungsfähigen Futterpflanzen, die nicht an ihrem natürlichen Standort angebaut werden, risikoreich sein. Je schlechter Futterpflanze und Standort zusammenpassen, desto schneller gelangt die Pflanze unter Stress. Übrigens ist Trockenheit als Stressfaktor für die Pflanze ganz ähnlich wie Frost: Gefrierendes Wasser im Pflanzenkörper führt zu Wassermangel in den Zellen, gefrorener Boden verhindert eine Wassernachlieferung, man spricht von Frosttrocknis.

Ein Risiko ist auch auf Böden mit hohem Humusspiegel und hoher natürlicher Selbstdüngung bei starken Schwankungen der Wasserversorgung zu erwarten. Die Selbstdüngung entsteht durch Stickstoff-Mineralisation, wenn nach jahrzehntelanger Aufdüngung die Stickstoff-Festlegung (Humusspiegel erreicht) umschlägt in eine Stickstoff-Freisetzung. Reichliches, plötzlich zur Verfügung stehendes Stickstoff-Angebot ist nach dem Winter (Kälte), nach Trockenphasen (Regen nach Sommerdürre) und im Herbst bei feucht-mildem, strahlungsreichen Klima zu erwarten. In diesen Fällen war die Zersetzung und damit die Stickstoff-Nachlieferung im Boden durch ungünstiges Klima unterbrochen, was zeitweisen Stress für nährstoffliebende Pflanzen (»Düngermangel«) bedeutet. Klimatisch bedingt setzt plötzlich die Zersetzung wieder ein, die den Stickstoff verfügbar macht, den Stress beendet und den Stoffwechsel der Pflanze schlagartig ankurbelt. Möglicherweise ist die Mobilisierung der Speicher in der Pflanze der Moment, der zu Fruktan-Spitzenwerten führt, die die Hufrehe auslösen. Neben starkem Stress ist also auch die Anlage von großen Speichern auf nährstoffreichen Böden und ihre schlagartige Umsetzung zu bedenken. Ist die Gefahr beispielsweise bei sommerlichem Trockenstress schon sehr hoch, so kommt es nach meiner Beobachtung u.U. am Tag nach dem Einsetzen des Regens zur Erkrankung des Pferdes.

Meine persönliche Beobachtung ist, dass bei Pferden mit Neigung zu Durchfällen beim Anweiden die Behandlung des Durchfalles (Vergiftungsreaktion: Problemstoffe verdünnen und ausschwemmen) die körpereigene Entgiftung u.U. behindert und den Kollaps (Hufrehe) beschleunigt. Statt den Durchfall zu behandeln, muss die aufgenommene Grasmenge reduziert werden. Junges, noch silierfähiges Gras, enthält besonders viele Transportzucker, und ist daher mit Vorsicht zu verfüttern.

Die Fruktanwerte können je nach Klima enorm schwanken und speziell beim Weidelgras zwischen Sorten der gleichen Art Abweichungen um 100% zeigen. Die Fruktankonzentrationen können innerhalb von Stunden enorm variieren. Das Mikroklima am Erntetag selbst, speziell zum Erntezeitpunkt (z.B. vor oder nach einem Gewitterregen) und die klimatische Situation in den Wochen vor der Ernte sowie das phänologische Stadium des Ernteguts und sein Blatt-/Halmanteil sind daher weit wichtiger als Angaben wie später oder früher Schnitt oder gar Tageszeit. Da Pferde selektiv und gerne süß fressen, muss auch selektiv analysiert werden. Mischproben (verschiedene Gräser, Kräuter) sind daher nicht hilfreich. So ergaben sich für Gräser folgende Fruktangehalte infolge unterschiedlicher Temperaturen:

Tab. 11: Fruktangehalte in verschiedenen Grasarten nach CHATTERTON et al. (1989) zitiert in LONGLAND & CAIRNS (2000).

g Fruktan/kg Trockenmasse Gras	5-10°C kalt	11-25°C warm
Knäuelgras	130	8
Wiesenschwingel	220	0
Deutsches Weidelgras	210	10
Lieschgras	111	2

Temperaturen in diesem Bereich sind noch keineswegs als Stress für heimische Gräser anzusehen. Die Autoren schreiben, dass die Molekulargewichte der Fruktane von Lieschgras und Knäuelgras höher und somit diese Fruktane langsamer verdaulich waren als die Oligo-Fruktane im Weidelgras. Knäuelgras und Lieschgras haben sich in Weidesaatmischungen für Robustpferde bewährt, speziell Weidelgras gilt in manchen Sorten als problematisch. Halme enthalten während des Graswachstums, insbesondere im Ährenschieben und in der Blüte, i.d.R. mehr Fruktane als Blätter. Rohrschwingel zeigt ähnliche Fruktankonzentrationen wie Wiesenschwingel, was nicht verwunderlich ist, sind diese *Festuca*-Arten doch genetisch den *Lolium*-Arten extrem nahe verwandt. Im Lehrbuch der »Allgemeinen Mikrobiologie« (SCHLEGEL 1981) werden Gehalte von 12-15% der Trockensubstanz in Weidegräsern (Fruktane vom Phlein-Typus) angegeben. Tetraploide Weidelgräser, die in Europa bevorzugt zum Einsatz kommen, zeigen im Mittel höhere Fruktankonzentrationen als normal diploide Sorten. In Heu sind die Fruktankonzentrationen allgemein geringer als in frischem Gras. In Heulage (sog. Gärheu, wie Silage in Großballen) und erst recht in der feuchteren Silage verwerten die Milchsäurebakterien die Fruktane, je nach Silierungsgrad. Stroh und sehr spät geschnittenes (überständiges) Heu sind sehr fruktanarm. Alfalfa (Luzerne) u.a. Schmetterlingsblütler stellen statt Fruktanen Stärke als Speichersubstanz her. Fruktane finden sich aber auch hier in sehr geringen Mengen, z.B. als Zellwandbestandteil. Die CAVALLO (4/2004) schrieb: »Weidelgras, unbegrannte Trespe, Knäuelgras, kriechende und gemeine Quecke, Rohrschwingel und Klee sind besonders zuckerhaltig. Mittlere Werte hatten die Wüsten-Quecke, der Rohr-Fuchsschwanz und das Lieschgras. Am wenigsten Zucker haben Hundszahn, Wiesenrispe, rötliches Bartgras, Blut-Fingerhirse und in Amerika heimische Präriegräser.«

Bei Hochrechnungen werden folgende Schätzwerte benutzt: Die aufgenommene Grasmenge pro Tag und Pferd liegt bei 2 bis 2,5% des Körpergewichts als Trockensubstanz Gras bzw. etwa 10kg frischem Gras pro 100kg Lebendgewicht. Frisches Gras besteht zu etwa 20% aus Trockensubstanz. Hufrehe lässt sich mit 7,5g Fruktan pro kg Lebendgewicht (LG) klinisch sicher auslösen, als kritisch gelten 5g Fruktan pro kg LG.

Rechenbeispiel: Ein Pferd wiegt 500kg und frisst am Tag 500x2,5%=12,5kg Trockensubstanz Gras, entsprechend 62,5kg frischem Gras. Bei ungebremster Fressleidenschaft in 24h durchaus ein realistischer Wert. Dann hätte dieses Pferd bei dem Weidelgras aus der Tabelle oben unter kalter Witterung 12,5x210:500=5,25g Fruktan pro kg LG aufgenommen und liegt eindeutig im kritischen Bereich. Zwar frisst das Pferd diese Menge über 24h verteilt und nicht auf einen Schlag. Doch gibt es unterschiedlich empfindliche Tiere und unterschiedlich effektive Verdauungstypen. Falls extremes Klima noch höhere Fruktankonzentrationen entstehen lässt, hat das Pferd ein Problem.

Für die besondere Häufung von Hufreheerkrankungen bei den Pferden in bestimmten Jahren sind meines Erachtens verschiedene Faktoren verantwortlich, die bisher von Pferdehaltern leider kaum beachtet wurden:

- Zucht hochproduktiver Gräser für Futterproduktion: Zuchtgräser wurden auf maximale Produktion gezüchtet und auf Standorten angebaut, auf denen vor wenigen Jahrzehnten noch ganz andere Gräser wuchsen.
- Auswirkungen des Klimawandels: Die Global-Change-Forschung (globaler Klimawandel durch Treibhausgase) geht von einer globalen Erwärmung aus. Erwärmung bedeutet mehr Trockenheit, weil wärmere Luft erheblich mehr Wasser aufnehmen und halten kann. Gleichzeitig ist mit heftigen Niederschlägen (Abregnen der Feuchtigkeit) schon bei geringer Luftabkühlung zu rechnen. Kaum bekannt ist der erwartete Ablauf des Klimawandels. Ein stabiles System (z.B. Klima, Ökosystem) ist nicht ohne weiteres zu beeinflussen sondern kann in gewissen Grenzen Einflüsse auffangen bzw. abpuffern. Bevor es zu eindeutigen Verschiebungen im Mittel und somit zum Verlassen des alten Gleichgewichts kommt, ist bei zunehmender Labilität des Systems mit einem chaotisch wirkenden Verhalten zu rechnen. Es kommt eventuell zu extremen Schwankungen um den mittleren Bereich herum, um sich dann irgendwann in Richtung des neuen Mittelwertes bzw. eines neuen Gleichgewichts hin zu verschieben – wenn denn überhaupt ein neues, stabiles Gleichgewicht zustande kommt.

  Für das Klima bedeutet das u.U. enorme Schwankungen zwischen warm und kalt, trocken und nass und somit jeglicher Extreme (Dürren, Überschwemmungen, Stürme etc.). Die Versicherungsgesellschaften richten sich schon seit langem auf diese Schäden ein und auch die Saatguthersteller werben inzwischen mit Saatgut, das angeblich Global Change Rechnung trägt. Für die Gräser bedeutet das, dass sie auf den ihnen künstlich zugemuteten Standorten unter Stress kommen. Und gestresste Hochleistungsgräser produzieren besonders viel Fruktan. Fazit: Extreme Klimasituationen, verursacht durch den Klimawechsel, verstärken die Fruktanproblematik.
- Aufgedüngtes Grünland: Die Aufdüngung ist nicht beliebig umkehrbar. Nicht zu düngen ist auch nach Jahrzehnten (Versuchsreihen über 15 Jahre mit 2- bis 3-maliger Mahd wurden durchgeführt) nicht unbedingt erfolgversprechend.

1.18 Rechtliche Überlegungen zu Hufreheerkrankungen auf Grünland

Aus rechtlicher Sicht ist durchaus darüber nachzudenken, in wieweit eine Produkthaftung für die modernen Zuchtgräser besteht (VANSELOW 2005b). Während auf Medikamenten, Lebensmitteln und Genussmitteln wie Zigaretten eine Deklaration der Inhaltsstoffe und Wirkungen wie mögliche Nebenwirkungen angegeben werden müssen, gilt dies für modernes Saatgut bisher nicht. Grünland aus reinem Gras sollte so, wie es früher war, gefahrlos genutzt werden können, und gefahrlos sollte heißen: ohne erhöhte Gefahr einer Hufreheerkrankung. Auch die Strafbarkeit der Ausbringung von für Pferde ungeeignetem Saatgut auf für Pferde vorgesehenen Weiden (z.B. in Reparatursaaten, Neuansaat) wäre somit zu überdenken. »Es gilt von jeher der allgemeine Rechtsgrundsatz im Schadensrecht, dass sich kein Schädiger darauf berufen kann, einen besonders anfälligen Geschädigten getroffen zu haben. ... Es kommt nämlich für das Bestehen eines Schadenersatzanspruches allein darauf an, dass die Ursache für den Schadenseintritt gesetzt wurde (FELLMER 1978).« Das Robustpony, das als einziges unter anderen Pferden erkrankt, weil es zufällig besonders empfindlich auf dieses Futter reagiert, ist also keineswegs rechtlos. Sein Besitzer könnte sehr wohl Schadenersatzansprüche geltend machen – wäre die Beweislage nicht so schwierig. Beim 2. Pferde-Workshop der Justus-von-Liebig-Schule Hannover am 31. März 2001 unter dem Motto »Silage und Gärheu unter die Lupe genommen« referierte K. BEMMANN zum Thema »Futtermittel im Licht der Produktionshaftung«. Demnach liegt ein Großteil der Beweislast beim geschädigten Verbraucher. Er muss den Schaden, das schadenursächliche Produkt, den Hersteller des Produktes, den Fehler des Produktes und den Ursachenzusammenhang zwischen Produktfehler und Schaden aufzeigen bzw. beweisen.

1.19 Mineralfutter zur Weideergänzung

An dieser Stelle möchte ich ein paar Bemerkungen zu Mineralzusatzfuttermitteln einbringen. Der Pferdehalter ist oft im Zwiespalt, was er seinem Pferd füttern sollte. Aus Untersuchungen an Jungpferden ist bekannt, dass die Haltung (Box, Laufstall, Weidegang) auf den Bewegungsapparat einen größeren Einfluss ausübt als die Futterzusammensetzung. Dass zuviel Kalzium (Ca) schadet, hat sich inzwischen herumgesprochen und die Futtermittelhersteller haben sich diesen Erkenntnissen weitgehend angepasst. Minerallecksteine gelten als ungünstig, weil die Pferde den Bedarf über ihren Salzbedarf abdecken – also besser einen reinen Salzleckstein (Meersalz/Kochsalz) anbieten und dazu eine Mineralleckschale mit möglichst geringem Kochsalzgehalt (NaCl, Natriumchlorid). Doch reicht das? Nutzt das Pferd das Angebot freiwillig und bedarfsgerecht? Erfahrungen im Naturschutz zeigen: Die Tiere lernen, sich gezielt mit den notwendigen Mineralien (in Schäferhaus war es Selen-Mangel bei Galloways) zu versorgen (KÄMMER 2004), nachdem ihnen aufgrund von Erkrankung durch Selenmangel eine speziell an den standörtlichen Bedürfnissen ausgerichtete selenhaltige Leckmasse angemischt worden war. KÄMMER (2004) stellt eineinhalb Jahre später fest: »Interessant ist, dass gerade im Schäferhaus die Selenwerte (Anm. d. Autorin: in Blutproben) besonders hoch liegen, obwohl die Fläche aufgrund der Bodenverhältnisse und Vornutzung die geringsten Selengehalte aufweisen dürfte. Hier wird die Leckmasse nur an einer Stelle in dem 260ha großen Gebiet angeboten. Die Herdenteile, geführt von den erfahrenen Kühen, kommen regelmäßig an dieser Stelle vorbei und nehmen Leckmasse auf. Der Verbrauch der Leckmasse pro Tier ist im Schäferhaus am größten, auch wenn die Tiere hier die weitesten Wege zurücklegen müssen. Das intakte soziale Gefüge der Herde scheint dabei eine wesentliche Rolle zu spielen. Die Kälber lernen hier schon in den ersten Wochen von ihren Müttern, die Leckmasse aufzunehmen.« Dagegen gibt es Untersuchungen, die ein bedarfsgerechtes Verhalten der Pferde nicht aufzeigen konnten. Dazu muss man sich klar machen, dass jede Diplom- und Doktorarbeit zeitlich begrenzt ist und zu einem Ergebnis kommen muss (Prüfungstermin), dass der Knochen als Reserve und Puffer der Mineralgehaltes jedoch sehr langsam reagiert und als Puffer vieles verschleiert. Dadurch werden entsprechende Arbeiten schwer interpretierbar. War die Versuchsdauer zu kurz? Wie verlässlich sind die allgemein genutzten Angaben in den Bedarfstabellen? Da Mineralien fast jedem Fertigfutter zugefügt sind, heute also eher mit einer Überversorgung als mit einem Mangel zu rechnen ist, könnte es bei einem mit Fertigfuttermitteln ernährten Pferd u.U. Monate bis Jahre dauern, bis sich die Reserven erschöpft haben und sich ein spürbarer Bedarf des Tieres bemerkbar macht. Eine hochinteressante Fallstudie über mehrere Jahre von DR. S. BROSIG (www.uni-hohenheim.de/aw, Januar 2005) zeigt sogar allgemein Allergien begünstigende Wirkung von Mineral- und Fertigfuttermitteln auf, vermutlich durch zu hohe Mineralgehalte bei insgesamt ungünstiger gegenseitiger Beeinflussung in der Aufnahme wie im Stoffwechsel (siehe Kapitel »Phosphor«). Die PFERDE FIT & VITAL 02/2003 brachte eine Meldung, wonach in einem Vollblutgestüt Gliedmaßenstellungsfehler in einem Jahrgang gehäuft auftraten. Es ergab sich für fast alle Fohlen ein deutlicher Zinkmangel, die Kupferkonzentrationen zeigten ebenfalls Abweichungen vom Referenzwert. »Es ist bemerkenswert, dass bei einigen Stuten die Stellungsanomalien der Fohlen erst nach Einführung eines Mineralergänzungsfutters in den Futterplan der Stute auftraten, ohne dass vorher Mangelzustände in der Fütterung oder an den Tieren festgestellt wurden (PFERDE FIT & VITAL 02/2003).« Derartige Fälle könnten durch ein ungünstiges Zusammenspiel der Nährstoffkonzentrationen entstehen. Beispielsweise nehmen Pflanzen auf Böden mit hohen Phosphorgehalten Mineralstoffe wie Kupfer und Zink u.U. schlechter auf. Gleichzeitig behindert eine hohe Kalziumkonzentration im Futter des Pferdes ebenfalls die Aufnahme von Mineralien wie Kupfer und Zink aus dem Futter.

Eine Islandpferdezüchterin aus Schleswig-Holstein mit 30jähriger Erfahrung in ganzjähriger Freilandhaltung erzählte mir folgendes: Ihre Isländer erhalten neben Gras, Heu und Großballensilage bei Bedarf betriebseigenen Hafer und haben jederzeit Mineralleckschalen zur freien Verfügung. Die etwa 50köpfige Herde (Jungpferde, Stuten, Pensionspferde), die den Winter im Freien auf den hügeligen Flächen bei Weidegang und Heulage verlebt, erhält die Silage von verschiedenen Standorten mit unterschiedlicher Wirtschaftsweise. Kein Fertigkraftfutter gleicht hier den Mineralhaushalt aus, und zwar das ganze Jahr über nicht. Diese Isländer verbrauchen nun unterschiedlich viele Leckschalen: Stammt die Silage aus extensiv oder ökologisch wirtschaftenden Betrieben, so bleibt die Leckschale fast unangetastet. Stammt die Silage aber aus normal intensiver Grünlandbewirtschaftung, dann liegt der Leckschalenverbrauch bei ca. 1 Schale pro Woche (bei 50 Tieren). Diese Langzeiterfahrung einer aufmerksamen Züchterin sollte zu denken geben. Die Isländer erfreuen sich übrigens einer robusten Gesundheit, und mancher Greis aus den Entstehungsjahren der eigenen Zucht verlebt jeden Winter als Pensionspferd in dieser Herde im Freien, um das Sommerhalbjahr fit und gesund bei seinem Besitzer zu verbringen.

1.20 Wohlstandserkrankungen der Pferde

Im Vergleich zu Jahrtausende langer, meist ärmlicher Pferdehaltung durch Menschen muss man heute fast von »Pferdemast« reden. Dass die zunehmenden Erkrankungen an Hufrehe beim Pferd auf die veränderten Bedingungen zurückzuführen sind, habe ich bereits dargestellt. DR. G. HEUSCHMANN (Tierarzt, Warendorf) hat auf verschiedenen Veranstaltungen der Persönlichen Mitglieder der Deutschen Reiterlichen Vereinigung sowie im »PM-Forum – Mitteilungsblatt für die Persönlichen Mitglieder der Deutschen Reiterlichen Vereinigung« (HEUSCHMANN 2001, 2002a, 2002b) eine sehr schlüssige Hypothese entwickelt, die auch Kissing Spines (schmerzhafte Knochenzubildungen bzw. Verwachsungen der Dornfortsätze der Wirbelsäule) und Chips (Knochenabsplitterungen im Gelenkbereich) beim Pferd auf zu üppige Ernährung bei zu geringer Bewegung und anatomisch nicht sinnvoller Haltung zurückführt. Demnach sind folgende Faktoren krankheitsfördernd:

Junge Pferde nehmen durch zu gute Ernährung zu schnell zu und sehen als Dreijährige nicht mehr wie hagere Jungpferde sondern eher wie fertige Sechsjährige aus. Schon Jährlinge sind nicht mehr »hässlich verbaut« sondern oft erstaunlich ausgewachsen im Gebäude. Damit verbunden ist eine schnelle Gewichtszunahme im Vergleich zu früheren Zeiten. Dem widersprechen Untersuchungen von C. HOIS (2004), vorausgesetzt, die Fohlen hatten genug Auslauf. Da Stutenmilch durch Zucht kaum beeinflusst wurde, wohl aber das Endmaß der Sportpferde (180cm Stockmaß Widerristhöhe sind nicht nur bei Springpferden erwünscht), sind solche Fohlen mit extremem Wachstum mit Stutenmilch alleine u.U. nicht ausreichend versorgt. Auch in der Natur fressen die Fohlen sehr früh alles mit, was die Stute frisst. Viele Jungpferde bringen erheblich mehr Zeit im Stall zu als früher. Hierdurch kommt es zu Bewegungsmangel. Diese beiden Tatsachen führen u.U. zur Verdickung des Knorpelgewebes in den Randbereichen der Gelenke. Gelenkknorpel wird nicht durchblutet sondern durch Diffusion mit Nährstoffen versorgt. Man kann sich das vorstellen wie einen Schwamm, der bei Druck (in der Bewegung des Gelenkes in der Stützphase) ausgedrückt wird, um sich danach in der Hängephase wieder vollzusaugen. Die gleichmäßige Massage des Knorpels durch Bewegung ernährt ihn also. Überernährung und Mangel an Bewegung führen nun u.U. dazu, dass der Knorpel in seinen tieferen Bereichen nicht mehr vollständig ernährt werden kann und am Übergang zum Knochen von unten her in kleinen Bereichen abstirbt. Insbesondere an den verdickten Randbereichen der Gelenke ist damit zu rechnen. Lösen sich nun kleine Knorpelteile über den geschädigten Bereichen ab, ist ein Chip entstanden. Je mehr Gewicht dabei auf das Gelenk trifft, um so wahrscheinlicher kommt es zur Absprengung. Da Kraft = Masse x Beschleunigung ist, wird klar, warum Stallunmut auf einem engen Paddock bei einem massigen Jungpferd eine besonders heftige Krafteinwirkung auf die Gelenkknorpel bedeutet. FINKLER-SCHADE (2002) berichtet von möglicher Osteochondrosis durch Kupfermangel, Traumata in den Wachstumszonen und den Gelenkknorpeln sowie durch Bewegungsmangel.

Der waagerechte Bau der Wirbelsäule beim Pferd bewirkt, dass ein gut gefüllter Futterbauch den Rücken herunter zieht. Hinzu kommen hoch angebrachte Futterkrippen und die die Sicht einschränkende Bauweise von Boxen, die das Pferd zu einer unnatürlich hohen Kopfhaltung bei verspannter Rückenmuskulatur veranlassen. Beides führt ebenfalls zu einem nach unten weggedrückten Rücken. In der Natur ist das Pferd die meiste Zeit des Tages mit Grasen beschäftigt, hat den Kopf also am Boden. Die Dornfortsätze der Wirbelsäule werden durch den Zug des Nackenbandes bei tief gehaltenem Kopf sowie den Einsatz der Kruppenmuskulatur und der Bauchmuskulatur in der Bewegung auseinandergezogen und aufgerichtet. Unterbleibt dies und nähern sich die Dornfortsätze dadurch stark an, so ist die Grundlage für Kissing Spines (sich berührende Dornfortsätze) beim noch ungerittenen Pferd geschaffen.

Dies sind nur Hypothesen, dennoch möchte ich den Leser bitten, sich die möglichen Konsequenzen einer Jungpferdeaufzucht auf fetten Grasparzellen, die nur wenig Anreiz zu Bewegung und Laufspielen bieten, zu überlegen. Auch der Einfluss gleichaltriger und gleichartiger Spielkameraden auf Jungpferde sollte nicht nur unter den Aspekten der Verhaltenskunde überdacht werden. Eine überlegte und aufwändige Aufzucht der Jungpferde zahlt sich auf jeden Fall durch Gesundheit, Geschicklichkeit und gutes Sozialverhalten der Tiere aus.

2 Grundlagen der Zusammenhänge: Boden - Pflanze - Weidetier

2.1 Böden, die Grundlage der Pferdehaltung

Es gibt grundlegende Unterschiede zwischen Böden unter Wald, Grünland und Acker. Wald wurzelt tief und hat eine geschlossene Vegetation. Allein diese Tatsachen bewirken eine tiefe Lockerung des Bodens bei höherer Gesamtverdunstung im Vergleich zum Acker. Ackerböden neigen zur Vernässung mit dem dazu gehörigen Luftmangel (Pseudovergleyung selbst im Oberboden) und werden als Abhilfe häufig drainiert. Wind und Wasser können die Ackerflächen stark angreifen und zu Materialverlagerungen (Wind- und Wasser-Erosion) führen. Der Pflug vermischt die oberen Bodenschichten zu einem einheitlichen Pflughorizont, die Düngung führt zu einer Eutrophierung des Bodens, die Kalkung zu einer pH-Anhebung.

Grünland kann sehr unterschiedlich genutzt werden. Von der savannenähnlichen, armen Halboffenen Weidelandschaft auf Trockenrasen bis zum Ackergras als Zwischenfrucht oder zur Knäuelgraswiese als produktivem Dauergrünland ist das Spektrum an Vegetation und Böden sehr weit.

Aufgrund des feuchten (humiden) Klimas neigen norddeutsche Böden zur natürlichen Versauerung und damit zur Verarmung. Dies gilt um so mehr auf saurem Untergrund (Silikatgestein).

2.1.1 Entstehung der Böden und Bodenarten

Böden können völlig unterschiedliche Wege der Entstehung hinter sich haben. Es gibt eiszeitliche Ablagerungen (Moränenlandschaften), tonhaltige Staubablagerungen (Löss), Schwemmlandböden, Verwitterungsböden und Gesteinsböden.

Man unterteilt Böden anhand ihrer Körnung bzw. Korngröße nach den drei Fraktionen Sand, Schluff und Ton und diese wiederum nach grob, mittel und fein.

Tab. 12: Körnung des Bodens.

Körnung	Boden
≥20mm	Steine
20-2mm	Kies
2-0,2mm	Grobsand
0,2-0,02mm	Feinsand
0,02-0,002mm	Schluff
≤0,002mm	Ton

Bodenkolloide mit einem Durchmesser von unter 2nm im Bodenwasser sind entscheidend für physikalisch-chemische Vorgänge im Boden. Mit ihrer Wasserhaltekraft (Wasserhaltekapazität: max. Menge an Haftwasser) bewirken sie die Quellbarkeit des Bodens. Ihre Fähigkeit Nährstoffe festzuhalten oder abzugeben bezeichnet man als Ionenaustausch oder Sorption. Und die Ausflockung leitet über vom Sol- in den Gelzustand des Bodens.

Indem man die Fraktionen Ton-Schluff-Sand an einem Dreieck jeweils einer Seite zuordnet (DIN 4220 im Dreieckskoordinatensystem) und die jeweiligen Böden entsprechend ihrer Mischung in dem Dreieck einträgt, erhält man die in Deutschland übliche Einteilung der Bodenarten. Man kommt so zu Bezeichnungen wie »schluffig-lehmiger Sand« oder »mittel-sandiger Ton« (siehe SCHEFFER & SCHACHTSCHABEL 1992, Kap. III: Körnung). Nach dem verbleibenden Korngrößenanteil beim Abschlemmen von Schluff und Ton unterteilt man grob:

Tab. 13: Korngrößenanteile der Bodenarten.

Bodenart:	abschlemmbarer Schluff/Ton
Sand	> 10%
anlehmiger Sand	10-20%
lehmiger Sand	20-25%
stark sandiger Lehm	25-30%
sandiger Lehm	30-35%
Lehm	35-40%
lehmiger Ton	40-75%
Ton	< 75%

2.1.2 Bearbeitbarkeit von Böden

Nach der Bearbeitbarkeit spricht man von leichten (Sandböden), mittelschweren (Lehm- und Schluffböden) und schweren (Ton) Böden. Während leichte Böden als »Stallmistfresser« bezeichnet werden, spricht man bei Tonböden von »Minutenböden«, wenn der Zeitpunkt der Bearbeitbarkeit genau abgepasst werden muss, weil sonst der Pflugwiderstand zu hoch ist. Diese für Ackerbau ungünstigen Eigenschaften prädestinieren diese Böden für Grünlandnutzung. Am fruchtbarsten sind die mittleren Böden (Ackerland). Daneben gibt es noch Skelettböden, wo der Steinanteil sehr hoch ist.

Die Auswirkungen des Porenvolumens, das die Bearbeitbarkeit des Bodens entscheidend beeinflusst, seien hier kurz am Beispiel des Sandbodens verdeutlicht. Grobe Körner und Grobporen bewirken ein geringes Speichervermögen für Nutzwasser (hohe Wasserleitfähigkeit) bei guter Durchlüftung. Das verhindert auch bei feuchtem Klima Wasserstau bzw. Versalzung. Andererseits fördert es die Nährstoffauswaschung durch geringes Nährstoffbindungsvermögen bzw. geringe Reserven. Neben der Wasserhaltekapazität ist auch die Wärmekapazität gering. Die zeitige Erwärmung im Frühjahr, begleitet durch intensive Mikroorganismentätigkeit, führt zu intensivem Abbau organischer Substanz. Das Resultat dieser Zusammenhänge ist damit auch ein niedriger Humusgehalt.

2.1.3 Ertragsfähigkeit von Böden

Die Ertragsfähigkeit hängt daneben von einer Vielzahl weiterer Eigenschaften wie z.B. Gefüge, Humusgehalt und Acidität ab. Alkalische Böden (pH≥7,5) sind selten. Stark saure Böden (pH≤4) werden entweder von Huminsäuren verursacht oder vom mineralsäurehaltigen Muttergestein. Während auf sauren Böden Pilze überwiegen, findet man in alkalischen Böden vermehrt Mikroorganismen. Ein schwach humoser Boden hat weniger als 2% Humusgehalt, mäßig humos entspricht 2–4%, stark humos 4–10%, sehr stark humos 10–15%, anmooriger Boden hat 15–30% Humusanteil und Moorböden über 30%. Nach dem Kalkgehalt unterteilt man wiederum als kalkarmen Boden bei unter 2% Kalk, Mergelböden zeigen 20–40% Kalk und Kalkböden weisen über 40% Kalk auf.

2.1.4 Bodentyp und Bodenprofil

Gräbt man ein Loch in den Boden, um das Bodenprofil zu betrachten (üblicherweise ist die Grube dazu 1m tief) und den Bodentyp zu bestimmen, kann man je nach Boden Unterteilungen in verschiedene Bodenhorizonte erkennen. Beispielsweise zeigt Podsol unter Heide eine Streuschicht über der (Roh-) Humusauflage sowie Bleich- und Auswaschungshorizont, bzw. unter Pflug alles zusammen als Pflughorizont, darunter Ortstein bzw. Orterde mit Orterdebändern. Diese Horizonte unterscheiden sich u.U. in Struktur, Zusammensetzung, Aussehen und anderen Eigenschaften. Man unterteilt dabei in Oberboden (A-Horizont, feinerdig humos), Unterboden (B-Horizont, Verwitterungshorizont) und Untergrund (C-Horizont, Muttergestein).

Im Oberboden führt reges Bodenleben (Bodenfauna) zu einer krümeligen Vermengung von Huminstoffen mit Mineralpartikeln. In Tonböden kann sich ein Krümelgefüge (Krümelstruktur, Garezustand, entsteht durch Kolloidausflockung) unterschiedlichster Form in Abhängigkeit von der Tiefe ergeben. Ton quillt bei Feuchtigkeit und zerklüftet durch Schrumpfung bei Trockenheit. Diese Arbeit des Bodens führt zusammen mit den Bodenorganismen zu verschiedenen Aggregatbildungen. Im Gegensatz dazu findet man in Sandböden Einzelkorngefüge. Eine Krümelung ist dort nur in Zusammenhang mit Feinsand durch darin vorhandene Tonpartikel möglich. Man kann Boden in feste Teilchen und Poren- oder Hohlraumvolumen aufteilen. Dann liegt bei der für Pflanzenwachstum optimalen Krümelstruktur eine Aufteilung in ca. 20% grobe (Makro-) Poren, 30% feine Bodenhohlräume (Mikroporen oder Kapillaren) und 50% feste Teilchen vor. Die Krümelstruktur ergibt sich, wenn Kalk die negativen Tonmineralien ausfällt und eine Versauerung des Bodens durch Neutralisation der Huminsäuren verhindert. Mineralische Nährelemente kommen im Boden nur zu weniger als 0,2% vor. 98% sind Mineralien, schwer lösliche Verbindungen, Humus und organisches Material. Die Freisetzung von Nährelementen erfolgt langsam durch Verwitterung und Zersetzung. 2% sind adsorptiv an kolloidale Bodenteilchen mit überschüssigen (negativen) Ladungen gebunden. Sie sind nicht ohne weiteres auswaschbar und müssen von der Pflanze durch Austauschabsorption (z.B. H^+, HCO_3^-) freigesetzt werden. Kolloidale Teilchen sind vor allem Tonmineralien.

Bei normal feuchtem Boden befindet sich in den Kapillaren Bodenwasser, in den Makroporen Bodenluft. In Sand mit Einzelkorngefüge ist der Makroporenanteil höher, in Ton nehmen stattdessen die feinen Mikroporen stark zu. Bodenwasser, das zumeist aus Niederschlägen stammt, unterteilt man in Oberflächenwasser (läuft mehr oder weniger schnell ab), Haftwasser (in den Kapillaren festgehalten), Senk- bzw. Sickerwasser (in tieferen Boden- und Gesteinsschichten) und Grundwasser (gestautes, horizontal fließendes Sickerwasser). Die Pflanze nutzt Kapillarwasser und Wasserfilme um große Bodenpartikel. Nicht nutzbar ist an Kolloide gebundenes hygroskopisches Wasser und an Ionen gebundenes Hydratationswasser.

Abb. 9: Bodenprofil eines Waldbodens (Braunerde) in Bornhöved. Unter der Streuschicht ist der Humushorizont deutlich erkennbar, darunter der Verwitterungshorizont über eiszeitlichem Geschiebe (lehmiger Sand). (Foto: R. VANSELOW).

Bodenluft enthält meist ca. 1% CO_2, bei schlechter Durchlüftung, z.B. bei hoher Trittbelastung oder Staunässe, deutlich mehr (5-10%).

Entscheidend für Düngebedarf bzw. Nährstoffverfügbarkeit eines Bodens unter Nutzung ist der Unterboden. Ist er schwer oder nur sehr flach durchwurzelbar, dann ist das Nährstoffangebot bald ausgeschöpft und kein Nachschub möglich. Diese Situation hat man über Gestein, Ortstein oder verfestigten Tonschichten ebenso wie über Staunässe.

2.1.5 Bodenschätzung und Bodenzahl

Alle diese Eigenschaften gehen in die Bodenschätzung ein (siehe SCHEFFER & SCHACHTSCHABEL 1992, Kap. XXXIII: Bodenbewertung). Die Böden werden dabei nach ihrem Ertrag mit vergleichbaren »Bodenzahlen« versehen. Die fruchtbarsten Böden (Lehm aus Löss und Schlemmlandböden) können 100 Punkte erreichen, ausgewaschener Sand erreicht u.U. nur 7 Punkte. Man fasst diese Angaben zu Gruppen zusammen und bildet daraus 7 Zustandsstufen der Böden, von denen nur die besten zwei von Natur aus »ackerfähig« sind. Je ungünstiger die Verhältnisse und je größer der Aufwand zur Bodenverbesserung, desto eher wird man sich für Grünland als Nutzungsform entscheiden.

Interessant ist die Entwicklung des Bodens allein durch unterschiedliche Nutzung: Waldboden ist allgemein humos und gut durchlüftet. Grünlandböden sind ebenfalls humos und relativ gut durchlüftet. Im Gegensatz dazu zeigen Ackerböden einen deutlichen Humusverlust durch ungeschützte, vegetationslose Zeiten. Dadurch bedingt sind Erosion und Auswaschung, auch des liegen gebliebenen Erntegutes. Der Pflughorizont stört gleichzeitig die oberste Bodenschichtung. Ackerböden sind weniger gut durchlüftet, neigen daher zur Vernässung (Vergleyung) und müssen dann drainiert werden. Bei dauerhaftem Maisanbau ist die Fläche das gesamte Winterhalbjahr der Witterung ungeschützt preisgegeben, wenn keine Zwischenfrucht angebaut wird. Die Erosion nach der Ernte bis zum vollständigen Auflaufen des Saatgutes skelettiert den Boden: Auf Erhebungen bleibt grobkörniges Material liegen, das feinkörnige, fruchtbare Material wird in tiefer liegende Regionen gespült. Als Mikroerosion kann man das auf kleinsten Unebenheiten sehen. Als Makroerosion können in Tälern sog. Kolluvialböden entstehen. Bei stärkerer Erosion können unfruchtbare Schlammassen der skelettierten Hänge die wertvollen Talböden überlagern, ein Problem, mit dem südeuropäische Länder wie Spanien und Griechenland nach Waldeinschlag und anschließender z.T.

2000-jähriger Degradation der Böden kämpfen. Erosion durch Windangriff bewirkt Abtrag, Verwehung und schließlich die Ablagerung (Böden: Äolien) des feinen Materials.

2.1.6 Bodenacidität

Ein Vergleich der Empfehlungen für West-Deutschland, Ost-Deutschland, England und die Niederlande führt im Lehrbuch der Bodenkunde (SCHEFFER & SCHACHTSCHABEL 1992) zu interessanten Angaben darüber, welcher pH-Wert für Kulturböden anzustreben sei. Der pH-Wert ist u.a. wichtig, weil in sauren Böden (niedriger pH-Wert) freie Aluminium-Ionen (Aluminium ist eines der häufigsten Elemente in der Erdkruste) als Wurzelgift wirksam sein können, während in manganarmen Böden ein hoher pH-Wert zu Mangan-Mangel führen kann. »Insgesamt zeigt dieser Vergleich, dass für tonärmere Böden ähnliche, für tonigere Böden jedoch niedrigere pH-Werte empfohlen werden als in der BRD. So ist vor allem auch die Empfehlung in der BRD, Böden mit > 17% Ton (z.B. Böden aus Löss) auf pH 7,0 oder sogar bis zu einem Kalziumkarbonat-Gehalt von 0,2–1% zu kalken, nicht durch Feldversuche untermauert. Ein pH (Kalziumchlorid) von 6,5 ist für diese Böden als ausreichend anzusehen. ... Bei Grünland sind auf Mineralböden pH-Werte im Oberboden von 5,0–5,5 ausreichend zur Erzeugung von Futter guter Qualität (Zusammensetzung der Gräser, Gehalt an Mikronährstoffen), bei als Grünland genutzten Hochmoorböden von 4,5 (SCHEFFER & SCHACHTSCHABEL 1992).«

In der Natur, in der es nicht um optimale Futterproduktion geht, gibt es große Abweichungen von diesen Empfehlungen. Trotzdem wachsen in den Naturschutzgebieten sehr gesunde Weidetiere heran. Nur selten sind Mangelsituationen durch spezielle Leckschalen auszugleichen (z.B. nachgewiesener Selenmangel bei Galloway auf sehr armem Sand-Trockenrasen, KÄMMER 2004).

2.1.7 Der Kalkgehalt und seine Wirkung

Seit altersher wird mit Kalkgesteinen, Mergeln und Dolomiten gekalkt. Diese natürlich vorkommenden Stoffe enthalten neutralisationsfähiges Kalzium und Magnesium. Branntkalk (Kalziumoxid) wird dagegen durch Erhitzung aus Kalziumkarbonat gewonnen.

Der Kalkgehalt im Boden beeinflusst dessen physikalische Eigenschaften, also die Krümelstruktur, durch Ausfällung von Tonmineralien und Neutralisation der Huminsäuren. Durch das Porenvolumen der Krümelung ändert sich die Wasserdurchlässigkeit bzw. Trockenheit/Durchlüftung und dadurch die Wärmeleitfähigkeit des Bodens. Ebenso beeinflusst der Kalkgehalt den pH-Wert des Bodens ($CaCO_3$ und $Ca(HCO_3)_2$ sind leicht alkalisch) und zeigt Pufferwirkung durch die Bindung von Huminsäuren und deren Neutralisation.

Wie schon im vorigen Kapitel (Bodenacidität) gesagt, zeigen Kulturböden nur in einem recht engen Bereich gute Erträge in der Pflanzenproduktion, weil sonst durch den im Boden natürlich vorkommenden Aluminiumgehalt im sauren Milieu toxische Aluminiumionen auftreten bzw. in manganarmen Böden im alkalischen Milieu Manganmangel entstehen kann. Um den optimalen Bereich für den Boden einzustellen bedient man sich »neutralisationsfähiger basischer Stoffe«, sprich des Kalks. Nach dem Prinzip »die starke Säure verdrängt die schwache Säure aus ihren Salzen« verdrängen die freien Aluminiumionen (Al^{3+}) die schwächeren Kalk-(Ca^{2+}-) Ionen des Kalkgesteins aus ihrer Verbindung. Die Reihenfolge der absorptiven Bindungsfestigkeit ist: Kationen: Al^{3+}, Ca^{2+}, Mg^{2+}, NH_4^+, K^+, Na^+; Anionen: PO_4^{3-}, SO_4^{2-}, NO_3^-, Cl^-. Damit sind die toxischen Aluminiumionen neutralisiert. Je feinkörniger die Kalke, desto schneller die Neutralisation. Je näher der pH des Bodens am Neutralisationspunkt liegt, desto länger bleibt der Kalk im Boden liegen (Jahre). Da Kalkung auf dem gleichen Wege auch den Anteil freier Mangan- (Mn^{2+}-) Ionen reduziert, kann es zum Manganmangel kommen: Das vorhandene Mangan ist für die Pflanze nicht verfügbar. Bei extremer Versauerung (weniger als pH 5) greifen die Aluminiumionen die tieferen Schichten der Tonpartikel an und setzen per Austausch wertvolle Nährstoffionen frei, die ausgewaschen werden. Die Schäden sind irreparabel. Andererseits ist Kalzium recht bindungsfest und in der Lage, festgelegte Nährstoffionen seinerseits aus ihren Verbindungen zu verdrängen und dadurch für die Pflanzen zugänglich zu machen. Besteht der Oberboden aus unfruchtbarem Sand, werden feine Bodenteile und freie Nährstoffe in tiefere Schichten ausgewaschen, wo sie feste Komplexe bilden und in für Pflanzen nicht verfügbarer Form harte Schichten entstehen lassen können (Ortstein).

Einseitige Kalkung bei gleichzeitiger Ausbeutung des Bodens (Entnahme von Erntegut und Abbau und Zerstörung der Humusschicht bei mangelnder Rückführung von organischen Substanzen und Nährelementen) hatte in früheren Zeiten gravierende Folgen für die Bauern. Ackerbau entzieht Nährstoffe, die in geeigneter Form zurückgegeben werden müssen, soll die Humusschicht nicht verzehrt werden und der Boden an Nährstoffen verlieren. Wer seinen bereits ausgebeuteten, sauren Boden mergelte, hatte nur kurzfristig hohe Erträge. Doch dann war der Boden ausgemergelt (nach Volksdeutung: ausmärkeln, d.h. »das Mark aussaugen«) und es entstand im Volksmund die Weisheit »Reiche Väter – arme Söhne«.

Dass Ackerbau z.T. über Jahrtausende auf gleichem Standort ursprünglich ärmster Böden möglich ist, beweisen die humosen Plaggenesche mit bis zu 120cm Mächtigkeit bei Entstehung seit der Bronzezeit aus Heideplaggen, Hortisole (Gartenböden) und durch Mergelauftrag verbesserte Ackerböden (BLUME 1990).

2.1.8 Nährstoffe im Boden

Nach der Menge ihres Vorkommens im Boden unterscheidet man Hauptnährelemente (Stickstoff N, Phosphor P, Kalium K, Kalzium Ca, Magnesium Mg und Schwefel S) von Spurennährelementen (Eisen Fe, Mangan Mn, Kupfer Cu, Bor B, Molybdän Mo und Chlor Cl). Weitere nützliche Elemente sind für einige Pflanzen Natrium Na, Silizium Si, und Kobalt Co. Wachstum und Gesundheit der Pflanzen können sowohl bei Mangel als auch bei Überschuss (Ungleichgewicht) eines Elementes beeinträchtigt werden, wobei unterschiedliche Pflanzen durchaus unterschiedliche Ansprüche (physiologisches Optimum, siehe Kapitel »Verbreitungsoptima von Vegetation und Pferden«) stellen. Damit stellt der von Natur aus heterogene Boden bereits die Weichen für ein Mosaik an Vegetationstypen, das sich auf ihm einstellt. Beispielsweise wachsen Weidelgrasweiden auf Böden, die nach KLAPP (KLAPP 1965 zitiert von KNAUER in BLUME 1990, S. 90) im Vergleich mit anderen Gras- und Krautpflanzengesellschaften die höchsten Gehalte an Stickstoff, Phosphor und Kalium aufweisen. Das gilt insbesondere auf den normalen und trockenen Standorten, während auf den feuchten und wechselfeuchten Böden mit Weidelgrasweiden die Gehalte an N, P und K niedriger, aber immer noch hoch liegen. Dies ist nicht verwunderlich wenn man bedenkt, dass Stickstoffdüngung Pflanzen generell einen effizienteren Wasserverbrauch ermöglicht und Weidelgras auf Standorten wachsen lässt, die für dieses Gras eigentlich zu trocken wären.

Für die großflächige Biomasseproduktion ist zur optimalen Ausbeute eine entsprechende Fläche möglichst homogen mit den für die gewünschte Pflanzenart wichtigen bzw. nützlichen Nährelementen bereitzustellen. Die Pflanze kann die Nährelemente nur aufnehmen, wenn sie ihr zur Verfügung stehen, also in der Bodenlösung vorliegen. Mit diesen frei verfügbaren Elementen stehen die Adsorbierten im Gleichgewicht. Dabei handelt es sich um Elemente, die an Tonmineralien oder Huminstoffe durch elektrische Ladung angelagert sind. Organisch gebundene Nährelemente befinden sich in der organischen Substanz des Bodens, mineralisch fest gebundene im bodenbildenden Ausgangsgestein (z.B. Dolomit, Gips, Quarz). Die gebundenen Nährstoffe dienen als Reserve. Sowohl Mikroorganismen als auch Ausscheidungen der Pflanzenwurzeln bestimmter, an die gegebene Situation angepasster Pflanzen können auf die Mobilisierung dieser Stoffe Einfluss nehmen. Für die Nährstoffzusammensetzung ist der pH-Wert der Bodenlösung und gegebenenfalls das Vorhandensein von Puffersystemen entscheidend.

2.1.9 Grundlagen der Empfehlung zur Nährstoffversorung von Böden

Es gibt sehr unterschiedliche Ansätze, um zu Bestimmungen der Nährstoffversorgung von Böden zu kommen. Allen Ansätzen (Feldversuche, Gefäßversuche, Pflanzenanalysen, Mangelsymptome, chemische Bodenuntersuchungen) ist gemeinsam, dass sie auf optimale Pflanzenproduktion ausgelegt sind. Diese Biomasseproduktion verlangt eine entsprechend gute Nährstoffverfügbarkeit des Bodens. Es werden Feldversuche zur Eichung der Werte von Bodenuntersuchungen durchgeführt. Die Gehalte z.B. an K und P in den oberirdischen Pflanzenteilen von 14 Tage altem Roggen geben in Gefäßversuchen Auskunft u.a. über den Nährstoffvorrat im Boden. Pflanzenanalysen sollen helfen, für einzelne (Kultur-) Pflanzen optimale Bereiche der Nährstoffversorgung zu finden. Mangelsymptome an Pflanzen zeigen, dass ein Faktor (Nährstoff) unter dem Minimum liegt. Mangel kann, muss aber nicht zu Ertragseinbußen führen, wodurch das angestrebte ökonomische Ertragsoptimum verfehlt würde. Dazu muss man wissen, dass einseitige Überversorgung (beispielsweise N) das Gleichgewicht ebenso stört und andere Nährelemente dadurch künstlich ins Minimum geraten. Hinzu kommt, dass heute Kulturpflanzen mit entsprechendem Aufwand auf Böden angebaut werden, auf denen man früher nicht davon zu träumen wagte. Ob der ökologische Preis für diesen Fortschritt gerechtfertigt ist, wird die Zukunft zeigen. Chemische Bodenuntersuchungen sollen schließlich anzeigen, in welchem Umfang ein Boden in der Lage ist, die auf ihm anzubauenden Pflanzen (z.B. Weidelgräser) mit einem bestimmten Nährstoff zu versorgen bzw. wie hoch die Düngung in Abhängigkeit vom Nährstoffgehalt des Bodens zur Gewährleistung einer optimalen Biomasseproduktion gewählt werden muss.

Der Pferdehalter möge sich hier überlegen, ob Kulturgras wie eine Weidelgraswiese die optimale Nahrungsgrundlage für sein Pferd ist, und ob diese Nahrungsgrundlage eine optimale, oder besser maximale Biomasseproduktion aufweisen muss, um sein Pferd gesund und fit zu erhalten. Die Erfahrungen mit Koniks in Halboffenen Weidelandschaften sprechen eher gegen Weidelgras als geeignete Nahrungsgrundlage für Robustpferde. Die sehr hohen Besatzdichten auf vielen Weiden bei trotzdem bedenklich verfetteten Pferden sprechen ebenfalls gegen die hohe Biomasseproduktion.

2.1.10 Nährstoffe: Bedeutung im Aufwuchs der Pferdeweide und Düngung

Kalzium

Pflanzen benötigen große Mengen an Kalzium. Überschüssiges Kalzium wird in den Zellen meist als Kristall (Kalziumoxalat, beim Menschen oft Ursache der Steine in den inneren Organen) abgelagert. Alte Pflanzenteile enthalten mehr als junge. Ampfergewächse sind für hohe Gehalte an Kalziumoxalat (Vergiftungen möglich) bekannt, nicht nur der Sauerampfer, auch der Rhabarber. Kalziumkarbonat und Kalziumphosphat werden kristallin in den Zellwänden abgelagert. Gräser sind kalziumärmer als Kräuter. Das Kalzium beeinflusst im Zellsaft der Pflanze die Quellungs- und Entquellungsprozesse. Als Kalziumpektinat ist es am Bau der elastischen Anteile der Zellwände (Mittellamelle) beteiligt. Viele Prozesse in Zellen werden mit Hilfe von Ca^{2+} durch das Eiweiß Calmodulin gesteuert (Beeinflussung der Aktivität z.B. von Enzymen).

Das Ausgangsgestein der Böden enthält oft hohe Gehalte an Kalzium, das jedoch u.U. nicht pflanzenverfügbar in Kristallgittern festgelegt ist. Mangel ist bei Pflanzen selten und unspezifisch. Es zeigen sich Hemmungen des Wachstums allgemein und Schäden an den Wachstumszonen.

Im tierischen Körper spielt Kalzium vor allem als Kalziumphosphat im Knochen eine wichtige Rolle. Daneben finden sich große Mengen im Blut als Puffer. Bei hohen Kalzium-Konzentrationen im Futter wird die Aufnahme anderer Mineralien (z.B. Kupfer, Zink) aus dem Futter behindert. Die Pferde zeigen Mangelsymptome (Probleme mit Gelenkknorpel, Haut, Huf, Horn), obwohl im Futter kein Mangel vorlag.

Magnesium

Magnesium (Mg) ist der zentrale Stoff (Zentralatom) im Blattfarbstoff der Pflanzen (Chlorophyll). Dieses Chlorophyll ist nahe verwandt, ja fast identisch gebaut, mit dem Blutfarbstoff Hämoglobin, dessen Zentralatom das Eisen ist. Die Struktur um das Zentralatom herum (Porphyrin-Ring aus 4 Pyrrolringen) ist sehr stickstoffreich (je ein N-Atom pro Pyrrolring, also 4 N pro Chlorophyllmolekül). Reichliche Stickstoffdüngung bei guter Magnesiumversorgung führt zu viel Blattfarbstoff. Dieser ist Grundlage der Energieausbeute bei der Photosynthese und damit auch der Fruktanproduktion bei entsprechenden Klimalagen. Die Gräser wirken u.U. fast bläulich-grün (Chlorophyll a). Starker Magnesium-Mangel macht sich als Chlorose (fehlender Blattfarbstoff) bzw. Nekrosen, also abgestorbene Blattbereiche älterer Blätter, zwischen den Blattadern bemerkbar. Einkeimblättrige Pflanzen wirken streifig, zweikeimblättrige sind hell-fleckig im grünen Adernetz. Magnesium findet sich im Tierkörper im Knochen (Magnesiumphosphat), im Gehirn und in den Muskeln.

Das Vorhandensein pflanzenverfügbaren Magnesiums im Boden wird neben dem Ausgangsgestein und Mg-haltigen Aerosolen in Meeresnähe durch pH-Wert und andere Nährstoffe im Boden bestimmt: In sauren Böden behindern konkurrierende Wasserstoff- und Aluminium-Ionen die Magnesium-Aufnahme durch die Pflanze. Sind in der Bodenlösung hohe Gehalte an K und Ca im Verhältnis zum Mg zu finden (K-Düngung!), dann ist die Mg-Aufnahme durch die Pflanze ebenfalls beeinträchtigt.

Der Mg-Gehalt der Gräser im Grünland sollte 0,20% in der Trockensubstanz nicht unterschreiten, sonst ist mit Mangel bei den Weidetieren zu rechnen, beim Rind als Weidetetanie bekannt. Kräuterreiche Weiden sind meist Mg-reich.

Kalium

Säugetiere brauchen Kalium in den Geweben wie in den Körperflüssigkeiten (Blut, Lymphe) als Chloride, Karbonate, Sulfate oder Phosphate. Bei der Erregbarkeit von Nerven und Muskeln spielt Kalium eine wichtige Rolle. Außerdem ist es für die Regulation des osmotischen Druckes des Körpers von Bedeutung. Kalium (K) ist für Pferdehalter von Interesse, weil beispielsweise KP-Dünger das Wachstum von Schmetterlingsblütlern (Leguminosen) in Konkurrenz zum Gras fördern. Diese Pflanzen, zu denen der Klee gehört, können mit Hilfe von Symbionten, den Knöllchebakterien, im Wurzelraum im Gegensatz zu den Gräsern Luftstickstoff binden und für die Pflanze nutzbar machen. Da auf Pferdeweiden oft vorsichtig mit Stickstoff gedüngt wird, und Klee auf Pferdeweiden in der Regel bestandsbildend wächst, sollte der Pferdehalter die Versorgung des Bodens mit Kalium und Phosphor kritisch überprüfen.

Kalium liegt im Boden in verschiedenen Bindungsformen vor, zwischen denen ein Gleichgewicht besteht: K^+ in Lösung ↔ austauschbares K^+ ↔ nicht austauschbares K^+ in Schichtsilikaten. Pflanzen können das gelöste Kalium und das austauschbare Kalium sowie z.T. auch das nicht-austauschbare Kalium nutzen. »Austauschbar« bezieht sich hier auf die chemische Extraktion bei der Bodenuntersuchung. Tonhaltige Böden können gelöstes Kalium fixieren (nicht austauschbar). Böden, die viel nicht austauschbares Kalium an Pflanzen abgegeben haben, können auch viel Kalium fixieren (Reserve auffüllen). Tonarme Sande und kultivierte Hochmoore zeigen dagegen oft eine Kalium-Auswaschung. Austrocknen des Bodens führt zu einer Fixierung des Kaliums, das oft erst nach monatelanger Feuchteperiode wieder in die austauschbare Form übergeht. Die Kalium-Fixierung von Feintonböden aus Flusssedimenten kann extrem sein. Die Kalium-Pufferkapazität ist stark an den Tongehalt gekoppelt und hängt vom Gehalt an Feinton ab. Feintonhaltige Böden zeigen hohe K-Nachlieferungsraten an die Pflanzen.

Der Grad der Kaliumversorgung des Bodens wird unterschiedlich bestimmt. Neben teilweiser Messung des austauschbaren Kaliums im Oberboden werden z.T. die Bodenart, der Unterboden und Pflanzenmaterial analysiert. Pflanzen nehmen auch Kalium aus dem Unterboden auf, insbesondere bei Mangel und Trockenheit im Oberboden. Sichtbare Mangelsymptome an Pflanzen werden erst bei extremem Mangel sichtbar (Chlorose und Randnekrosen älterer Blätter). Da auch ein latenter Mangel das Wachstum der Pflanze bremsen kann, dient als Maß die Erzielung von Mehr- oder Mindererträgen durch Kalium-Düngung. Aus wirtschaftlichen Erwägungen berücksichtigt man, ob die Mehrerträge ökonomisch sind, ob also der Mehrertrag den Aufwand der Düngung rechtfertigt. Hier zählen rein wirtschaftliche Aspekte, die nichts mit idealem Pferdefutter oder gesunden Pferden zu tun haben, sondern nur maximale Erträge an Feldfrüchten bzw. Biomasse verfolgen. Es darf aber davon ausgegangen werden, dass die so erzeugten Pflanzen keine (bekannten) Schäden bei Mensch und Tier verursachen.

Interessant ist, dass Erschöpfungsversuche (Feldfruchtanbau mit kompletter Ernte und Abräumung des verbliebenen Pflanzenmaterials als Entzug) auf glimmer- und illit-reichen Böden für Kalium im Vergleich zu gedüngten Flächen eindeutige Ertragsdifferenzen erst nach 9 bis 27 Jahren

Laufzeit zeigten. Es konnte keine Tendenz für steigende Mehrerträge bei Fruchtfolge als Zeichen einer Ermüdung gefunden werden. Zwar nahm der Kalium-Gehalt deutlich ab, die K-Nachlieferung dieser Böden ist aber sehr hoch (SCHEFFER & SCHACHTSCHABEL 1992).

Für das Überleben des Landwirtes im harten Konkurrenzkampf ist die Erzielung des Höchstertrages notwendig. Darauf sind die Düngeempfehlungen ausgelegt. Tatsächlich lagen die K-Grenzwerte und K-Düngeempfehlungen laut Lehrbuch der Bodenkunde (SCHEFFER & SCHACHTSCHABEL 1992) in der alten BRD deutlich über denen der DDR, den Niederlanden, Dänemarks, Englands und der USA. Der Grenzwert für »Gehaltsklasse C: mittlerer Kaliumgehalt des Bodens, ab dem Entzugsdüngung empfehlenswert ist« lag beispielsweise in den Niederlanden um das 2,5 bis 4fache niedriger als in der BRD, d.h. in der BRD wurden Böden mit z.T. 4fach höherer Kaliumversorgung, im Gegensatz zu den Niederlanden, mit Kalium gedüngt. Die Autoren rechneten einen K-Überschuss von 69kg Kalium pro ha Landfläche vor (Jahresmittel BRD 1981-1983). Für die Jahre 1950 bis 1986 ergab das 2.000kg K/ha. Aus statistischen Erhebungen ging hervor, dass Grünland weniger überversorgt wurde als Ackerland. Die K-Düngung hat somit in dieser Zeit zu einer starken K-Anreicherung der Böden und zu einer hohen K-Versorgung geführt. Hinzu kommen veränderte Grenzwerte, die sich aus neueren Feldversuchen ergeben. Bedurften nach den alten Grenzwerten 79% der Böden einer Entzugsdüngung mit Kalium, so sind es nach den neuen Grenzwerten weniger als 24%. Die anderen Böden bedürfen keiner K-Düngung oder nur bei speziellen Feldfrüchten mit geringer Anbaufläche (z.B. Zuckerrüben). Dieses Beispiel zeigt, wie schwierig und unsicher die Grenzwerte und Empfehlungen selbst für die gut untersuchte intensive Landbewirtschaftung sind.

Die Auswaschung von Kalium, vor allem aus tonarmen Sandböden und kultivierten Hochmooren, wurde für Nordwest-Deutschland mit 20-50kg Kalium pro ha und Jahr bestimmt, und liegt bei Güllezufuhr noch höher. Im Herbst ist daher in feuchten Klimaten wie in Deutschland eine Kalium-Düngung zu vermeiden. Lehmige Sandböden zeigen ein günstigeres Verhalten, insbesondere über tonigem Unterboden. Selbst in tonreichen Böden kann aber eine K-Auswaschung eintreten, wenn aufgrund saurer Bodenreaktionen die Tonmineralschichten angegriffen werden.

Eine überhöhte K-Sättigung der Böden durch Überdüngung hat neben einer hohen K-Auswaschung auch negative Auswirkungen auf die Pflanze und damit auf den Pflanzenfresser. »Eine hohe K-Sättigung der Böden fördert die K-Luxusaufnahme, beeinträchtigt die Ca-, Mg-, und Na-

Aufnahme durch die Pflanzen und wirkt sich negativ auf den bereinigten Zuckerertrag aus, also die Zuckerausbeute bei der fabrikatorischen Zuckergewinnung aus der Melasse« (SCHEFFER & SCHACHTSCHABEL 1992). Bei Kartoffeln werden Stärkeertrag und Stärkegehalt niedriger.

Natrium

Das Vorkommen und die Bedeutung im Tierkörper ist ähnlich wie beim Kalium, nur ist Natrium (Na) weniger im Gewebe und mehr in den Körperflüssigkeiten vertreten als dieses. Während für Tiere Natrium essentiell ist und Pferde ihren hohen Bedarf gerne am Salzleckstein decken, wird dieses Element für Pflanzen höchstens als »nützlich« (u.U. Wachstumsförderung, z.B. bei der Zuckerrübe) eingestuft. Weidegräser sollten als Nahrungsgrundlage 0,2% Natrium enthalten. Hohe Kalium-Gehalte im Boden hemmen die Natriumaufnahme. Natrium wird dem Boden durch Düngung mit Kaliumsalzen zugeführt, außerdem in Meeresnähe durch Aerosole und in trockenen Klimaten durch Bewässerung (Gefahr der Versalzung wenig durchlässiger Böden).

Phosphor

Phosphor (P) kommt im Säugetier als Kalzium- oder Magnesium-Phosphat in großen Mengen in Knochen vor und als Alkaliphosphat im Blut. Daneben ist es in den Körperflüssigkeiten und in den Muskeln (u.a. in energieübertragenden Verbindungen: ATP) zu finden. Auch Erbsubstanz und Eiweiße sind phosphorhaltig. In der Pflanze wird Phosphor an vielen Orten benötigt: Er ist in der Erbsubstanz (Chromosomen: Nukleinsäuren) und den zellulären Energiebausteinen (ATP) ebenso enthalten wie in Fett- (Phospholipide), Zucker- (Zuckerphosphate) und Eiweiß- (Phosphorproteine) Molekülen. Da Pflanzen geringe Mengen auch schwer löslichen Phosphats aus dem sehr phosphatarmen Unterboden aufnehmen können, kommt es unter natürlichen Bedingungen im Laufe von Jahrhunderten über Vegetationsrückstände zu einer Anreicherung im Oberboden. In Kulturböden bewirkt dagegen die Phosphatdüngung eine Anreicherung. Ausgewaschene Sandböden (Podsole) zeigen bis 1m Tiefe den geringsten Gesamtvorrat an Phosphor (1.500-2.000kg P/ha). Es können bis zu 5.000kg P/ha in Böden (1m Profiltiefe) enthalten sein.

BRIEMLE et al. (1991) weisen darauf hin, dass die mit den heutigen Labormethoden ermittelten sog. »pflanzenverfügbaren Gehalte« an Phosphorsäure und Kalium nicht den tatsächlich verfügbaren Gehalten im Boden unter Dauergrünland entsprechen. Diese Diskrepanz ist im selektiven Nachweis einzelner Nährstoffverbindungen begründet, deren Gehalte anhand von Feldversuchen mit dem Ertrag von Nutzpflanzen statistisch abgesichert in einen berechenbaren Zusammenhang gebracht werden. Es handelt sich nur um Schätzwerte der aktuellen Nährstoffversorgung einzelner Nutzpflanzen auf diesen Böden. Die Pufferung und das vorhandene Gleichgewicht erschweren die Aussage durch Nachlieferung und Reserven erheblich.

Im Boden kommt Phosphor anorganisch (Salze, Kristalle), organisch gebunden (in der Humusdecke) und adsorbiert (angelagert an Komplexe) vor. Fast die gesamte Menge an anorganischem Phosphor ist schwer löslich (Orthophosphate). Organisch gebundenes Phosphat (oft adsorbiert an Aluminium oder Eisen, die mit Huminsäuren komplexiert sind) muss erst mineralisiert werden, bevor die Pflanze den P-Anteil aufnehmen kann. Diese Arbeit übernehmen Pilzhyphen ebenso wie Mikroorganismen oder Enzyme und Säuren, die die Pflanze selbst aus der Wurzel an den umgebenden Boden abgibt. Derartige Mineralisierungsprozesse sind vor allem im Grünland sehr ausgeprägt. Der organisch gebundene Phosphorgehalt hängt stark vom Humusgehalt des Bodens ab: Das Verhältnis von Kohlenstoff (C) zu Phosphor (P) liegt im Rohhumus von Podsolen (ausgewaschene Sandböden) über 1000, während es in ertragsreichen, humusreichen Böden (Schwarzerden, Marschen) meist unter 100 liegt.

In sauren Böden kommt dem adsorbierten Phosphor die wichtigste Rolle in Hinblick auf die Pflanze zu. Die Anlagerung kann an Hydroxide, Eisen- und Aluminiumionen, an Tonminerale oder organische Substanzen geschehen. In feuchten (humiden) Klimaten ist die Bodenentwicklung mit einer Versauerung und Freisetzung von Eisenoxiden verbunden. Damit steigt auch die Fähigkeit des Bodens zur Phosphatadsorption.

Der Phosphatgehalt in der Bodenlösung beträgt nur 1/100 des Phosphatbedarfs der Pflanze während der Vegetationsperiode. Dementsprechend sind die Löslichkeit (Nachlieferung aus dem Pool des Gesamtphosphorgehaltes), Lösungsgeschwindigkeit und Pufferung des Bodenphosphates für die Pflanze von Bedeutung. Soll die Pflanze optimal (Biomasseproduktion) wachsen, dann sollten in der Bodenlösung des Oberbodens etwa 0,2 bis 0,4mg P/l als Phosphatkonzentration vorhanden sein. Pflanzen können allerdings die Konzentration im nahen Wurzelbereich bis auf ca. 0,005mg P/l absenken, was zeigt, dass sie selbst dem phosphatarmen Unterboden Phosphor entziehen können. Da der Unterboden so phosphatarm und Phosphor schwer verlagerbar ist, sowie im Laufe der Zeit schwer lösliche Verbindungen eingeht, ist die Auswaschung von Phosphor aus Böden sehr gering.

Die Löslichkeit der Phosphatverbindungen im Boden ist abhängig vom pH-Wert des Bodens. Steigt der meistens saure pH-Wert des Bodens (pH<7) und nähert sich dem Neutralpunkt (weder sauer noch basisch: pH 7), so verschiebt sich das Gleichgewicht von adsorbierten Phosphaten hin zu Kalk-Phosphaten. Da letztere schwerer löslich sind, werden saure Böden, die gekalkt wurden, mit einer erhöhten P-Düngung versorgt. Niederländische Feldversuche haben gezeigt, dass eine durch Kalkung erfolgte Anhebung des pH-Wertes eines tonarmen Sandes von 3,5 auf 5,5 zu einer Halbierung des nachweisbaren löslichen Phosphorgehaltes führte. Anders verhalten sich Tonböden: Die Anhebung des pH-Wertes eines tonreichen Marschbodens von ca. 5 auf 7 erhöhte den nachweisbaren Gehalt an löslichem Phosphor um 20%. Die Ursache ist in der Mineralisation organisch gebundenen Phosphors und im Austausch von Aluminiumionen durch den Kalk zu sehen. Aluminium-Phosphate haben eine geringe Löslichkeit.

Auch die Durchlüftung und die Gegenwart oxidierender Substanzen können in einem Boden die Phosphatlöslichkeit (und also die Verfügbarkeit für die Pflanzen) beeinflussen. Beispielsweise steigt die Phosphatlöslichkeit in undurchlüfteten (anaeroben) marinen Schlickböden (Watt) mit zunehmender Tiefe an, weil in diesen sulfatreichen Böden phosphorbindende Eisenoxide in Eisensulfate umgewandelt werden. Entsprechendes gilt, wenn unter Sauerstoffabschluss Eisen-(III)oxide zu Eisen-(II)oxiden umgewandelt werden und dabei an sie gebundene Phosphate freisetzen. Diese Zusammenhänge erklären, warum Überschwemmungsböden nach Überflutungen erhöhte Phosphatlöslichkeiten aufweisen. Dies ist im Reisanbau von Bedeutung, gilt aber auch für andere Überschwemmungsböden. Die Gegenwart von (Reis-) Stroh erhöht dabei die P-Löslichkeit.

Phosphate aus organischen Substanzen sind im Boden mobiler als solche aus Mineraldüngern. Organische Substanzen, wie organische Säuren, Wurzeln, Stroh, Ernterückstände und Stallmist, setzen zudem Phosphate aus schwerlöslichen Verbindungen frei oder fördern die biologische Aktivität des Bodens und damit die Mineralisation. Die Löslichkeit von Phosphaten in Böden nimmt im Laufe der Zeit ab. Der Grund dafür ist die Verlagerung angelagerter (adsorbierter) Phosphate ins Innere der Stoffe und deren im Vergleich zu kristallisierten Phosphaten stärkere Bindung.

Nach einer P-Düngung nehmen Pflanzen im ersten Jahr selten mehr als 20% des zugeführten Phosphors auf. Der Rest verbleibt im Boden. Für die Aufnahme durch die Pflanze ist die Pufferung der Phosphatkonzentration der Bodenlösung wichtig (Gleichgewicht zwischen festgelegter Reserve und freier Lösung). Da Phosphor im Boden sehr wenig beweglich ist (geringe Diffusion), erlangt die Durchwurzelungsdichte des Bodens große Bedeutung. Die feinen Wurzelhaare, die die Nährstoffe aus der Umgebung aufnehmen, vermögen quasi das gesamte diffusionsfähige anorganische Phosphat in ihrer direkten Umgebung (innerhalb des mm-Bereiches) aufzunehmen, wahrscheinlich sogar einen hohen Anteil des schwerlöslichen Phosphates. Allerdings unterscheiden sich Pflanzen sehr (P-Bedarf, Wurzelmasse, Wurzeltiefe, Ausscheidung P-lösender Substanzen). Die Verfügbarkeit des P ist daher von der Pflanzenart abhängig oder anders gesagt, ohne menschliches Zutun stellen sich nur die Pflanzen ein, die mit den gegebenen Verhältnissen klarkommen. Pflanzen können auch P aus dem P-armen Unterboden aufnehmen. Sie nutzen dabei bevorzugt alte Regenwurmgänge (bis zu 500 Röhren/m^2 in fruchtbaren Böden), in deren Innenauskleidung sich leichtverfügbares Phosphat anreichert.

Wie schon beim Kalium, so ist auch bei der Phosphorversorgung deutscher Böden eine Überversorgung festzustellen (SCHEFFER & SCHACHTSCHABEL 1992). Bei einem mittleren Phosphorgehalt des Bodens (Gehaltsklasse C) sollte eine Entzugsdüngung (Ausgleich der P-Abfuhr vom Feld) erfolgen. Bei niedrigeren Werten sollte die P-Zufuhr auf das 1,5- bis 2fache des Entzugs erhöht werden. Bei höheren P-Gehalten als in der mittleren Gehaltsklasse festgelegt, sollte keine P-Düngung erfolgen, weil dies unökonomisch (SCHEFFER & SCHACHTSCHABEL 1992) ist. Nur bei Kartoffeln (Zuckerrüben) und Gemüse ist hier eine P-Gabe sinnvoll. Auch die Entzugsdüngung in der mittleren Gehaltsklasse erbringt keine ökonomischen Mehrerträge, soll aber eingehalten werden, um den Boden nicht an Phosphor verarmen zu lassen. Tatsächlich liegen die Grenzwerte der Gehaltsklassen, an denen sich die Düngeempfehlung orientiert, in den Nachbarländern (z.B. den Niederlanden) deutlich niedriger. Dementsprechend lag der P-Verbrauch im Landbau der BRD erheblich über dem P-Bedarf der Pflanzen. Betrachtet man die Düngeempfehlungen der Landwirtschaftliche Untersuchungs- und Forschungsanstalt (LUFA) der Landwirtschaftskammer Westfalen-Lippe für »extensiv« und intensiv genutztes Grünland (STUPPERICH 1998), so stellt man fest, dass sich daran offensichtlich auch nichts geändert hat. In der Bilanz, die SCHEFFER & SCHACHTSCHABEL (1992) für Phosphor aufstellen, geben sie den mittleren P-Überschuss der Jahre 1981-1983 mit 50kg P/ha an. Aufsummiert für die Jahre 1950 bis 1986 sind das 900kg P/ha Landfläche. Auch hier gilt wie schon beim Kalium, dass auf Grünland eine geringere Überschussdüngung stattgefunden hat. Dieses P liegt vor allem in der Ackerkrume. Demnach sind laut SCHEFFER UND SCHACHTSCHABEL (1992) 53% der Böden so gut mit P versorgt, dass sie keiner P-Düngung bedürfen, 33% sollten eine Entzugsdüngung erhalten und nur 14% bedürfen einer erhöhten P-Düngung. Die hohe P-Pufferung und die geringe P-Verlagerung bzw. die geringe Abfuhr durch Ernten und Futternutzung (im Mittel 11kg P/ha) sorgen auch bei unterbleibender Düngung nur sehr langsam für eine Abnahme des P-Gehaltes der Böden.

Die langsame Verlagerung (Lösungstransport und Durchmischung durch Bodenorganismen) aus der Ackerkrume (Pflughorizont, ca. 30cm) in tiefere Schichten lässt oft eine Anreicherung von P-Gehalten in 30 bis 60cm Tiefe (tonige Ackerböden: 50cm, tonige Grünlandböden: 38cm) entstehen. Bei Trockenheit wird dieser Vorrat verstärkt beansprucht.

»Während in der Vergangenheit die Vorstellung, dass auch langfristig eine maximale P-Ausnutzung von 50–80% nicht überschritten wird, zur Rechtfertigung einer über den Pflanzenentzug hinausgehenden P-Düngung selbst bei guter Versorgung diente, weisen neuere Untersuchungen eine langfristig annähernd vollständige Ausnutzung des gesamten anorganischen Phosphats nach (BLUME 1990)«. Eine P-Anreicherung über das für den Höchstertrag ökonomische Maß hinaus ist nicht nur unwirtschaftlich, sondern kann schädlich sein. Hohe Phosphor-Konzentrationen behindern die Aufnahme anderer Mikronährelemente (Mangan, Eisen, Zink und Kupfer) durch die Pflanzen. Hier werden Halter von Pferden mit Haut- oder Hornproblemen (Zink), also auch von Pferden mit Sommer-Ekzem, aufhorchen. Weniger bekannt bei Pferdehaltern ist, dass wie bei Zink und Haut-/Hornbildung eben solche Zusammenhänge zwischen Kupfer und Knochen/Gelenken bestehen. Bei Pferden mit solchen Problemen sollte man daher auch die Mineralzusammensetzung des Futters, insbesondere in der Aufzucht der Jungtiere, überprüfen (siehe Kapitel »Mineralfutter zur Weideergänzung«).

Bei gegebener Erosion führt die P-Überdüngung auch zur Überdüngung (Eutrophierung) der Gewässer. Da P-Dünger u.U. hohe Cadmium-Gehalte aufweisen, ist auch aus diesem Grund eine Überdüngung unbedingt zu vermeiden.

Die Auswaschung aus dem Unterboden (Konzentration: 0,1-0,01mg P/l) beträgt nach Messungen von Drainagewasser weniger als 0,3kg P/ha im Jahr. Höhere Auswaschungen kann es in Hochmoorböden und Sandböden mit geringer P-Adsorption und bei hohen Sickerwassermengen geben. Gülle oder andere organische Dünger begünstigen die Verlagerung.

Stickstoff

Von allen Nährelementen kommt dem Stickstoff (N) als Indikator für die Produktivität (BRIEMLE et al. 1991) die größte Bedeutung zu. Pflanzen- und Tierzellen brauchen Stickstoff fast überall in ihrem Organismus: in Eiweißen, im Erbgut (Nukleinsäuren), in Lezithin ebenso wie in Fermenten (Enzyme) oder im Blut- (Hämoglobin) und Blattfarbstoff (Chlorophyll). Das Chlorophyll ist Voraussetzung für die Photosynthese, also die

Energiegewinnung und den Aufbau von Kohlenhydraten mit Hilfe des Sonnenlichts. Eiweiße sind überall im Körper zur Steuerung von Stoffwechselvorgängen notwendig, sei es das Wachstum, die Fortpflanzung oder die chemische Abwehr von Fraßfeinden. Sie sorgen sozusagen für den reibungslosen Betrieb des Unternehmens Pflanze. Stickstoffmangel äußert sich ähnlich wie Schwefelmangel in kleinen, kümmerlichen Blättern, die fahlgelb oder rötlich sind und häufig frühzeitig abfallen. Bei Gräsern, zu denen auch die Getreide gehören, wird verfrüht die Blüte angestrebt, es werden weniger Halme gebildet und die Blütenstände sind kümmerlich. Jeder kennt aber auch den Effekt des Ausgeilens, wenn Pflanzen durch zu reichliche Düngung zu sehr im Wachstum stimuliert wurden und zu viel Zellvolumen bei zu wenig statischer Konstruktion (Zellwände) entwickelt haben. Stickstoffüberdüngung äußert sich in dunkelgrünen, saftigen Pflanzen mit großen Blättern, deren Gewebe schwammig-weich ist, weil die Festigungselemente (Zellwände v.a. aus Kohlenhydraten) mangelhaft entwickelt sind (z.B. DIETRICH & STÖCKER 1980). Die Folge ist neben Windwurf und Umkippen unter Regenlast der Befall mit Krankheiten und Schädlingen, z.B. durch parasitäre Pilze oder Insekten.

Im Ausgangsgestein der Böden ist sein Gehalt sehr gering. Im Boden unterliegt der Stickstoff vielfältigen chemischen und biologischen Umwandlungen. Im Vergleich zu anderen Nährstoffen ist der Bedarf der Pflanzen an Stickstoff am höchsten und er bestimmt am stärksten die Erträge. Andererseits kann Stickstoff über Oberflächenwasser zur Überdüngung (Eutrophierung) von Gewässern führen. Im Grundwasser (Trinkwasser) kann Stickstoff in Form von Nitrat gesundheitliche Probleme, insbesondere bei Kleinkindern, verursachen.

In Oberböden liegt häufig mehr als 95% des Bodenstickstoffs in organischer Form (Huminstoffe, (Roh-) Humus, abgestorbene Organismen) vor. Der anorganisch gebundene Stickstoff, der für die Pflanzen verfügbar ist, ist weitgehend als leicht lösliches, auswaschbares Nitrat (NO_3^-) vorhanden, in geringer Menge auch als gelöstes, austauschbares Ammonium (NH_4^+). Dieses Ammonium entsteht bei der Zersetzung (Gülle: 50-70% des N als NH_4^+ bzw. als leicht flüchtiges Ammoniak NH_3) und wird in unseren Breiten vor allem in gut durchlüfteten Böden mikrobiell rasch zu Nitrat weiterverarbeitet. Ein häufiger Wechsel von Austrocknen und wieder Befeuchten des Bodens fördert diese Prozesse. Um die Auswaschung von Nitrat aus den Böden zu verringern, bedient sich die Landwirtschaft der Zugabe von Nitrifikationshemmstoffen. Liegt das Ammonium eingeschlossen im Kristallgitter von Silikaten (Gestein) vor, ist es weder austauschbar noch pflanzenverfügbar. Dieses fixierte Ammonium findet sich nur in geringen Mengen in Sandböden, kann aber in Tonböden hohe Werte aufweisen. Es wird freigesetzt, wenn die Ammonium-Konzentration der Bodenlösung unter den Gleichgewichtswert absinkt. Das kann durch pflanzlichen Entzug ebenso der Fall sein wie durch bakterielle Umsetzungen.

Der Stickstoff im Ökosystem ist einem permanenten Recycling (N-Kreislauf) unterworfen. Entscheidend ist hier die Bilanz des Systems. N-Gewinne erzielt das System durch Düngung (anorganisch oder organisch), Zufuhr über Niederschläge und Oberflächenwasser, Aufnahme von Stickstoffgasen aus der Atmosphäre (NO, N_2O, NO_2, NH_3) und die biologische Fixierung von Luftstickstoff (N_2) z.B. durch Schmetterlingsblütler (Leguminosen). N-Verluste entstehen durch Entzug von Biomasse (Fraß und Abwanderung, Ernte), Auswaschung, Nitrat-Atmung (mikrobielle Veratmung von sauerstoffhaltigem Nitrat zu Luftstickstoff unter Sauerstoffabschluss – beispielsweise Folie um Kompost führt daher zu deutlichen Stickstoffverlusten des Bodens/Kompostes), Ammoniak-Verflüchtigung und Bodenerosion. In stabilisierten Ökosystemen besteht ein Gleichgewicht in dieser Bilanz. Langjährig gleiche Vegetation führt zu einem für den gegebenen Boden spezifischen Gleichgewicht zwischen Anlieferung und Abbau von organischer Substanz. Unter den vorgegebenen Umweltbedingungen entwickelt sich ein charakteristischer Humusgehalt. Der Stickstoffgehalt des Bodens ergibt sich dabei v.a. aus den Einflüssen von Klima, Vegetation sowie Bodeneigenschaften, bei kultivierten Böden zudem aus Düngung und Bodenbearbeitung.

Die klimatischen Faktoren wirken auf den Stickstoffgehalt des Bodens, indem niedrige Bodentemperaturen die Zersetzung bremsen und so den Gesamtstickstoffgehalt des Bodens vermehren. Hohe Niederschläge und feuchte Luft wirken sich ebenfalls positiv auf den Gesamtstickstoffgehalt des Bodens aus. Die höchste Biomassezufuhr (Streu, Rohhumus), und damit auch Stickstoffzuführung, erfährt der Boden in mittleren Breiten (Wälder), während die Biomasseproduktion in der Tundra ebenso wie in der Wüste aufgrund der Temperaturen bzw. der Trockenheit gering ist. In der zeitweise trockenen (semiariden) Steppe reichern sich Huminsäuren an, weil die eiweißreiche Streu aus Gräsern und Kräutern zwar schnell zersetzt wird, die Trockenheit den Vorgang jedoch zeitweilig hemmt. Schon mikroklimatische Unterschiede beispielsweise durch Beschattung, Hangneigung, Windschutz oder Wasserversorgung führen zu einem natürlichen Mosaik an verschiedenen Humusgehalten. Auch Sauerstoffmangel, z.B. durch hoch anstehendes Grundwasser, hemmt die Abbauvorgänge und führt zu verstärkter Humusanreicherung. Geringe Nährstoffgehalte im Boden bewirken ebenfalls verringerte Aktivität von Mikroorganismen und Bodentieren, was wiederum den Abbau hemmt und zu gering zersetztem Auflagehumus mit viel Rohhumus (Streuschicht) führt.

Die kulturelle Nutzung des Bodens bewirkt besonders hohe N-Verluste bei Ackernutzung. So zeigen Lössböden nach mehreren Jahrhunderten Nutzung als Weide dreimal so hohe Stickstoffgehalte wie nach Nutzung als Acker. Der Verlust von Stickstoff bei Umbruch des Grünlandes zu Ackerland kann auf Sandböden innerhalb von vier Jahren (neues Gleichgewicht erreicht) 5t Stickstoff pro ha betragen. Dabei verbleiben im Mittel 1-2t Ernterückstände z.T. als Wurzelstreu pro ha und Jahr im Ackerboden. Das entspricht einer durchschnittlichen Stallmistdüngung. Erklärend für den dennoch so gravierenden N-Verlust bei Umbruch des Grünlandes sei hier aus BRIEMLE et al. (1991) zitiert: »Ein erheblicher Anteil an pflanzlicher Biomasse (bis 75%) befindet sich in den Wurzeln, ist somit nicht aberntbar, und das darin enthaltene Protein unterliegt einer ständigen Zersetzung. Bedeutsam ist möglicherweise auch die Tatsache, dass die bei einigen untersuchten Grünlandpflanzen vorhandene interne N-Verlagerung in den Wurzelbereich 60% des jährlichen N-Bedarfs ausmachen kann«. Der Aufwuchs des Grünlandes den man sieht, macht also nur ein Viertel (25%!) dessen aus, was tatsächlich an Biomasse gebildet wurde: Drei Viertel sind u.U. im Boden verborgen. Reservebildung und Investition der Pflanzen in die Zukunft sind vor allem auf kargen Standorten (z.B. Trockenrasen) als Überlebensstrategie zu erwarten.

Da die Abnahme des Stickstoffgehaltes im Boden bei Ackernutzung bekannt ist, wurden und werden Methoden erprobt und eingesetzt, die dem entgegenwirken. Lagen früher Stoppelfelder wochenlang zur Freude nicht nur der Jagdreiter brach, bevor sie dann mit dem Pflug umgebrochen wurden, werden sie heute direkt nach der Ernte nur oberflächlich weiterbearbeitet und stehen Reitern leider nicht zur Verfügung. Warum das so ist, erklärt das Lehrbuch der Bodenkunde (SCHEFFER & SCHACHTSCHABEL 1992): »Je häufiger ein Boden im Laufe eines Jahres bearbeitet wird und je mehr wendende Geräte eingesetzt werden (besonders bei Hackfrucht), um so stärker wird das Gleichgewicht zu geringeren Humusgehalten hin verschoben. Dieser durch die intensive Belüftung verursachte Abbau kann vermindert werden, wenn anstelle des Pfluges lockernde Geräte bei der Bearbeitung verwendet werden. Auch Brache erhöht den Humusgehalt.« Es wird also auf Lockern, Anritzen, Gründüngung, Untersaat, Zwischenfrucht und Brache gesetzt, um den Boden so fruchtbar wie möglich zu erhalten. Es lohnt sich auch, sich mit den Ernterückständen unter den verschiedenen Bedingungen zu beschäftigen, will man die Zusammenhänge verstehen. Die geringsten Rückstände

(Wurzeln, Strunken) hinterlassen Kartoffeln, Futterrüben aber auch Sommerraps. Eine mittlere Position nimmt Getreide ein. Einige Schmetterlingsblütler (Leguminosen: Luzerne, Kleegras, Rotklee, Gelbe Lupine) hinterlassen sehr hohe Mengen an Wurzelrückständen und sind eine wirkungsvolle Gründüngung. Es gilt auch hier, dass ungünstige Böden (Sand) ein besonders effektives Wurzelsystem verlangen, also zu vermehrter Wurzelmasse führen. Diese Wurzelmasse befindet sich bei den Kulturpflanzen fast ausschließlich in den obersten 23cm des Bodens. Wildkräuter wie Ackerschachtelhalm, Ackerdistel oder Huflattich wurzeln erheblich tiefer.

Die Umsetzung von Stickstoff aus organischen Substanzen zu pflanzenverfügbarem Nitrat oder Ammonium (Mineralisation) ist abhängig von den Wasserverhältnissen des Bodens. Ein Wechsel von feuchten Phasen mit anschließender Austrocknung führt zu mechanischen Vorgängen (Schrumpfung, Quellung), die neue Strukturen und Oberflächen (Poren und Risse) für die Besiedlung durch Mikroorganismen schaffen. Abgestorbene Mikroorganismen selbst werden zu Nährsubstrat für andere. Hohe Bodentemperaturen (Optimum ca. bei 50°C) steigern die mikrobielle Aktivität. Während im Winter in unseren Breiten die Temperaturen die Mineralisation begrenzen, fehlt es im Sommer u.U. an Bodenfeuchtigkeit. Das rege Graswachstum im Frühjahr wie im Herbst spricht für eine natürlich auftretende Düngung durch verstärkte Mineralisation in diesen Zeiträumen. Die gleichzeitig oft zu beobachtenden Hufreheerkrankungen bei Pferden sprechen für erhöhte Fruktanwerte oder für überreichliches Futterangebot mit geringem Sättigungswert. Sowohl die Fruktan-Konzentration beispielsweise nach Stress (Trockenheit, Frost) als auch die Massenaufnahme von Gras kann zum Überschreiten der verträglichen Menge führen. Der Säuregehalt (pH-Wert) des Bodens hat keinen direkten Einfluss auf die Mineralisation, jedoch wird diese bei Werten deutlich außerhalb des neutralen Bereiches (<5 und >8) stark gesenkt.

In schlecht durchlüfteten, vor allem wassergesättigten Böden, besteht Sauerstoffmangel. Vor allem bei hohen Bodentemperaturen und reichlichem Nitratgehalt kommt es hier zur Nitrat-Atmung und der sog. Denitrifikation. Dabei »veratmen« Bakterien den Sauerstoffanteil des Nitrats (NO_3^-) zuerst zu Nitrit (NO_2^-) und dann zu den Gasen NO (Stickoxid), N_2O (Lachgas) und schließlich zu Luftstickstoff (N_2), die dem Boden entweichen. Das Lachgas, auch Distickstoffoxid genannt, kann nicht nur Zwischen-, sondern auch Endprodukt sein. Da dieses Gas zu den klimarelevanten Gasen (Zerstörung der Ozonschicht in der Stratosphäre) gezählt wird, wird seine Entstehung in und Freisetzung aus Böden intensiv wissenschaftlich erforscht (Global Change, Globaler

Klimawandel). Die Freisetzung aus landwirtschaftlich genutzten Böden ist jedoch so gering, dass man von max. 1% der derzeitigen globalen, natürlichen Lachgasemission ausgehen darf. Damit ist keine signifikante Auswirkung auf die Ozonschicht zu erwarten. Andere Stickoxide (NO, NO_2) sind zwar nur in sehr viel geringeren Mengen in der Luft enthalten (N_2O: 320ppb; NO, NO_2: <10ppb), aber chemisch erheblich reaktiver. Je mehr UV-Strahlung die ozongeschädigte Stratosphäre passieren kann, desto mehr Ozon entsteht durch diese Strahlung in bodennahen Luftschichten. Die Luft ist vor allem im Frühjahr bzw. Frühsommer noch schwebstoffarm (Staub, Pollen) und die Sonne steht hoch, strahlt also intensiv. Bei der Betrachtung von bodennahen Ozonwerten aus Daten verschiedener Messstandorte (Reinluftstandorte, ländliche Standorte, Messstationen an Hauptverkehrsadern in Ballungszentren) fällt auf, dass die Reinluftstandorte sich durch die höchsten Ozonwerte auszeichnen, die Straßen durch die geringsten. Das verwundert im ersten Moment, ist aber absolut logisch: Je reiner die Luft ist, desto weniger hochreaktive Stickoxide u.a. aus Autoabgasen liegen vor, die sofort mit dem ebenfalls hochreaktiven und somit »agressiven« Ozon (O_3) abreagieren.

Die symbiontische Fixierung von Luftstickstoff durch Bakterien und Pilze ist weitgehend bekannt. Knöllchenbakterien der Gattung *Rhizobium* leben beispielsweise in Symbiose mit Wurzeln von Schmetterlingsblütlern, also Leguminosen, während z.B. Strahlenpilze der Art *Frankia alni* in Symbiose mit der Schwarzerle (*Alnus glutinosa)* leben. Die Wirtspflanzen zeichnen sich durch besondere Wüchsigkeit und geringe bis fehlende Herbstfärbung aus, hat die Pflanze es doch oft nicht nötig, das grüne Chlorophyll als N-Verbindung wiederzuverwerten und die wertvollen Bestandteile über Winter in Stamm und Wurzeln einzulagern, wodurch die gelben bis roten Carotine im Herbstlaub normalerweise farblich die Oberhand gewinnen. Fixieren die Symbionten von Erbsen und Bohnen jährlich 70 bis 100kg N_2/ha, so sind es bei Klee und Luzerne jährlich sogar bis zu 300kg N_2/ha. Es gibt jedoch auch nicht-symbiontische Stickstoff-Fixierer. Neben blaugrünen Algen sind dies verschiedene Bakterien und zwar sowohl unter Luftabschluss (z.B. *Clostridien*) als auch in gut durchlüfteten Böden (z.B. *Azotobacter, Azotomonas*). Unter Weizen wurde eine nicht-symbiontische Fixierung von 23–29kg N_2/ha jährlich ermittelt. Gefördert wird diese Stickstoffzufuhr durch niedrige Mineralstickstoffgehalte (Düngung vermindert also diese Fixierung) bei hohem Kohlenstoff-Angebot (Pflanzenreste, Humus), wie man es in Grünland mit Pferdehaltung oft vorfindet.

Der Bereich des Bodenstickstoffgehaltes, der wirtschaftlich betrachtet als optimal angesehen werden kann, ist sehr eng. Zu viel bedeutet Auswaschung und Qualitätseinbußen, zu wenig Ertragseinbußen. Hohe Nitratgehalte im Trinkwasser finden sich vor allem bei Wein-, Obst- und Gemüseanbau, aber auch unter Ackerland allgemein. Besonders jahrelange Gülleausbringung verursacht deutlich erhöhte Nitratwerte auch in größeren Bodentiefen (BLUME 1990). Daher versucht man, den mineralischen N-Gehalt des Bodens (Vorrat) im Frühjahr vor der Düngung zu bestimmen, um daran den Bedarf festzumachen und gezielt zu ergänzen. Ernteertrag und N-Vorrat stehen in einer engen Beziehung zueinander. Der für den Höchstertrag (Korn) von Winterweizen notwendige N-Vorrat an Nitrat und Ammonium im Frühjahr von 120kg N/ha (SCHEFFER & SCHACHTSCHABEL 1992) ist der identische Wert zu Angaben von BRIEMLE et al. (1991), wonach bereits ohne Düngung unter bodenfrischem Grünland mit 6% Humusgehalt und einem Kohlenstoff/Stickstoff-Verhältnis von 10:1 im Oberboden bei einer jährlichen Mineralisationsrate von 1% des Humusanteils diese Stickstoffmenge (120kg N/ha) pflanzenverfügbar wird. Für den Höchstertrag von Winterweizen bedarf es noch einer Spätdüngung von 80kg N/ha, und auch Grünland wird zur Steigerung des Ertrages zumeist gedüngt.

Wer ehemaliges Ackerland zupachten und als Grünland ansäen kann, fragt sich oft, wie es mit den Werten des Bodens aussieht. Hier gibt es Mittelwerte des N-Vorrats in Abhängigkeit von der Vorfrucht (SCHEFFER & SCHACHTSCHABEL 1992). So fand sich für Lössboden nach Getreide im Mittel 60kg N/ha, nach Zuckerrüben 80kg und nach stark gedüngtem Gemüse 160kg N/ha. Für tonarme Sandböden ist die Auswaschung, also der Niederschlag entscheidend: Nach regenreichen Wintern ist der N-Vorrat sehr gering, nach sehr trockenen Wintern kann er aber ähnlich hoch sein wie bei Lössböden. In Bezug auf die zur Erzielung von Höchsterträgen auf Löss optimale Düngung unterscheiden sich die Feldfrüchte folgendermaßen:

Tab. 14: Düngerbedarf verschiedener Feldfrüchte nach SCHEFFER & SCHACHTSCHABEL (1992).

Feldfrucht	Frühjahrsdüngung [kg N/ha]	Spätdüngung [kg N/ha]
Winterweizen	120	80
Wintergerste	100	60
Winterroggen	80	60
Hafer	gesamt: 100 [kg N/ha]	
Zuckerrüben	gesamt: 200 [kg N/ha]	

Die witterungsabhängige Mineralisation von pflanzenverfügbarem Stickstoff aus Humus durch Mikroorganismen ist hier noch nicht enthalten. Messungen (Brache: ungedüngte N-Null-Parzelle) bei einer Fruchtfolge von Zuckerrüben, Weizen und Gerste ergaben während der Vegetationsperiode von März bis August Werte zwischen 50 und 150kg N/ha.

Betrachtet man die Bilanz für die landwirtschaftlich genutzte Fläche, so ergibt sich im Mittel der Jahre 1950 bis 1986 ein jährlicher N-Überschuss von 58kg N/ha, für die Jahre 1979 bis 1985 von ca. 103kg N/ha und im Jahr 1987 von 117kg N/ha, Tendenz weiter steigend (SCHEFFER & SCHACHTSCHABEL 1992). Die Schwankungen von Betrieb zu Betrieb sind dabei erheblich. Ackerland mit hoher Bewirtschaftungsintensität (z.B. Mais, Gemüse) sowie Gegenden mit viel Schweine- und Hühnerhaltung weisen die höchsten Überschüsse auf. Ammoniumhaltige Dünger (Gülle) verbessern die Phosphataufnehmbarkeit durch eine erhöhte Wasserstoffionenkonzentration. Sie beeinträchtigen gleichzeitig aber die Aufnahme von anderen Nährstoffionen, wie z.B. Magnesium (Zentralatom des Chlorophylls).

Die Auswaschung aus den Böden findet als Nitrat, selten als Ammonium statt. Sie ist z.B. abhängig vom Klima, vom Boden, von der Intensität der Nutzung und vom Pflanzenbestand. Hohe Werte der Auswaschung sind aus Sandböden (bei Ackernutzung bis 90kg N/ha jährlich) möglich, für alle Böden vor allem im Winter (Mähwiese: jährlich bis 20kg N/ha, Weideland liegt durch Kot und Harn höher). Insofern wird verständlich, warum Stallmist möglichst nicht im späten Herbst ausgebracht werden sollte, schon gar nicht auf unbewachsenen Boden und dort nicht oberflächlich sondern wenn, dann eingearbeitet. Da Ammonium geringer ausgewaschen wird als Nitrat, eignet es sich eher für eine späte Herbstdüngung. Die Düngung sollte aus Gründen des Boden-, Wasser-, Natur- und Landschaftsschutzes den Pflanzen gezielt angeboten werden, wenn die Pflanzen es brauchen (Vegetationsperiode) und nicht etwa, wenn der Misthaufen dringend geleert werden muss, sowie in möglichst kleinen Teilgaben. Dauergrünland sollte möglichst nicht in Ackerland umgewandelt werden, um eine hohe, wenn auch befristete Auswaschung zu verhindern.

Zusammenfassend kann man die Überschüsse von NPK-Düngung in deutschen Böden nach den vorangehenden Angaben darstellen:

Tab. 15: Überschüsse der Düngung mit N, P und K in Deutschland nach Bilanzierungen in SCHEFFER & SCHACHTSCHABEL (1992).

<table>
<tr><th></th><th colspan="2">Überschuss Jahresmittel [kg/ha]</th><th>Überschuss 1950-1986 Σ [kg/ha]</th><th>Vorkommen der Dünger</th><th>Austräge</th></tr>
<tr><td>K</td><td>1981-1983:</td><td>69</td><td>2.000</td><td rowspan="5">grundsätzlich Ackerland >Grünland</td><td>Sand & Moor > Lehm > Ton</td></tr>
<tr><td>P</td><td>1981-1983:</td><td>50</td><td>900</td><td>kaum Austräge, Festlegung in der Krume</td></tr>
<tr><td rowspan="3">N</td><td>ab 1950</td><td>58</td><td rowspan="3">~ 2.400</td><td rowspan="3">hohe Austräge v.a. aus Sand- und unbewachsenen Böden</td></tr>
<tr><td>1979-1985:</td><td>~103</td></tr>
<tr><td>1987:</td><td>117</td></tr>
</table>

Schwefel

Für alle lebenden Organismen ist Schwefel (S) unentbehrlich. Es ist v.a. ein wichtiger Bestandteil der Eiweiße (Proteine), deren Bausteine, die Aminosäuren, teilweise schwefelhaltig sind. Da auch Haut, Horn und Haare aus Protein bestehen, kann bei Problemen in dem Bereich die Fütterung mit Schwefel Besserung bringen. In Kreuzblütlern und Lauchgewächsen werden schwefelhaltige Öle (Senföle, Lauchöle) insbesondere zur Fraßabwehr (Insekten, Bakterien, Pilze) gebildet. Auch Vitamine sind z.T. schwefelhaltig (Thiamin, Biotin). Selen kann einen Mangel an Schwefel in geringem Maße auffangen, aber nicht vollständig ausgleichen. Mangel macht sich in einem gestörten Eiweißstoffwechsel bemerkbar. Die jungen Blätter der Pflanzen erscheinen, wie beim Stickstoffmangel, hellgrün bis gelb. Teilweise sind sie rötlich getönt. Die Blätter können kümmerlich, klein und schmal sein.

Im Boden kommt Schwefel in verschiedenen Gesteinen vor. In basischen Gesteinen findet sich mehr Schwefel als in sauren. Während der Verwitterung des Gesteins werden Sulfide zu Sulfaten oxidiert. Gips (Kalziumsulfat) findet sich in vielen Sedimenten. Eisensulfid, das sich an Standorten mit Raseneisenerzbildung findet und unter anaeroben (sauerstoffarmen bzw. -freien) Bedingungen im Boden vorliegt, kann zum Problem werden (siehe Eisen).

Die Schwefelgehalte des Bodens betragen in unserem feuchten Klima im Mittel 0,02 bis 2%, in Mooren bis zu 1% und in Marschen im Gezeitenbereich bis 3,5%. Böden können aber auch aus mehr oder weniger reinem Gips (Kalziumsulfat) bestehen (z.B. Gipsrendzina). Sulfate sind gut wasserlöslich (ca. 2g/l), daher reichern sie sich in niederschlagsreichen Klimazonen nicht an sondern werden ausgewaschen. Im gut durchlüfteten Oberboden sind 60 bis 98% des Schwefels auf unterschiedlichste Weise organisch gebunden, im Unterboden überwiegen dagegen mineralische Bindungen.

Trockene Böden können schnell große Mengen schwefelhaltiger Gase (z.B. SO_2, H_2S, CH_3SH) aufnehmen. Da natürliche Böden diese Gase z.T. zu Sulfaten oxidieren, tritt keine Sättigung ein und es können weiter Gase aufgenommen werden. Abhängig von der Oberflächenstruktur (Rauigkeit), können Böden daher in der Luftreinhaltung als Filter für Schwefelgase beispielsweise aus der Braunkohleverbrennung wirken. Ein weiterer Eintrag von Schwefelgasen in die Böden erfolgt über Niederschläge. Die Probleme, die sich u.a. aus Einträgen von Schwefelsäuren aus Schwefeldioxid ergaben, wie Bodenversauerung und Waldsterben, sind bekannt. Es wurden in der Nähe von Ballungsgebieten in den 1980er Jahren bis zu

130kg S pro ha und Jahr) gemessen. Als Gegenmittel gilt auch heute noch die Kalkung der Böden. Nicht alle Schwefelgase sind jedoch anthropogenen Ursprungs. In Meeresnähe kommt es durch Sprühwasser der Brandung und Gasemissionen des trockenfallenden Meeresbodens (Watt) zur Anreicherung von Schwefelverbindungen in der Luft und dadurch im Regenwasser. Auf der Nordseeinsel Sylt wurden hierdurch 26kg S pro ha und Jahr gemessen.

Der Schwefelgehalt von Pflanzen ist sehr unterschiedlich hoch. Zumeist liegt er bei 0,1–0,5%, bei Senföl oder andere schwefelhaltige Verbindungen bildenden Pflanzen liegt er deutlich höher (Raps: 1%). Dementsprechend entziehen die Pflanzen dem Boden unterschiedlich viel Schwefel, im Mittel etwa 25kg pro ha und Jahr.

Tab. 16: Schwefelentzug durch Feldfrüchte nach SCHEFFER & SCHACHTSCHABEL (1992).

Feldfrucht	S-Entzug [kg/ha]
Getreide (Kornertrag)	bis 15
Zuckerrüben (mit Kraut)	bis 30
Grünland	bis 30
Raps (Kornertrag)	bis zu 45

Böden erhalten zusätzlich zur mineralischen Düngung auch durch organische Düngung und Pflanzenschutzmittel (können bis zu 50% Schwefel enthalten, das macht im Obst- und Weinbau bis 3kg S/ha) eine Schwefelzufuhr. Daraus ergibt sich:

Tab. 17: Schwefeleinträge in Böden nach SCHEFFER & SCHACHTSCHABEL (1992).

Düngung	mittlere S-Einträge [kg S/(ha * Jahr)]
mineralische Düngung	15
organische Düngung	4
Pflanzenschutzmittel	3
S-Deposition aus der Luft	50

Aufsummiert ergibt das im Mittel etwa 70kg S/ha. Die Auswaschung beträgt durchschnittlich 50 bis 60kg S/ha. Mit der zunehmenden Luftreinhaltung kann es somit zu Engpässen in der Schwefelversorgung von Kulturpflanzen kommen. Pflanzen decken ihren Bedarf aus dem Sulfat-Vorrat des Bodens (Getreide: Oberboden 55%, Unterboden 45%), filtern ebenso wie der Boden Schwefelgase aus der Luft und nutzen diese als Quelle. Die Schwefelversorgung der Pflanzen wird an Pflanzenproben analysiert oder an Bodenproben. Letztere sind in ihrem Aussagewert eingeschränkt, weil der Sulfatgehalt des Bodens stark von Witterung, Entnahmetiefe und Zeitpunkt der Probenahme abhängt. Am günstigsten ist, wie schon bei der Bestimmung des mineralischen Stickstoffgehaltes, die Probenahme im Frühjahr.

Bittersalz (Magnesiumsulfat), das zur Düngung von Nadelbäumen beliebt ist, kann bei hohen Gehalten schädigend wirken. Der häufigere Gips (Kalziumsulfat) ist dagegen schwerlöslich und nicht giftig. Sulfide können wegen des Auftretens von Schwefelwasserstoff (H_2S, starkes Pflanzengift) pflanzliches Wachstum unterbinden. Auch schwefelhaltige Gase (SO_2, SO_3) sind bei hohen Konzentrationen für Blattschädigungen bekannt.

Mangan

Mangan (Mn) findet sich bei Tieren im Blut, in der Galle, im Harn, in den Haaren und Knochen. Es ist für die Tier- wie für die Pflanzenzelle ein lebensnotwendiges Metall (Mikronährstoff). Es erfüllt im Stoffwechsel der Pflanze wichtige Funktionen, die ähnlich denen von Eisen und Magnesium sind. Mangan aktiviert Fermente (Enzyme), die im Energiestoffwechsel (Atmungskette, Zitonensäurezyklus) wichtig sind, aber auch bei der Photosynthese und bei der Nitratreduktion. Die pflanzliche Herstellung verschiedener Stoffe wird somit beeinflusst. Es steht in Zusammenhang mit der Zuckerproduktion, der Synthese von Vitamin C und den Wachstumsprozessen der Pflanze. Auch beim Tier ist Mangan an der Vitamin C–Synthese beteiligt, aktiviert Enzyme (Wachstumsstörungen) und erhält die Fortpflanzungsfähigkeit, der Bedarf ist jedoch gering (ca. 50mg/kg in der Trockensubstanz des Futters). Mangan kommt in Gesteinen (Silicate, Carbonate) und als Manganoxid in Böden vor. Es kann an Eisenoxide angelagert und in organischen Komplexen gebunden sein. Als Mn^{2+} ist es löslich und austauschbar bzw. auswaschbar.

Manganmangel äußert sich in der Pflanze durch helle Flecken zwischen den Blattadern, zuerst nur an jungen Blättern. Mangel kann auf Niederungsmoorböden auftreten (Festlegung des Mangans in nicht pflanzenverfügbarer Form) aber auch auf humosen Sandböden. Beim besonders empfindlichen Hafer ist Manganmangel als Dörrfleckenkrankheit vor allem bei Jungpflanzen bekannt. Mangan kann von Pflanzen in seinen stärker oxidierten Verbindungen schwer zugänglich gemacht werden, eine vorhergehende Reduktion ist nötig. Daher ist die Aufnahme in humosen, kalkhaltigen und gut durchlüfteten Böden mit neutraler Bodenreaktion und reichhaltigem Mikroorganismenleben u.U. herabgesetzt. Zu erwarten ist Manganmangel in unserem gemäßigt-feuchten Klima auf verarmten Sandböden, entwässerten Niedermooren und humosen, kalkreichen Marschen mit hohem pH-Werten (>5,7) bei geringer Menge an austauschbarem und leicht reduzierbarem (aktivem) Mangan. Beim Pferd äußert sich Mn-Mangel durch Störungen im Wachstum der Röhrenknochen: Im Knorpel kommt es zu Verknöcherungen, die Vorderbeine verkrümmen, es kommt zu Lahmheiten. Die Geschlechtsreife und die Fruchtbarkeit sind gestört, eine Degeneration der Hoden ist möglich.

Giftige Konzentationen kann das Mangan als Mn^{2+} auf nassen, schlecht durchlüfteten, sauren Böden erreichen. Das Mangan konkurriert bei der Aufnahme durch die Pflanze u.a. mit Kalzium, Magnesium und Eisen. Mangan wird im Boden stärker verlagert und ausgewaschen als Eisen, wodurch speziell saure Böden stark verarmt sein können. Mangan bildet von allen Schwermetallen die labilsten Komplexe und wird somit leicht durch andere positiv geladene Ionen aus seinen Verbindungen verdrängt.

Eisen

Das Schwermetall Eisen (Fe) steht an der Grenze zwischen Mikro- und Makronährstoffen. Es ist für alle Lebewesen unentbehrlich, wird aber nur in Spuren benötigt. Säugetiere speichern Eisen in Milz und Leber. Grüne Pflanzenteile enthalten i.d.R. mehr Eisen als Wurzeln, Knollen und Früchte bzw. Samen. In der Zelle findet man Eisen vorwiegend in den Zellorganellen, die für Energiegewinnung (Chloroplasten: Photosynthese), Atmung (Mitochondrien) und Vererbung sowie Steuerung (Zellkern) zuständig sind. Das Eisen ist dabei Bestandteil z.B. von Enzymen. Pflanzen können Eisen als Fe^{2+}, häufig auch als Fe^{3+} aufnehmen. Es kann jedoch in einer physiologisch unwirksamen Form vorliegen und damit der Pflanze für den Stoffwechsel nicht zur Verfügung stehen (Mangelsymptome trotz hoher Eisengehalte in der Pflanze). Eine Rolle bei der Aufnahme durch die Pflanzen spielen lösliche organische Eisenkomplexe mit Humin- und Fulvosäuren sowie Wurzelausscheidungen. Eisenmangel macht sich in einer Eisenchlorose bemerkbar. Die jüngsten Blätter zeigen Aufhellungen zwischen den Blattadern, zuerst heller grün, dann gelblichweiß. Häufig bleibt die Nervatur grün. Fortgeschrittener Mangel verursacht irreversible Schäden an den Pflanzen. Insbesondere Kupfer, aber auch hohe Phosphat- und Kalziumkonzentrationen wirken sich negativ auf die Eisenaufnahme aus. Aufkalken des Bodens bis auf $pH>7$ kann zur kalkinduzierten Chlorose führen. Diese tritt besonders häufig im Obst- und Weinanbau auf. Bodenuntersuchungen zur Bestimmung der Eisen-Verfügbarkeit sind wegen der vielfältigen Ursachen, die zu Mangel führen können, problematisch. Die visuelle Bestimmung eines Mangels ist daher einfacher. Da hohe Schwermetallgehalte des Bodens zu fast identischen Symptomen führen wie Eisenmangel, ist auch hieran zu denken. Die erhöhte Schwermetallaufnahme reduziert dabei die Eisenaufnahme. Das Gegenteil, die Eisen-Toxizität, kann unter Sauerstoffmangel in schlecht durchlüfteten, sauren Böden mit hoher Fe^{2+}-Konzentration auftreten. Beim Reisanbau auf nassen Böden zeigt sich die Vergiftung bei gleichzeitigem Mangel an anderen Hauptnährelementen in der Entstehung rotbrauner Flecken auf den Blättern.

Eisen ist nach Aluminium das in der kontinentalen Kruste am häufigsten vertretene Metall. Es kommt in Gesteinen, vor allem in basaltischen Tiefengesteinen und Tonsteinen vor, weniger in Sanden/Sandsteinen. Im Boden (0,2–5%) kann es in ähnlicher Größenordnung vertreten sein, wie im Gestein. Es kann im Boden jedoch zu starken Anreicherungen kommen, z.B. in bestimmten Bodenhorizonten oder in Rostflecken. Der Gehalt kann bis 40% betragen.

Von ökologischer Bedeutung ist die Eisenauswaschung aus sauerstoffarmen, grundwassernahen Böden, die drainiert wurden. In diesen staunassen Böden sammelt sich Fe^{2+} am Grundwasserspiegel. Die oft erhebliche Anreicherung geschieht in Form von Eisensulfiden, die durch die Zuführung gelöster Sulfate im Wasser mit den im Boden vorhandenen Eisenverbindungen entstehen. Sinkt nun durch Drainage der Grundwasserspiegel, so wird das zweiwertige Eisen ausgewaschen. Da zweiwertiges Eisen ein sehr starker Sauerstoffzehrer ist, stellt es eine große Belastung für Gewässer dar. Das Fe^{2+} oxidiert unter Sauerstoffzufuhr zu Fe^{3+}, auch Ocker genannt. Ist Ersteres im Wasser gelöst (klar, durchsichtig), so macht sich Zweiteres durch milchiges, dann ockerfarbiges, eventuell rostig-rotes Wasser bemerkbar. Die Trübung und Ausfällung geschieht in wenigen Stunden bzw. kurz nach Austritt aus dem Boden. Alle Oberflächen, auch Fischkiemen, werden von dem sauerstoffzehrenden Ocker überzogen. Es kommt zum Sauerstoffmangel, der für viele Wasserorganismen, auch Fische, tödlich ist. Das an Quellen natürliche Phänomen (viele Ortsnamen sind so entstanden) kann durch großflächige Entwässerungen zu einem erheblichen ökologischen Problem werden, weshalb in Dänemark ein Gesetz erlassen wurde (Ockergesetz), das die Entwässerung regelt: Eine Bodenprüfung entscheidet darüber, ob ein Landwirt seinen Boden entwässern darf oder nicht. Natürliche Bachläufe wirken dem Problem entgegen, da sich in den Schleifen und Buchten des schlängelnden (mäandrierenden) Gewässers Zonen bilden, in denen das Wasser fast zum Stillstand kommt und sich die Schwebepartikel, wie z.B. das Ocker, am Grund als Sediment absetzen können. Auch künstliche Ablagerungsbecken können das Wasser reinigen.

In diesem Zusammenhang interessant ist die Beobachtung von Gewässeroberflächen eisenhaltiger Standorte. Vor allem Gräben mooriger Böden auf raseneisenerzhaltigem Sand zeigen ein durch Huminsäuren dunkel gefärbtes Wasser, auf dessen Oberfläche Schlieren zu sehen sind. Anders als bei Ölverschmutzungen brechen diese Schlieren, wenn man sie beschädigt. Es handelt sich um bakterielle Kahmhäute (häutige Schleime durch Bakterienverbände), gebildet von Eisenbakterien. Das bekannteste Eisenbakterium aus eisenhaltigen Bächen und Drainagerohren ist *Gallionella feruginea*, in Moorgräben findet man *Nevskia ramosa*. Diese Eisenbakterien stammen aus Zeiten der Erdentstehung, zu denen es noch keine Sauerstoffatmosphäre um diesen Planeten gab. Sie gewinnen Energie durch die Oxidation zweiwertigen Eisens zu dreiwertigem Eisen und bilden Kohlenhydrate aus Kohlendioxid. Die Bakterien sind wesentlich an der Entstehung von Raseneisenerz beteiligt. Gefürchtet ist der Brunnenfaden (*Crenothrix polyspora*), ein Eisenbakterium, das die Rohre von Wasserleitungen verstopfen kann.

Kupfer

Der lebensnotwendige Mikronährstoff Kupfer (Cu) findet sich in Pflanzen meist vermehrt in den unterirdischen Organen, zeigt aber andererseits besonders hohe Konzentrationen in den Chloroplasten. Mit durchschnittlich 2 bis 20mg Kupfer pro kg Trockensubstanz liegt der Gehalt in Pflanzen sehr niedrig. Im Zellstoffwechsel besteht die Funktion des Kupfers darin, als anorganische Komponente den Reaktionsmechanismus von Enzymen zu ermöglichen, die Oxidationen und Reduktionen von Wasserstoffatomen und Sauerstoff leisten. Kupfermangel von Pflanzen ist bekannt als Heidemoorkrankheit oder Urbarmachungskrankheit, da er vermehrt auf sandigen bzw. anmoorigen Böden (humusreiche Podsole) und nach Urbarmachung frisch kultivierter Moorstandorte (Torf) auftritt. Als empfindliche Kulturpflanzen gelten Hafer, Weizen, Leguminosen und Obstbäume, weniger Gerste und Roggen. Die Kartoffel ist dagegen recht unempfindlich. Mangelsymptome sind: schmale, gedrehte Blätter mit weißen Spitzen, gestauchter, buschiger Wuchs und taube bzw. fehlende Fortpflanzungsorgane (Ähren, Rispen), beim Obst außerdem Verkümmerung der Spitzentriebe. Beim Tier wird Kupfer wie Eisen zur Blutbildung benötigt, fördert die Hormonerzeugung, ist an der Aktivierung vieler Hormone beteiligt sowie Bestandteil vieler Enzyme. Es ist beteiligt am Gewebsaufbau von Nerven, Pigmentgewebe und Bindegewebe. Mangel führt bei Tieren wie Salzmangel zur sog. Lecksucht. Bei Fohlen zeigen sich schmerzhafte Schwellungen besonders am Fesselkopf (Degeneration des Knorpel- und Knochengewebes v.a. in Gelenken). Ein Kupfergehalt des Futters für Pferde von 7-12mg/kg Trockensubstanz wird als ausreichend angesehen. Hohe Kupfergehalte im Boden sind giftig. Die Schadwirkung zeigt sich in der Hemmung des Mikroorganismenwachstums, in Mindererträgen bei Kulturpflanzen (ab ca. 20mg/kg Trockensubstanz) und Vergiftungen bei Tieren.

In unbelasteten Böden ist das Kupfer (ca. 2-40mg/kg) meist sehr fest gebunden und kaum pflanzenverfügbar. Der pH-Wert des Bodens entscheidet darüber, in welcher Form (organisch, anorganisch) das Kupfer vorliegt, der Gesamtkupfergehalt des unbelasteten Bodens wird vom pH-Wert aber kaum beeinflusst. Torf und Rohhumus (hochmolekulare unlösliche organische Substanzen) können Kupfer fest binden und so zum Kupfermangel bei Pflanzen führen. Wurzelausscheidungen und Zersetzungsprodukte (niedermolekulare Komplexbildner) können dagegen mit Kupfer gut lösliche, pflanzenverfügbare Verbindungen bilden. Kupfer findet sich oft in Eisenoxiden. Daher kommt es in Auswaschungsböden (Podsol) und Grundwasserböden (Gley), in denen sich in bestimmten Schichten Eisenoxid ansammelt, auch zur Kupferanreicherung. Die Pflanzenverfügbarkeit des Kupfers als zweiwertiges Ion wird mit zunehmendem pH-Wert schlechter. Es kommt dennoch nur selten zum Mangel auf Kulturböden (pH>5), weil hier Kupfer in Form von Komplexen in der Bodenlösung verfügbar ist. Intensive Phosphordüngung kann zu Kupferphosphat-Komplexen führen. Phosphor fördert zudem die Kupferadsorption. Beides verringert die Kupferkonzentration in der Bodenlösung. Dies kann zur geringeren Kupferaufnahme durch die Pflanze führen. Kalkgehalt und pH-Wert des Bodens oberhalb von pH 5 vermindern die Kupferaufnahme der Pflanze, die sich auch aus Kupferverbindungen versorgen kann, dagegen nicht.

Da Pferdehalter manchmal die Möglichkeit bekommen, Land zu kaufen oder zu pachten, das vorher anders bewirtschaftet wurde, ist es notwendig, sich auch mit Böden zu beschäftigen, auf denen eine Kupferanreicherung stattgefunden hat. Diese kann unterschiedliche Ursachen haben:

Tab. 18: Kupferbelastung von Böden nach SCHEFFER & SCHACHTSCHABEL (1992).

Ursache der Anreicherung	Kupferbelastung der Böden [mg/kg Trockensubstanz]
Kupfererz Industrie	bis > 1.000
industrielle Abwässer: z.B. HH Hafenschlick	ca. 530 (z.T. 5.300)
Klärschlamm	bis ca. 10.000
Hopfen-/Weinanbau	bis 600
Schweinegülle	ca. 20 mg/l

Eine Kupferanreicherung durch die Industrie ist sicher leicht verständlich. Da Klärschlämme und Schlick irgendwo entsorgt oder aufgebracht werden müssen, kann man auch an Land auf ihre Reste stoßen. Weniger bekannt ist vielleicht, warum in der Landwirtschaft Kupfer zum Problem werden kann. Hopfen und Wein werden mit Pflanzenschutzmitteln behandelt, die z.T. stark kupferhaltig sind. SCHEFFER &

SCHACHTSCHABEL (1992) geben eine jahrzehntelange Anwendung von 35–40kg Kupfer pro ha und Jahr an. Kulturen, die nach der Rodung dieser Bestände gepflanzt werden, zeigen u.U. beträchtliche Mindererträge. Als Pferdehalter sollte man dabei auch die Erosion des Bodens an Hängen im Auge behalten, wenn die eigene Weide am Hangfuß unmittelbar unterhalb der Anbauflächen liegt. Schweinegülle kann hohe Gehalte an Kupfer enthalten, wenn die Schweine mit Kupfer-angereichertem Fertigfutter (100-850mg Kupfer pro kg Trockensubstanz) ernährt wurden. Kupferüberschuss kann bei Pflanzen zu Mangel an anderen wichtigen Elementen führen (Eisen, Zink und Molybdän). Anhebung des Boden-pH-Wertes durch Kalkung auf etwa pH 6 und Phosphatdüngung sind gängige Gegenmaßnahmen.

Obwohl heute in Deutschland eine strenge Klärschlamm-Verordnung (Grenzwert: 60 mg/kg Trockenmasse) mit engen Auflagen für die Ausbringung einen geeigneten Verbraucherschutz erhoffen lässt, sei darauf hingewiesen, dass diese erst seit wenigen Jahren gilt: »Im Rahmen der für die Ausbringung von Klärschlamm erlassenen gesetzlichen Regelungen (Klärschlamm-Verordnung) wurde auf der Basis der Cu-Gesamtgehalte für Böden ein Grenzwert von 100mg/kg festgelegt. Dieser Grenzwert ist für starksaure Böden mit pH<5 zu hoch angesetzt; selbst bei schwach saurer bis alkalischer Reaktion können bei 100mg Cu pro kg Boden infolge einer Cu-Mobilisierung durch lösliche organische Komplexbildner erhöhte Cu-Gehalte (über 15mg pro kg Trockensubstanz) im Weidegras auftreten, die zu toxischen Wirkungen bei Schafen führen können. Eine Erniedrigung des Cu-Grenzwertes auf 50-70mg pro kg Boden für mäßig saure bis schwach alkalische Böden ist deshalb erforderlich; für stark bis extrem stark saure Böden kann auch dieser Gehalt zu hoch sein« (SCHEFFER & SCHACHTSCHABEL 1992). Der Gesetzgeber hat hierauf reagiert und den Grenzwert korrigiert. Das ändert aber nichts daran, dass früher bereits höher belastete Schlämme ausgebracht wurden.

Zink

Als Spurenelement ist Zink (Zn) unentbehrlich. Seine toxische Wirkung auf Mikroorganismen ist dem Pferdehalter ebenfalls bekannt: Die altbewährte Mauke-Salbe besteht aus Lebertran und Zinkoxid (Zellgift), das übrigens auch in vielen Baby-Wund-Cremes wirksam ist. Bei hohen Konzentrationen im Boden kann Zink für Pflanzen giftig sein. Und die gute alte Zinkwanne sollte nicht zur Fütterung und nur für kalkhaltiges Tränkwasser verwendet werden, denn Säuren (Speichel, Obstsäuren, Essig, Milchsäure aus Silage oder Huminsäure aus moorigem Bachwasser) lösen das Zink der Wanne an und können zu einer schleichenden Vergiftung des Viehs führen (äußert sich u.a. in Durchfällen bzw. in Geschwüren der Schleimhäute des Magen-Darm-Kanals). Zinkmangel äußert sich beim Pferd allgemein in borkigen Verdickungen der Haut, Haarausfall, erhöhter Infektionsneigung und verändertem Hornwachstum. Zinküberversorgung kann vor allem bei Jungpferden die Symptome eines Kupfermangels erzeugen (Sehnenverkürzung, Knochen-/Knorpeldegeneration). Die physiologische Funktion des Spurenelements Zink für die Zelle ist noch unklar. Bekannt ist, dass es Stoffwechselvorgänge beeinflusst. Dazu gehören u.a. eine Beteiligung an der Hormonbildung, das Aktivieren von Enzymen und die Beeinflussung des Stickstoff-Stoffwechsels. Mangel führt bei Pflanzen neben spärlicher, rosettiger Belaubung und Farbstoffmangel (Chlorosen) zu Zwergwuchs. Zinkmangel ist bei Pflanzen in Mitteleuropa selten und zumeist auf karbonathaltige Böden begrenzt. Hohe Phosphatkonzentrationen können ebenfalls Zink festlegen und für Pflanzen nicht nutzbar machen.

Böden aus Sandstein enthalten in der Regel wenig Zink, tonsteinhaltige Böden dagegen viel. Der Gesamt-Zinkgehalt von Böden schwankt gewöhnlich zwischen 10 und 80mg/kg. Es kommen aber auch Gehalte bis 5.000mg/kg vor (belastete Böden). Entscheidend für die Aufnahme durch Pflanzen ist, wie das Zink vorliegt. Pflanzen nehmen den Nährstoff vor allem als Ion gelöst aus der Bodenlösung oder als gelösten organischen Zink-Komplex auf. Die Löslichkeit von Zink nimmt mit abnehmendem pH-Wert (sauer) zu. Daher ist die Zink-Versorgung auf Böden unter pH 6 zumeist gut, während über pH 6 der Gehalt an austauschbarem Zn gering ist. Bei noch saureren Verhältnissen (pH<5) überwiegt zu 99% das anorganische Vorkommen von Zink. Bei pH>6,5 (neutral) liegt statt dessen 60-80% des Zinks gelöst als organischer Komplex vor. Unter Luftabschluss (reduzierende Bedingungen, anaerob) fällt Zink u.U. als Zn-Sulfid aus und ist als solches nicht mehr pflanzenverfügbar.

Zink gelangt neben Düngemaßnahmen mit den Niederschlägen (100-300g pro ha und Jahr auf Ackerland oder 600g pro ha und Jahr in Fichtenwäldern) und mit Schwebstäuben (bis über 1.000g pro ha und Jahr in Ballungsgebieten) in den Boden. Zinkquellen sind nicht nur der Erzabbau, sondern auch der KFZ-Verkehr und die Verbrennung fossiler Brennstoffe. Auch Klärschlämme können selbstverständlich Zink enthalten. »In der Umgebung eines Zn-emittierenden Hüttenbetriebes enthielt das Weidefutter bis 6.500mg Zn/kg Trockensubstanz. Toxische Zn-Wirkungen treten bei verschiedenen Pflanzen ab etwa 200mg Zn pro kg Trockensubstanz auf. Die Grenzkonzentration der Nährlösungen für beginnende Zn-Toxizität beträgt bei verschiedenen Pflanzen etwa 2mg Zn/l. Eine vorübergehende Schädigung der Mikroorganismenaktivität findet ab etwa 1mg Zn/l statt« (SCHEFFER & SCHACHTSCHABEL 1992). Letzteres dürfte auch für die Darmflora gelten. Der aktuelle Zink-Grenzwert für Böden liegt im Rahmen der Klärschlammverordnung bei 200mg Zn/kg Trockenmasse. Gegenmaßnahmen bei höherer Belastung sind Aufkalken des Bodens auf pH-Werte um und über 7 sowie Phosphatdüngung.

Silicium

Das häufigste Element der Erdkruste ist Sauerstoff, gefolgt vom zweithäufigsten, Silicium (Si). Im Mittel kommt dieses Element in Gestein und Böden mit einem Gehalt von 28% vor allem als Silikat (Salze der Kieselsäure) oder Oxid vor. Bei der Verwitterung der Silikate bildet sich Kieselsäure (H_4SiO_4, oder besser $Si(OH)_4$), eine schwache Säure.

Die Funktion und Notwendigkeit dieses Nichtmetalls in tierischen und pflanzlichen Zellen ist nicht befriedigend geklärt. Festzustellen ist, dass teilweise erhebliche Gehalte in Pflanzen vorliegen. So findet sich in Ackerschachtelhalm, auch Zinnputzkraut genannt, u.U. mehr als 90% Si in der Asche, Schilfröhricht bringt es auf 2,5% SiO_2 in der Trockensubstanz (TS), Seggen weisen 1,8% SiO_2 in der TS auf, heimische Getreidepflanzen 0,2-0,8% Si in der TS und Reis bis 15% Si in der TS. Allgemein gelten Farne, Schachtelhalme, Nadelbaumnadeln und Gräser als siliciumreich. Kieselalgen bauen ihre Schalen aus Kieselsäure. Hier handelt es sich eindeutig um Gerüstbausubstanzen. Die Härte der Kieselstrukturen stabilisiert nicht nur pflanzliches Gewebe, sondern schmirgelt die Zähne der Pferde gleichmäßig ab. (Schachtelhalm ist ideal geeignet, um damit Zinn zu putzen. Daher sein Volksname Zinnkraut.) Harte Gräser werden also nicht nur ab und an gerne gefressen, sondern sind für die Gesundheit der Pferde von (mechanischer) Bedeutung. In den Zellwänden der Gräser ist SiO_2 nicht-kristallin (amorph) als Bioopal (SiO_2xnH_2O) eingelagert. Dort wird ihm eine Funktion in der Standfestigkeit beispielsweise der Halme zugeschrieben. Silicium fördert die Resistenz des Getreides gegenüber Mehltau, bei Reis neben Pilzerkrankungen auch gegen Insekten. Von wachstumsfördernder Wirkung des Siliciums wird für Gerste, Mais, Tabak, Buschbohnen und Gurken berichtet. In Hafer und Reis konnten experimentell Silicium-Mangelerscheinungen herbeigeführt werden (DIETRICH & STÖCKER 1980). Pflanzen nehmen Kieselsäure aus der Bodenlösung auf. Im Tierreich findet sich Kieselsäure in der Haut und ihren Anhängseln, im Blut, in der Bauchspeicheldrüse, in Milch und Eiern sowie im Skelett mancher Tiere (Strahlentierchen und Schwämme). Vergiftungen sind unbekannt.

Silicium findet sich als Kieselsäure auch im Wasser. Die Gehalte sind je nach Herkunft unterschiedlich hoch: Grund- und Flusswasser meist weniger als 16mgSi/l; stehende Gewässer: bis 30mgSi/l; Meerwasser: etwa 2mgSi/l. In der Bodenlösung wird der Gehalt an pflanzenverfügbarem Silicium vom pH-Wert und dem Phosphatgehalt bestimmt. Mit sinkendem pH und steigender Temperatur steigt der Si-Gehalt der Bodenlösung. P-Düngung führt zu erhöhter Si-Verfügbarkeit. Kieselsäuredüngung des Bodens mobilisiert andererseits Phosphor, da P und Si sich gegenseitig begrenzt vertreten können bzw. um die gleichen Adsorptionsplätze (z.B. Eisen- und Aluminium-Oxide) konkurrieren.

Selen

Selen (Se) ist ein Nichtmetall, das dem Schwefel nahe steht. Für Pflanzen ist es eher als nützlich anzusehen, während es für Tiere notwendig ist. Pflanzen enthalten i.d.R. 0,01-1mg/kg Trockensubstanz, wobei jahreszeitliche Schwankungen auftreten und Kräuter meist mehr Selen als Gräser enthalten. Für Pferde gilt, dass die Spanne zwischen Mangel und Vergiftung bei Selen sehr eng ist. Als optimal werden 0,15-0,20mg/kg Trockensubstanz des Futters für Pferde angesehen. Tierfutter allgemein sollte 0,1mg Selen/kg Trockensubstanz enthalten. Mangel äußert sich in allgemeinen Eiweißmangelsymptomen und Muskelproblemen: Schmerzen, steifer Gang, Lahmheiten. Schmerzen beim Drehen des Kopfes führt zu Saugschwierigkeiten bei Fohlen, deren Mutter selen-unterversorgt war. Ausgewachsene Pferde zeigen typische Symptome eines Verschlags. Überversorgung der Pferde führt zu ringförmigen Einschnürungen an den Hufen und Ausschuhen der Hornkapsel, außerdem zu Haarverlust (Mähne, Schweif) und Lahmheiten.

Es besteht eine gewisse Konkurrenz zwischen Se und S in ihren chemischen Verbindungen. Selen kann z.B. in Eiweiße anstelle von Schwefel eingebaut werden. Hohe Tierverluste auf Se-armen Böden sind aus Skandinavien, Neuseeland und den USA bekannt. Tonsteine enthalten dabei mehr Selen als Kalke oder magmatische Gesteine. Niedriger pH und schlechte Belüftung verringern die Selenverfügbarkeit des Bodens, während neutrale bis alkalische Bodenreaktionen die Verfügbarkeit erhöhen. Außer durch anthropogene Einträge in Böden (Kohleverbrennung, Klärschlämme) kann Selen wie Jod durch Meeresluft in Böden eingetragen werden. Es gibt auch Pflanzen, die Selen anzureichern vermögen. Tragant (*Astragalus*) kann auf Se-reichen Böden bis zu 1.500mg Se/kg Trockensubstanz enthalten – was bei Weidetieren zur Se-Vergiftung führen kann! Anpassung an hohe Konzentrationen beispielsweise von Schwermetallen im Boden verschafft manchen ansonsten konkurrenzschwachen Pflanzenarten Wettbewerbsvorteile (Akkumulatorpflanzen). Selen-Vergiftung ist bei Gehalten der Futterpflanzen von 4mg/kg Trockensubstanz und mehr zu erwarten.

2.1.11 Bodenanalysen und Bodenproben

Viele Weidebesitzer, die bei der Düngung und Pflege des Grünlandes Fehler vermeiden wollen, nehmen Bodenproben von ihrer Weide und schicken sie zur Analyse bei einer Landwirtschaftlichen Untersuchungs- und Forschungsanstalt (LUFA) ein. Hier wird nach Gehaltsklassen anhand von Grenzwerten ermittelt, wie viel an Nährstoffen in dem Boden nachweisbar ist. Jede Nachweismethode ergibt einen Schätzwert, weil immer nur bestimmte Anteile des Gesamtgehaltes analysiert werden können und deren Aussagekraft über die Versorgung der Pflanzen zur Erzielung des vom Landwirt angestrebten ökonomischen Ertragsoptimums anhand einer Vielzahl von Feldversuchen statistisch festgelegt wurde. Die Gehaltsklassen sind:

A: sehr niedrige Gehalte, die eine stark erhöhte (Meliorations-) Düngung nötig machen

B: niedrige Gehalte, die eine erhöhte Düngung nötig machen

C: ausreichende Gehalte, die nur eine Entzugsdüngung nötig machen (Diese mittlere Gehaltsstufe wird von der ordnungsgemäßen Landbewirtschaftung bei guter fachlicher Praxis angestrebt.)

D: hohe Gehalte, die nur die Hälfte der Entzugsdüngung nötig machen

E: sehr hohe Gehalte, die keine oder nur stark reduzierte Düngung nötig machen

sowie:

- extensive Nutzung: geringe Besatzdichte durch Weidetiere, niedrige Erträge
- intensive Nutzung: hohe Besatzstärke, hohe Erträge

Die Düngeempfehlung, die aus der Analyse resultiert (siehe z.B. STUPPERICH 1998), orientiert sich an den Richtlinien ordnungsgemäßer Landbewirtschaftung. Nur wenn das Ziel der Bodenanalyse auch mit dem übereinstimmt, was mir als ideale Weide für Pferde vorschwebt, kann der empfohlene Weg mich dorthin bringen. Wenigen Pferdehaltern ist klar, welche Vegetation für die Gesundheit ihres Pferdes geeignet ist, welche nicht. Geht man von der polyphyletischen Abstammung der Pferde aus, haben unterschiedliche Rassen zudem unterschiedliche Ansprüche. Ohne in die Vegetationskunde und die Abstammungshypothesen tiefer einsteigen zu müssen, können viele Pferdehalter jedoch sagen, ob das vorhandene Grün auf der Weide bei mindestens 12 Stunden Weideaufenthalt am Tag zu gesundheitlichen Problemen (Verfettung, Hufrehe, Kolik) bei ihrem Pferd führt. Gibt es gesundheitliche Probleme, die nicht auf Giftpflanzen zurückzuführen sind, ist eine weitere Intensivierung sicherlich nicht sinnvoll. Oft ist selbst die Empfehlung für sog. extensive Nutzung noch zu üppig.

Zur Aussagekraft der Analyse der Bodenprobe muss weiter klargestellt werden, dass das Verfahren als solches einen recht großen Interpretationsspielraum lässt. Das liegt an einer Reihe von praktischen Voraussetzungen, die keineswegs die »idealen Versuchsvoraussetzungen« bieten: Es gibt sehr unterschiedliche Meinungen und Anweisungen, wie die Probe zu nehmen sei. Die Bodenschichtung (z.B. Rohhumus, Humus, steiniger Lehm) und die Gleichmäßigkeit des Bodens, z.B. als dreidimensionales Mosaik aus eiszeitlichen Ablagerungen mit Sandlinsen in steinig-lehmiger Moränenlandschaft, verursachen aber entscheidende Unterschiede. Proben können aus unterschiedlichen Bodentiefen genommen werden, z.B. hier aus einer Sandlinse oder da aus einem rein lehmigen Bereich. Die entstehende Mischprobe ist darüberhinaus in jedem Falle keineswegs gleichmäßig (homogen). D.h., egal wie viel Mühe ich mir gebe, um einen guten Querschnitt über die gewünschte Fläche zu erhalten, die Analyse bleibt eine Stichprobe mit einer großen Schwankungsbreite – je nach dem, ob von der eingeschickten Probe nun gerade dieser oder jener Krümel mit analysiert wurde. Erst die Vergleichsmöglichkeit in einer Messreihe vergleichbarer Probenahmen (z.B. jährlich, zeitiges Frühjahr, immer gleiches Probenahmemuster) bei bekannter Bewirtschaftung bzw. Parallelproben sichern das Ergebnis ab.

Die Düngeempfehlung, die mit der Analyse mitgeliefert wird, bezieht sich auf die angegebene Pflanzenproduktion. Wird nur sehr wenig Aufwuchs gebraucht, weil die Pferde leichtfuttrig sind und Heu zugekauft wird, obwohl genug Land vorhanden ist, ist eine extensive Nutzung gegeben. Hat man nur wenig Land und baut das gesamte Winterfutter selber an, kann man nur intensiv wirtschaften. In beiden Fällen steht heutzutage in der Regel Weidelgras und Klee auf der Weide. Bei dieser Vegetation handelt es sich aus botanischer Sicht immer um eine Fettweide mit

Intensivnutzung, egal wie extensiv oder intensiv die Düngung ausfällt. Nicht gedüngte Weidelgras-Weißklee-Weide wird durch Unterlassung der Aufdüngung nicht zu extensivem Grünland. Als solches ist es botanisch erst anzusprechen, wenn eine entsprechende Pflanzengesellschaft mit den gängigen Zeigerpflanzen nach erfolgreicher Aushagerung die Fettwiesengesellschaft abgelöst hat. Je nach Standort kann das Jahre oder Jahrzehnte dauern (siehe Kapitel Aushagerbarkeit von Böden). U.U. ist eine Aushagerung auf absehbare Zeit nicht möglich und dann auch nicht sinnvoll, wenn es sich um natürliche Böden mit hoher Fruchtbarkeit handelt, beispielsweise Flutrasen, Auenwald, schlickige Feuchtwiese oder Marsch. Oft sind hier die ursprünglichen Weidelgrasvorkommen an ihrem natürlichen Standort anzutreffen. Das Extrembeispiel »natürlicher Trockenrasen mit Minimalbesatz an Weidevieh zur Landschaftspflege« existiert in den Düngeempfehlungen nicht, obwohl es für viele Pferde eine sehr gesunde Haltungsform wäre. Dieses Beispiel gehört nicht in den Bereich der ordnungsgemäßen Landbewirtschaftung zur Erzielung des ökonomischen Höchstertrags.

Die Düngeempfehlung orientiert sich an den optimalen Wuchsbedingungen für Pflanzen unter gängigen (intensiven) Bewirtschaftungsregimen. Sie orientiert sich nicht an der Gesundheit derer, die von dem Aufwuchs leben: dem Weidevieh. Will man wissen, was das Pferd frisst, muss man den Aufwuchs, also das Pflanzenmaterial analysieren lassen. Die Düngeempfehlung lässt erwarten, dass der Aufwuchs in einem Bereich liegt, der erfahrungsgemäß als geeignetes Futter anzusehen ist, also keine gesundheitlichen Schäden verursachen sollte. Indikator ist und bleibt jedoch das jeweilige Pferd, das vielleicht nicht dem entspricht, was als Großvieh zur Futteraufnahme gedacht war. Auch das muss sich der Pferdehalter klar machen. Er schafft mit der Düngung nicht das ideale Futter für sein Pferd, sondern eine Wirtschaftsgrundlage, die sich in den letzten Jahrzehnten in der Pflanzenproduktion als rentabel erwiesen hat. Da die Rentabilität von äußeren, von der Agrarpolitik der EU gesteckten Rahmenbedingungen abhängig ist, kann eine Änderung der Rahmenbedingungen durchaus zu Veränderungen der Wirtschaftlichkeit führen. Damit ist klar, dass die Düngeempfehlung eine zeitlich und räumlich veränderliche Angabe ist. Zur Gesundheit eines Pferdes hat das Ergebnis der Bodenprobe keinen direkten Bezug.

2.2 Düngung: Vom Gold zum »Eintrag« aus der Atmosphäre

Viele Leser werden hier eine Anleitung mit Angaben erwarten, welche Düngersorte in welcher Menge auf welchem Boden richtig wäre. Zuerst soll das Augenmerk auf die Geschichte der Grünländereien und unserer Weidetiere gelenkt werden. Erst danach ist es sinnvoll, das Wie einer Düngung zu beleuchten.

Unter Grünland versteht man eine Vegetation aus Gräsern und Kräutern, die durch Mahd und Beweidung weitgehend gehölzfrei bzw. »offen« gehalten wird. Diese Fläche dient der Gewinnung von Futter oder Streu. Auch Heiden oder Seggenrieder kann man dazurechnen. Der Pflanzenbestand ist dabei das Spiegelbild seiner Umwelt (Klima, Boden, Wasserverhältnisse, Konkurrenz, Verbiss, Vertritt, ...). Früher sahen Wiesen und Weiden anders aus, weil sie völlig anders bewirtschaftet wurden:

Nur im Winter blieb das Vieh in den Ställen. Dung war Mangelware und für Weiden zu wertvoll: Er war den Äckern vorbehalten. Bei der »Grasfeldwirtschaft« wurde Grünland zu Ackerland umgebrochen, um so den unter dem Gras angesammelten Humusvorrat nutzen zu können. Die nach wenigen Jahren Bewirtschaftung ausgelaugten Äcker wurden dann der Selbstberasung überlassen, so dass erneut Wiesen entstanden. Bei der ursprünglichen Weidewirtschaft wurden im Frühjahr Wiesen beweidet, dann abgeerntete Äcker und zum Jahresende der Wald (u.a. Eichel- und Bucheckernmast). Bis zum 18. Jahrhundert wurden die Frühjahrsbeweidung und eine einmalige Mahd im Jahr beibehalten. Die Weiden und Streuwiesen wurden nicht zusätzlich gedüngt. Einstreu war teilweise so kostbar, dass Streuwiesen mehr Geld einbrachten als Futterwiesen. Entwässerung nasser Böden war technisch kaum möglich. Das System der Entwässerungsgräben in Trakehnen auf ehemaligem Bruchwaldboden war eine große Leistung. Ab Mitte des 19. Jahrhunderts wurde anstelle von Flachs- und Getreidebau zunehmend Vieh gehalten. Streuwiesen waren mehr denn je gefragt. Mehr Dung durch mehr Stallhaltung ermöglichte eine bessere Nährstoffversorgung auch des Grünlandes und damit zweischürige Wiesen (Glatthafer- und Goldhaferwiesen).

Diese Bewirtschaftung schuf eine große biologische Vielfalt auf allen Grünlandformen, die sich bis zum Ende des 2. Weltkrieges erhalten konnte. Erst danach veränderte sich die Landschaft in großem Stil mit dem Einzug neuer technischer Möglichkeiten, der Handelsdünger (insbesondere der anorganische Dünger) und großflächiger Eingriffe des

Menschen in den Wasserhaushalt ganzer Landschaften. Das, was wir heute als normal empfinden und erleben, sind artenarme Monokulturen im Vergleich zu dem, was noch vor 50 Jahren die Regel war.

Gerne übersehen, im Naturschutz insbesondere bei der Renaturierung und Erhaltung nährstoffarmer Landschaften (z.B. Moore, Heiden) aber ein ernstes Problem, sind die Begleiterscheinungen der Massentierhaltung und intensiven Düngung unserer Landschaft: die Nährstoffeinträge über die Niederschläge. Als Mittelwert aus 6 bis 8 Jahren wurden sie 1964 für verschiedene Orte in der BRD folgenderweise angegeben (kg pro ha und Jahr): Kalzium (Ca) 5-40, Magnesium (Mg) 2-6, Kalium (K) 2-6, Natrium (Na) 1-10, Stickstoff (N) 4-30, Phosphor (P) 0,2-2, Schwefel (S) 12-37 und Chlor (Cl) 6-30. In Meeresnähe steigen die Nährstoffeinträge von Natrium, Magnesium, Chlor, Sulfat und Bor, in Besiedlungsnähe vor allem von Sulfat und Nitrat (nach SCHEFFER & SCHACHTSCHABEL 1992). Dieser »saure Regen« (Sulfat und Nitrat) ist seit dem Rückgang der Braunkohleverfeuerung und dem Einbau von Luftfiltern in Abgassysteme von Industrieanlagen drastisch verringert worden. Auch der Ausstoß durch Kraftfahrzeuge wurde mit Hilfe von Katalysatoren deutlich reduziert. Dennoch sind im Schwebstaub der Atmosphäre (u.a. als »Smog« bekannt und nicht erst nach Sandstürmen als »diesige Sicht« erkennbar) sowie als Gas (u.a. Ammoniak) Substanzen enthalten, die sich in den Regentropfen lösen bzw. vom Regen aus der Atmosphäre ausgewaschen und in den Boden eingebracht werden. Die Schwebstaubmengen werden für Deutschland im Jahr 1970 (BLUME 1990) folgendermaßen angegeben (1g Pulver entspricht etwa 1 Teelöffel): In ländlichen Räumen monatlich ca. 2g pro m^2, in Verdichtungsräumen etwa 15, und in Industriestädten 40 bis 50g pro m^2. Die mittlere natürliche Schwebstaubbelastung bodennaher Luftschichten wird in Mitteleuropa bei etwa 10μg pro m^3 vermutet. Gemessen wurde in ländlichen Räumen eine Schwebstaubbelastung von 30 bis 60μg pro m^3. Da der Gehalt an Ammoniak bzw. Ammonium im Boden in einem Gleichgewicht zum Gehalt in der Atmosphäre steht, führt Düngung oder Massentierhaltung in Ställen zu einer Verflüchtigung des Ammoniaks (BLUME 1990). Quellen der Verflüchtigung in den Niederlanden sind zu über 80% Massentierhaltungen, zu 17% Dünger (vor allem durch Gülle und mineralischen Harnstoff-Dünger) sowie in geringen Maßen Verbrennungen (Industrie, Verkehr, Heizungen). Alles zusammen macht aber nur 1% der gesamten Ammoniumfracht der Atmosphäre aus. Andererseits werden auch unter natürlichen Verhältnissen 3-6kg Ammonium pro ha und Jahr im Niederschlag aus der Atmosphäre ausgewaschen und dem Boden wieder zugeführt. In intensiv bewirtschafteten Ländern liegen diese Werte entsprechend höher (Belgien: ca. 25kg Ammoniak pro ha und Jahr Anfang der 1980er Jahre).

Die Auswaschung von Nährstoffen aus Böden ist sehr stark abhängig von der Vegetation sowie vom Boden und kann erheblich schwanken. Diese Auswaschung entzieht dem Boden nicht nur Nährstoffe, sie kann auch zu Einträgen führen: durch Bodenerosion von höheren Lagen in niedrigere Bereiche, durch Oberflächenwässer und Gewässer allgemein. Die Bodenerosion betrifft im Anfangsstadium die Humusschicht und die Feinpartikel, die weggeschwemmt werden und im Tal bzw. im Flussdelta fruchtbarste Böden bilden. Setzt sich dagegen im Endstadium ein ganzer Hang in Bewegung, werden durch das Geröll oft fruchtbarste Talböden verschüttet. Moore und nährstoffarme Seen sind auf ihre Wasserversorgung aus dem Umland angewiesen. Enthalten diese aus Oberflächenwasser gespeisten Gewässer (Auen, Bäche etc.) zu viele Nährstoffe, werden Moore und Seen eutrophiert. Die starke Veränderung der Lebensräume wird mit der Düngung gleich mitgeliefert.

Vor diesem Hintergrund wird verständlich, warum in unserer Kulturlandschaft nährstoffarme Biotope wenn überhaupt, dann nur unter großem Aufwand erhalten werden können, und warum insbesondere genügsame, leichtfuttrige Pferderassen (sogen. Robustrassen) an Wohlstandserkrankungen leiden.

Damit ist auch deutlich, wie der verantwortungsbewusste Pferdehalter mit dem Grün umgehen sollte. Bei einem hohen Weidetierbesatz und der Gewinnung von betriebseigenem Winterfutter auf wenig Fläche (2 GV pro ha) kommt der Halter an intensiver Bewirtschaftung nach den Richtlinien der ordnungsgemäßen Landbewirtschaftung nicht vorbei. Anleitung und Beratung findet man in einer Vielzahl von Büchern (z.B. LENGWENAT oder VON GRONE (1994) bzw. STUPPERICH (1998) und BENDER (2003)) und bei der Landwirtschaftskammer. Intensiv bewirtschaftetes Grünland sollte dem normal arbeitenden Pferd nicht 24h pro Tag uneingeschränkt zugänglich sein, möchte man Wohlstandserkrankungen vermeiden. Als Düngung kommen neben anorganischen Düngern auch Festmist, Gülle oder Jauche in Frage. Hier steht weniger der Konsument (das Pferd) mit seinen Bedürfnissen im Vordergrund als vielmehr die Produktion von möglichst viel Aufwuchs. Dieser Aufwuchs ist für Pferde meist besser in Form von Heu geeignet, denn als Grünfutter.

Viele Betriebe versuchen einen Mittelweg zwischen der rein wirtschaftlich orientierten Produktion und einer an den Bedürfnissen des Pferdes festgemachten Haltung. Reicht der Aufwuchs nicht für die Gewinnung des Wintervorrats, weil trockene Witterung für zu wenig Zuwachs oder Regengüsse für zu sumpfigen Untergrund sorgen, wird Raufutter zugekauft. Es bleibt bei einer intensiven Bewirtschaftung mit entsprechender Düngung, aber mit entsprechenden Saatgutmischungen für Pferde und sehr überlegtem Umgang mit den Flächen werden den Pferden »natürliche« Bedingungen geschaffen. Die Düngung wird oft anhand von Bodenanalysen festgelegt. Mindestens zur Unterstützung, auf jeden Fall aber zur Überprüfung der Bodenprobe sollten hier Zeigerpflanzen herangezogen werden. Leider wird der Einsatz intensiver »Pflegemaßnahmen« Zeigerpflanzen auch oft vernichten. Das Gras wird ständig kurz gehalten und gelangt i.d.R. nicht zur Blüte. Sportpferde, die nur kurz auf die Weide kommen und täglich genug Bewegung erhalten, und Pferde, die die Zeit zwischen Weide und (Bewegungs-) Laufstall bzw. Auslauf eingeteilt bekommen, leben dabei oft sehr gesund. Probleme treten bei Bewegungsmangel und Langeweile oder zu kleinen Gruppen und zu engen Parzellen auf. Hier dürfte die Mehrzahl der heutigen Pferdeweiden anzusiedeln sein. Diese Betriebe könnten u.U. zu mehr Qualität kommen, indem sie versuchen, grundsätzlich Winterfutter zuzukaufen und dann mit den nicht mehr ganz so intensiv genutzten Flächen mehr in Richtung der nächsten Wirtschaftsform hinzuarbeiten.

Steht mehr Fläche zur Verfügung (z.B. 1ha pro GV), sollte man von anorganischen Düngern absehen und, nach einer eventuell anfangs nötigen leichten Extensivierung, organische Alternativen nutzen. Dadurch wird aus der Gras-Monokultur bald eine bunte Kräuterwiese. Sehr empfehlenswert ist hier das Standardwerk von JUTTA VON GRONE (Die Pferdeweide). Neben Angaben zur Kompostierung des Stalldungs findet man dort alles Wissenswerte z.B. zu Gesteinsmehlen, Algenkalk, Gülle oder Tiermehlen (Horn, Knochen). Angestrebt wird dabei ein Gleichgewicht auf hohem Wuchsniveau mit vielen Kräutern und sehr aktivem Boden. Bereits diese Bewirtschaftungsform findet man leider nur sehr selten. Dabei handelt es sich beim ökologischen Landbau durchaus um intensive Bewirtschaftung, und zwar gegründet auf das Wissen zu Beginn des 20. Jahrhunderts, vor der Verfügbarkeit von Pestiziden und synthetischen Düngern. Leider sind solche Weiden trotz hoher Artenvielfalt und einer Düngung, die nur die (mäßige) Entnahme ausgleicht, für empfindliche Pferde bereits zu reichlich. Schließlich wurden diese leichtfuttrigen Arbeitstiere Jahrhunderte lang vom Menschen auf kärgsten, ungedüngten Flächen gehalten, die den Namen Weide oder Wiese nach heutigen Vorstellungen nicht verdienen. Empfindliche Tiere können auch auf diesen bunten, zur Grasblüte gelangenden Weiden nur stundenweise bleiben. Weiterhin ist der Parasitendruck zu bedenken. Die Pferdeäpfel sollten von der Weide abgesammelt werden, um eine ständige Neuansteckung mit Würmern und Geilstellen zu vermeiden. Stallmist und abgesammelte Pferdeäpfel sollten möglichst zwei Jahre verrotten, um die Parasiten wirklich auszuschalten, oder man tauscht den Mist gegen Rindermist vom Nachbarn. Kompost der sich gut erwärmt hat, kann u.U. bereits nach acht Monaten genutzt werden, sollte nach einem Jahr aber fertig sein. Eine Analyse auf Parasiten kann Gewissheit darüber geben, dass mit der Düngung keine Verseuchung der Weide stattfindet. Statt Bodenproben und »ordnungsgemäßer« Düngung ist eine Orientierung an den Zeigerpflanzen auf der Weide/Wiese sinnvoll, um die optimale Düngung für die gewünschte Pflanzenzusammensetzung zu finden. Wer sich nicht sicher ist, sollte seinen Kompost als Bodenprobe einschicken: Danach ist bekannt, was in diesem Dünger enthalten ist, und ob er die ideale Unterstützung der gewünschten Vegetation ist.

Größere Komposthaufen gelten als Kompostanlagen und sind genehmigungspflichtig. Neuerdings muss wie beim Misthaufen eine Mistplatte (wasserundurchlässiger Beton, DIN 1045, Abschn. 6.5.7.2) das Grundwasser vor Verunreinigungen durch die Kompostanlage schützen. Ohne Bodenkontakt passiert aber keine gute Kompostierung. Auch für die vorübergehende Mistlagerung im Freiland gibt es sehr genaue Vorschriften. So ist sie nur während der Vegetationsperiode erlaubt und muss jedes Jahr an anderer Stelle erfolgen. Auf leichten Böden, bei hoch anstehendem Grundwasser, in Hanglage und Überschwemmungsgebieten ist es gar nicht erlaubt, Mist zwischenzulagern. Zu Vorflutern ist ein Abstand einzuhalten und von Wassergewinnungsanlagen außerhalb von Wasserschutzgebieten ist ein Abstand von mindestens 100m erforderlich. In Wasserschutzgebieten der Sicherheitszone II ist es grundsätzlich verboten, Mist zu lagern. Oft ist es einfacher, einen Miststreuer abzustellen, ihn mit dem Mist zu füllen und bei Bedarf wegzufahren. Das ist erlaubt.

Die letzte Möglichkeit ist zugleich die schönste Möglichkeit Pferde naturnah zu halten – die Umsetzung verlangt jedoch viel Fläche (mehr als 2ha pro GV). Die Rede ist von Halboffenen Weidelandschaften. Hier entfällt jegliche Düngung. Statt dessen ist auf den meisten in Frage kommenden Flächen durch geeignete Maßnahmen eine Extensivierung herbeizuführen. Ob die neue EU Agrarreform (Agenda 2007, Umsetzungszeitraum von 2005 bis 2013) derartige Haltungsformen bald für Jedermannspferd ermöglicht, wird sich zeigen.

2.3 Chemie im Boden unter Intensiv-Grünland und Ackerland

Abgesehen von Bodenqualität und Düngung ist in Bezug auf den Boden an einen weiteren Punkt zu denken: den Einsatz von Pestiziden, also jedweder Chemikalien zur Vernichtung von Lebewesen. Zwar gelten die meisten chemischen Pflanzenschutzmittel als nicht giftig (84%). Der Abbau der Pestizide erfolgt im günstigsten Fall vollständig, und zwar zu Wasser und Kohlendioxid, wobei die biozide Wirkung zumeist schon bei der geringsten Veränderung verlorengeht. Trotzdem bestehen Gefahren bei unsachgemäßer Anwendung und Abdrift. Im BI-Lexikon Haustierkrankheiten (KONRAD 1987) findet sich: »Vergiftung von landwirtschaftlichen Nutztieren mit verschiedenen Stoffen, die als Schädlings- oder Unkrautbekämpfungsmittel eingesetzt wurden: unsachgemäßer Einsatz ... z.B. durch Abdrift verunreinigte Weide- und Grünfutterflächen ... über Trinkwasser ... beim Versprühen auch über die Atmungsorgane.« Als Symptome werden oft Hecheln, immer Probleme mit Leber und Niere, oft auch Herzprobleme angegeben. Chlorierte Kohlenwasserstoffe (KW) wie Lindan, DDT etc. verursachen u.a. Erregung, Zittern, chronischen Leistungsabfall, Abmagerung, Durchfall, Blutungen u.a.

Die Chemikalien gelangen in den Boden und werden dort abgelagert. Bei sachgemäßer Anwendung werden generell keine Risiken auf das Pflanzenwachstum dadurch erwartet. Teilweise werden die Stoffe und ihre Abbauprodukte an Bodenpartikel angelagert oder eingebaut und sind dann nicht mehr nachweisbar. Doch was sagt das aus? Und was ist mit Pflanzen wie der Ackerdistel, die für Pferde in der Blüte ein Leckerbissen (die Blütenköpfe) ist und nach der Blüte, insbesondere angewelkt, gerne als Ganzes gefressen wird (mit einer speziellen Technik, die an Kaninchen erinnert, die einen Löwenzahn von unten nach oben im Maul verschwinden lassen)? Diese Staude hat bis über einen Meter tief reichende Speicherwurzeln. Wie verhalten sich die Chemikalien hier?

Ökologische Aussagen zu treffen ist in diesem Zusammenhang sehr schwierig. Zwischen der Gesamtmenge und der ökologisch wirksamen Menge im Boden ist zu unterscheiden. Im wesentlichen sind die gelösten bzw. leicht mobilisierbaren Gehalte ökologisch wirksam. Häufig stellt sich ein Gleichgewicht in der Bodenlösung zwischen gelösten und mobilisierbaren Bindungsformen ein. Sinkt der Gehalt durch Auswaschung oder Aufnahme in Pflanzen, findet eine Nachlieferung statt. Die Puffereigenschaft von Böden kann deren Belastbarkeit enorm variieren (Faktor

100). Als Richt- und Grenzwerte für Gehalte in Bodenlösungen können Schadstoffgehalte verwendet werden, die für die Erzeugung von Lebensmittelpflanzen und für Trinkwasser gelten (SCHEFFER & SCHACHTSCHABEL 1992). Verfahren zur Abschätzung des Verhaltens im Boden sind bei BLUME (1990) zu finden.

Das Handbuch des Bodenschutzes (BLUME 1990) gibt an, dass über 45.000 Präparate (Pflanzenschutzmittel) bekannt sind, davon waren 1981 in der BRD 1.819 mit ca. 300 Wirkstoffen zugelassen. Für die wichtigsten 92 Wirkstoffe ist in dem Handbuch die Löslichkeit, Flüchtigkeit, Bindung durch Humus-Ton-pH, Abbau anaerob-aerob und Mobilität angegeben. Zur Anreicherung im Boden schreibt BLUME:

»Der Einsatz von Pflanzenschutzmitteln bedingt eine Kontamination der Böden. Die Höhe einer Anreicherung hängt von der Persistenz eines Wirkstoffes sowie von Aufwandmenge und -Häufigkeit ab, außerdem von den Sorptions-, Abbau- und Verlagerungsbedingungen des einzelnen Bodens. Persistente Stoffe mit zugleich starker Sorbierbarkeit können bei langfristiger Anwendung stärker angereichert werden. Das gilt vor allem für eine Reihe der als Insektizide eingesetzten Chlorkohlenwasserstoffe. ...

In einem Langzeitversuch mit Chlorkohlenwasserstoffen wurde z.B. in Holland festgestellt, dass sich von DDT, das 15 Jahre lang in praxisüblicher Dosis eingesetzt wurde, 4 Jahre nach Abschluss der Anwendung noch 22% im Boden befanden und zwar 15% in den oberen 10cm. Bei Dieldrin waren es insgesamt 16%, während Lindan nicht mehr nachweisbar war. Stark erhöhte Lindangaben blieben hingegen nachweisbar und zwar vor allem im Unterboden.

Eine systematische und repräsentative Untersuchung der Belastungsintensität von Ackerkrumen wurde in 35 Bundesstaaten der USA bereits 1970 durchgeführt und ergab Bodengehalte zwischen 0,01 (Nachweisgrenze) und 1 (vereinzelt bis 113) mg/kg an einer Reihe von KW (Kohlenwasserstoffen, Anm. d. Autorin), u.a. Adrin, Chlordan, Dieldrin, DDT, Endosulfan, Heptachlor und Lindan, hingegen keine von Phosphorsäureestern. 1974 ergab ein Monitoring in Alabama, dass 20-30% der untersuchten Ackerböden 0,01–0,1 mg/kg an bestimmten Phosphorsäureestern aufwiesen, v.a. Diazinon und Malathion, einige auch mehr. Bei der Wertung solcher Ergebnisse muss bedacht werden, dass ökotoxikologisch wirksame Metabolite (umweltgiftig wirksame Substanzen, die im Stoffwechsel unentbehrliche Funktionen besetzen, Anm. d. Autorin) oft nicht mit erfasst werden. Außerdem gelingt keine vollständige Extraktion. Wie derartige »bound residues« zu bewerten sind, ist noch weitgehend unklar.

Für deutsche Böden stehen entsprechende, repräsentative Erhebungen aus. Einzelbefunde ergaben aber auch hier, dass bestimmte KW stärker angereichert waren und inzwischen verboten wurden, z.B. DDT, Chlordan, Dieldrin und Heptachlor. Auch die Lindangehalte lagen verbreitet bei 0,x mg/kg, was EBING (1985) für bedenklich hält. Er sieht auch bei Phosphorsäureestern ein in folgender Reihenfolge abnehmendes Belastungsrisiko aufgrund stärkeren Einsatzes in der BRD: ... Im Hinblick auf Fungizide sieht er nur bei Quintozon ein Risiko, betont aber, dass von 95 der in der BRD zugelassenen Insektizid- und Fungizid-Wirkstoffe keine öffentlichen Informationen über Rückstände in deutschen Böden vorliegen, sodass auch keine Risikoaussagen gemacht werden können. Auch im Hinblick auf Herbizide bestehen bisher keine flächenbezogenen Kenntnisse über die Belastung.«

Im Kapitel »Rückstände in Pflanzen« des Handbuchs für Bodenschutz (BLUME & LOOP in BLUME 1990, S. 333) werden die Grenzwertfindungen für den menschlichen Verzehr erläutert. Bei 13.107 Proben (Obst, Gemüse) überschritten 7% die Höchstgrenzen.

Die Wurzeln der Pflanzen wachsen den günstigen Lebensbedingungen (Wasser, Nährstoffe) hinterher. Bestimmte Wurzeln versorgen dabei bevorzugt bestimmte Sprossteile mit Wasser. Würde eine Wurzel aus einer bestimmten Bodenschicht tatsächlich angereicherte Stoffe aufnehmen können, würden diese bei gegebener Verfrachtung in der Pflanze u.U. in bestimmten Sprossteilen bevorzugt ankommen.

Das Handbuch des Bodenschutzes (BLUME 1990) sagt dazu folgendes: »Herbizide beeinflussen bei sachgemäßer Anwendung nicht nachhaltig Biomasse und Leistung der Mikroflora. ... Die Aufnahme von Pflanzenschutzmitteln durch Pflanzen erfolgt vorwiegend über die Blätter und über die Wurzeln. Bei einigen Wirkstoffgruppen, z.B. Chloracetamide, können auch Hypokotyl, Sprossbasis oder Rhizome bevorzugte Aufnahmeorgane sein. ... Insbesondere der Verbraucher pflanzlicher Lebensmittel ist vor unerwünschten Auswirkungen durch die Anwendung chemischer Pflanzenbehandlungsmittel und die damit gelegentlich auftretenden Rückstände in der Nahrung zu schützen.«

Wie ist das mit den Zulassungsanforderungen? Die akute, subakute und chronische Toxizität wird durch 18-24-monatige Fütterung an Ratten und Mehrschweinchen (Anm.: Übertragbarkeit auf den Menschen?) getestet. Dadurch erfährt man, wieviel mg Wirkstoff pro kg Tier ohne Reaktion am Tier geblieben sind. Für den Menschen setzt man nun sicherheitshalber eine Reduzierung dieses Wertes um den Faktor 100 fest. Daraus gewinnt man die höchste annehmbare Tagesdosis in mg/kg Nahrungsmittel =

acceptable daily intake (ADI-Wert). Dazu rechnet man sicherheitshalber eine Wartezeit. »Die strengen Auflagen haben allerdings nicht völlig verhindern können, dass menschliche Nahrungsmittel Pflanzenschutzmittel enthalten, die allerdings selbst in den seltenen Fällen der Überschreitung der zugelassenen Höchstmengen die toxisch bedenklichen Grenzwerte nicht überschreiten. ... Pflanzenschutzmittel können mit dem Sickerwasser in das Grundwasser gelangen. ... Gewässer, d.h. Gräben, Flüsse, Meer, können über die Luft, das Grundwasser, oberflächennah lateral ziehendes Bodenwasser sowie Erosion kontaminierten Bodens belastet werden. Verlagerung durch Wassererosion (Winderosion dürfte als Pfad keine große Rolle spielen) ist v.a. bei hängigen Ackerböden aus Löss sowie bei steilen Weinbergen zu erwarten« (BLUME 1990).

Zum Zulassungsverfahren und Nachweis in Böden schreibt BLUME (1990) weiter: »Nach dem Pflanzenschutzgesetz vom 15.9.86 dürfen Pflanzenschutzmittel bei ordnungsgemäßer Anwendung Mensch, Tier und Grundwasser nicht belasten und sich auf den Naturhaushalt in einer Weise auswirken, die nach dem Stande wissenschaftlicher Erkenntnisse nicht vertretbar ist. Zwecks Gewährleistung prüft die Biologische Bundesanstalt (BBA) vor Zulassung eines Wirkstoffes die HWZ (Halbwertzeit, Anm. der Autorin) mikrobiellen Abbaus sowie das Perkolationsverhalten in Bodensäulen unter standardisierten Laborbedingungen. ... Die unter 2.7.5.4 geschilderten Belastungen zeigen, dass Zulassungsprüfung und Beratung unzureichend sind. Mit den vorgesehenen Tests ist es nicht optimal möglich, Aussagen zum Verhalten unter den sehr unterschiedlichen Standortbedingungen Mitteleuropas zu machen. Als Testböden wäre ein Minimum von 4 erforderlich, um den verschiedenen Sorptionseinflüssen auf Abbau und Bewegung gerecht zu werden. ... Der Abbau sollte nicht nur bei 22°C sondern auch bei einer niedrigeren Temperatur verfolgt werden. ... Schließlich sollten Wirkungsversuche auf Pflanzen, die Leistung von Mikroorganismen und ausgewählte Bodentiere durchgeführt werden.«

Vergiftungen durch Pestizide im Boden sind also sehr unwahrscheinlich. Da man aber nie sicher sein kann und immer erst im nachhinein klug ist, sollte man im Zweifelsfalle die Nutzung lieber etwas später ansetzen und dem Abbau der Stoffe Zeit einräumen. Die neue Saat kann u.U. durch die Chemikalien noch im Wuchs beeinflusst werden.

2.4 Die Nahrungsgrundlage der Weidetiere – Physiologie und Ökologie der Gräser: Strukturfaser, Verdaulichkeit, Wasser-, Eiweiß- und Mineralgehalt

Die Bedürfnisse der Gräser an ihre Umwelt sind sehr unterschiedlich. Für unser Grünland ist neben dem Klima der Boden, also die Bodenstruktur, die Wasserverfügbarkeit des Bodens und die Nährstoffzufuhr ausschlaggebend dafür, ob eine Grasart gedeiht oder nicht. Weiterhin spielen Konkurrenz und Fraßfeinde eine Rolle.

Die Graspflanze zeigt in ihrer Entwicklung vom Austreiben bis zum Rispenschieben, der Blüte und der Samenbildung durch ihren jahres- und tagesrhythmisch gesteuerten Stoffwechsel bedingt eine deutliche Entwicklung im Gehalt an verfügbaren Zuckern, Strukturfasern, Eiweißen etc. (siehe z.B. MOHR & SCHOPFER 1985 oder LARCHER 1994).

So nimmt der Anteil an Strukturfasern im Alter des Grases stark zu. Strukturfasern, die der Pferdehalter eher unter Rohfasern kennt, sind schwer verdauliche Zellwandbaustoffe wie Zellulose. Sie bewirken u.a. die für das Pferd so wichtige Kaubarkeit des Substrates, ohne die es zu Durchfällen kommen kann (zu feines Futter). Die leicht verfügbaren Energieträger, wie z.B. Transportzucker, nehmen umgekehrt proportional zum steigenden Rohfasergehalt ab. Das ist einfach zu erklären, denn die Pflanze macht zuerst mit Hilfe der Sonnenenergie und des Blattfarbstoffes Chlorophyll aus Kohlendioxid und Wasser Zucker und Sauerstoff (Photosynthese), dann leitet sie den wasserlöslichen Zucker zu den Orten, an denen sie ihn braucht, und dann baut sie ihn z.B. in ihr Stützgerüst ein. Dieses Stützgerüst besteht vor allem aus Zellulose. Die junge, zarte Graspflanze stellt also sehr aktiv Zucker her, um dann ihre Blüte an einem langen, steifen Halm aus vielen Strukturfasern in den Wind zu halten. Denn Gräser setzen auf Windbestäubung und betreiben den ganzen Aufwand u.a. um sich zu vermehren. Für Grünfutter liegen die Rohfaserwerte von 30 bis 100g pro kg Frischgewicht (Gras), bzw. 200 bis 350g pro kg Trockengewicht (Heu), je nach Schnittzeitpunkt. Junges Gras ist also weich und leicht zu »zermatschen« (hoher Wassergehalt), altes Gras ist zunehmend hart und trocken und vertrocknet schließlich zu Heu, wenn es nicht zuvor gefressen wird oder verrottet.

Die Verdaulichkeit der organischen Masse nimmt vom Schnittzeitpunkt vor dem Ährenschieben bis zum Schnitt zum Ende der Gräserblüte um 15% ab (BRIEMLE et al. 1991), denn das Gras ist älter geworden und hat statt freien Transportzuckern nun Rohfasern zu bieten.

Der Wassergehalt nimmt ebenso wie der Eiweißgehalt im Laufe der Entwicklung ab. Der Eiweißgehalt des Pflanzengewebes wird durch Düngung kaum beeinflusst. Die Düngung bewirkt aber bei düngedankbaren Gräsern einen enormen Zuwachs. Absolut betrachtet steht da also sehr wohl mehr Eiweiß auf der Wiese - in Form von mehr Pflanzen. Jeder kennt den Düngeeffekt: Das Gras schießt kräftig grün und dicht empor. Der Bestand wächst bei günstigem Wetter (feucht-warm, nicht zu sonnig) so schnell, dass die jungen Pflanzenzellen nur in (Zucker-) Produktion und (Gewebe-) Zuwachs setzen, nicht in Stabilität des Gebäudes oder gar Speicherung. Es fehlt daher vorerst an Rohfasern. Die jungen, zarten Blätter mit vielen wasserhaltigen Zellen vergilben bald und sind hinfällig. Übrig bleibt schließlich viel Stiel, bestehend aus derben Wasserleitungsbahnen aus Zellulose. Wir kennen das von den Getreidefeldern, die bald nach der Blüte reifen - und zu gelbem Stroh vertrocknen. War im jungen Gras die Produktion in den Blättern untergebracht, so ist im alten Gras die Produktionstätte abgebaut und aufgegeben: alles Brauchbare wurde abtransportiert, z.B. die Eiweiße in die Samen oder in z.T. unterirdische Speicherorgane (Wurzeln, Ausläufer etc.). Damit hat das Gras der Vermehrung Sorge getragen (vegetativ per Ausläufer und oder generativ über Samen) und kann der Dinge harren, die da kommen: unwirtliche Winter, dürre Sommer, oder was es noch so gibt in einem Gräserleben. Ökologie ist immer auch Ökonomie, denn jede Pflanze kämpft ums Überleben und hat nichts zu verschenken.

Der Gesamt-Mineralgehalt nimmt insbesondere durch die Einlagerung von unverdaulicher Kieselsäure (SiO_2, entspricht Quarzsand) aus dem Boden in alten Gräsern absolut zu (siehe Kapitel »Silicium«). Die Kieselsäure im Gras, z.B. in altem, hartem Knäuelgras, bewirkt übrigens den feinen gleichmäßigen Abrieb der Zähne der Weidetiere, nicht etwa die viel weichere Zellulose. Was uns Pferdehalter natürlich besonders interessiert, ist die Mineralversorgung des Pferdes durch das Gras. Was ist drin, außer Kieselsäure? Hier gibt es große Schwankungen, wie eine Übersicht in LENGWENAT (Grünland – Basis der Pferdefütterung, S. 46f.) zeigt: Durchschnittlich findet man 6,4g Kalzium (Ca) pro kg Trockengewicht (TG), mindestens aber 1,3g und maximal 17,9 g. Fur Phosphor (P) findet man minimal 0,8g pro kg TG, maximal 6,0g und durchschnittlich 3,4g. Bei Magnesium, dem Zentralatom des Blattfarbstoffs Chlorophyll, findet man mindestens 0,7g pro kg TG, maximal 4,5g und im Durchschnitt 1,8g.

Was macht diese großen Schwankungen aus? Betrachtet man die Gehalte unterschiedlich bewirtschafteter Betriebe, so zeigen sich folgende Tendenzen: Intensiv bewirtschaftete Weiden erbringen Kalziumgehalte von etwa 5,8g pro kg TG, extensiv bewirtschaftete von ca. 8,8g pro kg TG. Für

Phosphor erhält man ca. 3,8g pro kg TG bei intensiver Wirtschaft und etwa 3,4g pro kg TG für extensive Höfe. Daraus ergibt sich folgendes Ca:P-Verhältnis: intensiv genutzte Weide ca. 1,5:1, extensive Weide etwa 2,5:1. Schnelles Wachstum geht zu Lasten des Mineralgehaltes. Für den »Züchter harter Pferde« hieße das: extensiv erzeugtes Gras/Heu ist kalkreicher und macht »härtere« Pferde. Wird von dem intensiv hochgedüngten Gras Heu gemacht, und wird das Heu durch Tau oder Regen nass, so gehen zusätzlich Mineralien durch Auswaschung aus dem vertrockneten Pflanzenmaterial verloren. Das gleiche gilt selbstverständlich für nassgemachtes Heu.

Grasarten unterscheiden sich erheblich. Es gibt Gräser, die nie höher als ein paar Zentimeter werden. Das ist genetisch bedingt, es handelt sich nicht etwa um Kümmerformen. Und es gibt Gräser, die mehrere Meter hoch wachsen. Welche Arten sich einstellen und konkurrenzfähig sind, wird von den Standortfaktoren bestimmt.

Prinzipiell kann man folgende Tendenzen aufzeigen (ELLENBERG 1986):

- Hochwüchsige Grasarten sind oft dürreempfindlich, bevorzugen also feuchtere Standorte.
- »Stickstoff ersetzt Wasser«: Düngung ermöglicht den Pflanzen einen sparsameren Wasserverbrauch und führt in wenigen Jahren auf trockenen Standorten zu einer Verschiebung der Artenzusammensetzung in Richtung der Vegetation eigentlich feuchterer Standorte.
- »Stickstoff ersetzt Sauerstoff«: Düngung verschiebt auf nassen, sauerstoffarmen Standorten das Gleichgewicht der Vegetation zugunsten von Pflanzen, die eigentlich auf durchlüfteten Böden zu Hause sind.
- Mangel an Stickstoff fördert unabhängig von der Wasserverfügbarkeit hartblättrige Pflanzen. Diese Pflanzen verholzen oft und sind kieselsäurereich, aber eiweißarm und zeigen Merkmale der Pflanzen, die in Trockengebieten gedeihen.

Versuche an Wiesen haben folgende Ergebnisse erbracht (ELLENBERG 1986): starke Düngung: 100dz/ha Heu (10t) bei einem Wasserverbrauch von 190-450l/kg Trockensubstanz (TS); weniger gedüngt: 50dz/ha Heu (5t) bei einem Wasserverbrauch von 350-1.000l/kg TS; ungedüngt: <10 dz/ha Heu (1t) bei einem Wasserverbrauch von 1.000-2.600l/kg TS. Der Blattfarbstoff Chlorophyll dient der Pflanze zur Energiegewinnung. Zum Aufbau dieses Farbstoffes benötigt die Pflanze Stickstoff. Pflanzen, die mit Stickstoff haushalten müssen, sind daher ausgelegt wie ein Energiesparhaus: kleine Zellen, gedrungener Wuchs, stabil und sparsam. Dementsprechend stammen die Pflanzen (Gräser und Kräuter) in stickstoffarmen Streuwiesen u.a. aus feuchten, armen Birken-Eichenwäldern, während die Pflanzen der stark gedüngten Wiesen ursprünglich teils aus nährstoffreichen Auenwäldern, teils aus anderen Waldgesellschaften nasser bis feuchter Standorte stammen, z.T. auch aus Röhrichten und Großseggenriedern. Streuwiesen sind Wiesen, die früher zur Produktion von Einstreu genutzt wurden. Rieder und Röhrichte sind Pflanzengesellschaften an Ufern und im Verlandungsbereich von Seen und Flüssen mit Wasserstandsschwankungen, die sich durch großwüchsige, derbe Gräser auszeichnen. Der inzwischen überall als Wegbegleiter vertretene Wiesenkerbel ist z.B. ein Gewächs, das man ursprünglich an Waldrändern und nährstoffreichen Hochstaudenfluren (z.B. an Flussauen) fand, während der früher die Wegränder zierende Mohn eine Ruderal- und Pionierpflanze aus meist trockenen Geröllhalden und Steinbrüchen ist, d.h. ein Erstbesiedler nach kahlschlagenden Ereignissen wie z.B. Erdrutsch. Es bedurfte seit der Umsetzung der technischen Ammoniaksynthese (Haber-Bosch-Verfahren: großindustrielle Gewinnung von Ammoniak aus Wasserstoff und Luftstickstoff seit 1913) und damit der revolutionären, weil kostengünstigen Verfügbarkeit von Stickstoffdüngern für die Landwirtschaft, einer enormen Aufdüngung der Landschaft, um eine derartige flächige Veränderung der Vegetation im Sinne von »Stickstoff ersetzt Wasser« herbeizuführen. Die künstlich vom Menschen geschaffenen Wiesen beherbergen Pflanzenarten unterschiedlicher Herkunft. Der Mensch hat allerdings per Selektion (Mahd, Weide, Chemische Eingriffe) gerade auf intensiv bewirtschafteten Flächen Verhältnisse geschaffen, die eher den Bedürfnissen der Rinder entsprechen.

2.5 Weiden auf ehemaligem Ackerland: Risiken durch Nutzpflanzen und pflanzliche Stressreaktionen

Viele Ackerfrüchte sind durchaus mit Vorsicht zu betrachten. Das gilt für Kartoffelkraut auf Weiden auf ehemaligen Kartoffelanbauflächen ebenso wie für andere Kulturpflanzen. Dazu kommen Probleme, die durch die modernen, sehr erfolgreichen Resistenzzüchtungen auftreten können. Gemüse enthält von Natur aus viele Abwehrstoffe, die durch Stress vermehrt gebildet werden und dann durchaus unerwartete Wirkungen entfalten:

»... Eine ähnliche Situation, bessere Resistenz einer Sorte, gekoppelt mit höheren Gehalten an Abwehrstoffen und resultierenden Unverträglichkeitsproblemen beim Menschen, ergab sich beim Sellerie (*Apium graveolens* L.). Furocumarine sind hier die Stressverbindungen, die phototoxische Hautläsionen bei Menschen hervorrufen können (...). In gesunden Selleriepflanzen sind sie nur in geringen Konzentrationen vorhanden, diese können aber durch die unterschiedlichsten Stressfaktoren auf dem Feld (z.B. Kontakt mit Schadorganismen, Herbizidbehandlungen), bei der Ernte und beim Lagern (z.B. Verletzungen, Schadorganismen, lange Lagerzeit) stark erhöht werden. Personen, die viel Kontakt mit Sellerie haben, wie Anbauer und Gemüsehändler, reagierten mit Photophytodermatitis und schweren bullösen phototoxischen Reaktionen, als die Gehalte an Furanocumarinen um das 10-15fache anstiegen. Im Einzelnen ergab die Untersuchung bei infiziertem Sellerie für Psoralen die 216fache, für 5-Methoxypsoralen die 14,7fache und für 8-Methoxypsoralen die 20fache Konzentration im Vergleich zu nicht infiziertem Sellerie« (ROTH, DAUNDERER & KORMANN 1984). Sellerie produziert die Furanocumarine insbesondere nach Pilzinfektionen (*Sclerotinia sclerotiorum*). Doldenblüter (*Apiaceae*) sind für die Bildung der Phytoalexine (z.B. Furanocumarine und Polyacetylene) unter Stress bekannt. Hierher gehören neben Sellerie auch die Möhre, Pastinak, Petersilie, Kümmel, Liebstöckel (Maggikraut), Engelwurz, Haarstrang, Bibernelle oder Knorpelmöhre.

Photosensibilisierung verursachen u.a. Pflanzen aus folgenden Familien: *Apiaceae, Rutaceae, Fabaceae, Moraceae, Solanaceae, Pittosporaceae, Polygonaceae* und *Asteraceae* sind mehr oder weniger verbreitet. In Johanniskraut (*Hypericum perforatum*) findet sich ca. 0,1% Hypericin in getrocknetem Kraut, in Buchweizen (*Fagopyrum esculentum*) 1-5% Rutin, Fagopyrin etc. mit einer Wirkung wie beim Johanniskraut. Auch Trifoliose, augelöst durch Klee oder Luzerne äußert sich wie Fagopyrismus hervorgerufen durch Buchweizen. Auf Moorstandorten ist eine Photosensibilisierung durch Beinbrech (*Narthecium ossifragum*) möglich. Hier schädigen Saponine die Leber, bewirken Photosensibilisierung und Wasserstauungen.

Bitterstoffe schützen Pflanzen. Um die durchaus als Futter interessanten Pflanzen nutzen zu können, wurden z.B. Züchtungen bitterstofffreier Süßlupinen angebaut. Da sie anfällig für Schädlinge und Krankheitserreger sind, ist ihr Anbau mit einem hohen Pestizideinsatz verbunden. Bittere, giftige Wildpflanzen werden normalerweise vom Vieh nicht gefressen. Ausnahmen sind hier Nahrungsknappheit, Überführung in eine ungewohnte Umgebung und Anteile im Trockenfutter wie Heu. In den USA und Australien, wo extensive Weidewirtschaft betrieben wird, kommt es hierdurch durchaus zu Vergiftungen. Manche Stoffe, wie Solanidin aus der Kartoffel, können über längere Zeit gespeichert werden und treten erst in Erscheinung, wenn der Stoffwechsel belastet wird, z.B. durch Schwangerschaft, Hunger oder Krankheit. In Gegenden mit besonders hohem Konsum an Speisekartoffeln treten bei Neugeborenen gehäuft bestimmte Missbildungen auf (Anenzephalie, Spina bifida).

Sehr verbreitet im Pflanzenreich und somit auch bei Futterpflanzen und Nutzpflanzen allgemein, sind Blausäureglykoside, also Verbindungen, die aus Zuckern und Blausäure bestehen. Sie dienen als Fraßschutz, wenn nach Beschädigung der Zelle die Verbindung zerlegt und Blausäure freigesetzt wird. Nicht nur Leinsamen enthalten diese Stoffe, auch die Samen von Apfel und Pflaume. Bambus, Weißer Klee, Saatwicken, Bohnen, Erbsen, Binsen und Traubenkirschen sind hier zu nennen. Die Gehalte schwanken extrem, je nach Tages- bzw. Jahreszeit, Nährstoff- und Wasserversorgung, Klima und Genetik. Es gibt keinen Grund, in Panik zu geraten, denn wir sind ständig damit konfrontiert, ohne Schaden zu erleiden: »Da viele Menschen ständig kleinen Mengen an Blausäure in Nahrung, Luftverschmutzung und besonders im Zigarettenrauch ausgesetzt sind und effektive Entgiftungsmechanismen vorhanden sind, können Spuren im Körper als physiologisch unbedenklich angesehen werden. Bei langsam gesteigerten Dosen kann sich der Stoffwechsel auch darauf einstellen und beträchtliche Mengen Blausäure (bis zu 30mg/kg Körpergewicht) vertragen. Bei Stresssituationen wie Hunger oder Krankheit sinkt aber die Verträglichkeit rapide ab. Das bedeutet, dass der geschwächte Körper durch traditionelle Nahrungsmittel, die im gesunden Zustand jahrelang vertragen wurden, zusätzlich vergiftet wird. Hungerleidende dürfen deshalb solche blausäurehaltigen Nahrungsmittel nicht erhalten« (ROTH, DAUNDERER & KORMANN 1984).

Auch scharf schmeckende Stoffe sind ein Fraßschutz. In Kreuzblütlern wie dem Senf finden sich schwefelhaltige Glukosinolate. Sie sind antimikrobiell, bakterien- und pilzhemmend sowie insektizid und befinden sich vor allem in besonders schützenswerten Geweben (junge Gewebe, Samen). Die Produktion wird insbesondere nach Gewebebeschädigungen angekurbelt, sowie bei Stress allgemein. »Es wurden inzwischen auch Rapssorten mit stark verminderten Gehalten an Glukosinolaten gezüchtet. Sie wurden von Wildtieren wie Rehen und Hasen anfangs so gern gefressen, dass sich die Tiere überfraßen und verendeten (Anm. d. Autorin: z.T. an Klauenrehe). Heutzutage stellen diese Rapssorten kein Problem mehr dar. Möglicherweise gewöhnen sich Wildtiere im Laufe der Zeit auch an solche Züchtungen« (ROTH, DAUNDERER & KORMANN 1984). Eine weitere Stoffgruppe, die Probleme bereiten kann und im Pflanzenreich sehr verbreitet ist, sind die Lektine. Diese toxischen aber hitzelabilen Verbindungen werden durch Kochen zerstört. Der Name leitet sich vom lateinischen legere (auswählen) ab und bezieht sich auf die reversible Bindung an bestimmte Zuckermoleküle, die diese Stoffe bevorzugt eingehen (Schlüssel-Schloss-Prinzip). Durch diese Bindungen an Zucker können Lektine das Verhalten von Zellen und Organismen ändern. Unter den Nutzpflanzen findet man Lektine vor allem in Getreide und Schmetterlingsblütlern (z.B. Bohne, Erbse). Verletzungen und Infektionen steigern den Lektingehalt. Vermutlich kann die Pflanzenzelle durch die Bindung ihrer Lektine an die Oberflächen von Eindringlingen (Pilze, Bakterien) diese erkennen und bekämpfen. Gefressen verursachen Lektine Reaktionen, die ein wenig an die Abläufe bei einer Hufrehe erinnern: »Unverdaute, aktive Lektine reagieren spezifisch mit Rezeptoren an Darmepithelzellen. Dadurch wird deren Funktion gestört, die Nährstoffaufnahme beeinträchtigt, Gewichtsverluste und Wachstumshemmung verursacht. In Folge können Entzündungen und Zerstörung der Schleimhaut, Zersetzung der Darmwand mit Geschwüren und Atrophie und Nekrosen der Darmzotten auftreten. Die Absorptionsbarriere des Darms kann aufgehoben und Abwehrmechanismen außer Kraft gesetzt werden, die Darmbakterien vom Eindringen in Lymphe, Blut und innere Gewebe abhalten. ... Polyspezifische Antikörper gegen die Hauptproteine von Bohnen wurden in Ratten durch Lektinaufnahme gebildet« (ROTH, DAUNDERER & KORMANN 1984). Es findet also wie bei der Rehe eine Entzündung der Darmschleimhaut statt, die Absorptionsbarriere des Darmes wird beeinträchtigt und es kommt zu einer Allergisierung.

Schließlich sind noch die Phytoalexine zu nennen, zu denen die photosensibilisierenden Furanocumarine gehören, ebenso wie das Karotatoxin der Möhre, ein Neurotoxin. Die bis zu 2g Karotatoxin pro kg Frischgewicht Möhren reichen aber wohl kaum aus, um Mensch und Pferd gefährlich zu werden.

Stress jeder Art, den Pflanzen erleiden müssen, führt zu Gegenreaktionen und Abwehrmechanismen. Das gilt nicht nur für Vertritt und Verbiss (Beschädigung). Nachgewiesen sind ebenso erhöhte Gehalte an Abwehrstoffen durch widrige Wuchsbedingungen auf dem Feld, mechanischen Stress bei der Ernte, lange Transporte und nicht optimale Lagerung. Diese Faktoren sind von größerer Bedeutung als je zuvor, denn nur noch selten wird dort produziert, wo auch konsumiert wird. Die Globalisierung bildet beste Voraussetzungen für eine zusätzliche Belastung ganz anderer Art, nämlich durch unsere Nutzpflanzen (ROTH, DAUNDERER & KORMANN 1984). Ein ganz anderer Effekt, der durch Stress auf Pflanzen verursacht werden kann, ist eine verstärkte Auslösung von Pollenallergien (Pollinose). »Immer deutlicher rückt die Frage ins Blickfeld, inwieweit Pflanzen in Regionen mit hoher Schadstoffbelastung (Luft, Wasser, Boden) selbst in Stress geraten und mit modifizierter Pollenexpression reagieren. ... Es ist nachgewiesen, dass Birken an Standorten mit hoher Umweltbelastung in ihren Blättern erhöhte Bet v I-Konzentrationen enthalten. Das Protein Bet v I – ein unter mikrobiellem Einfluss entstehendes Stressprotein, vermutlich ein sogenanntes ›pathogenesis-related-protein‹ (PRP) – ist das Hauptallergen aus Birkenpollen« (ROTH, DAUNDERER & KORMANN 1984). Wie man in den Wald hineinruft, so schallt es zurück – das gilt auch für unseren Umgang mit unserer Umwelt. ROTH, DAUNDERER & KORMANN (1984, S. 465) zählen auch das Deutsche Weidelgras (*Lolium perenne*) zu den wichtigsten und potentesten Erregern der Graspollenallergie. Ob es das *per se* ist oder durch Einwirkung von wie auch immer geartetem Stress, darüber kann nur spekuliert werden.

2.6 Gefahren durch parasitierende Pilze auf Gräsern

Monokulturen wie unsere Grünländereien, sind ein besonders beliebtes Verbreitungsgebiet für Parasiten. Zu diesen Parasiten gehören auch Pilze, die Gräser befallen. Besonders auffällig ist der Gelbrost, der nach warmen aber feuchten Sommern zum Altweibersommer hin (August-September) ganze Landstriche gelb werden lässt. Das Gras ist nicht etwa verdorrt. Es fehlte nicht an Wasser. Die Blätter der Gräser sind aufgeplatzt und geben Unmengen an rostfarbenen Sporen frei. Die Schuhe färben sich beim Gang durchs Gras rostfarben und etwa bis Kniehöhe ist alles mit einem rostigen Staub bedeckt. Auch die Köpfe der grasenden Pferde sind rostig-staubig. Die meisten Pferde zeigen keine Anzeichen von Problemen, doch manche Tiere reagieren sensibler. Da die recht harmlosen Symptome mit entzündeten Leckaugen und ebensolchen Nasen oft völlig verkehrt interpretiert und behandelt werden, folgt eine kurze Beschreibung der Zusammenhänge. Meistens werden die Probleme an den Augen als »infektiöse Augenentzündung« (erst ein Pferd, dann mehrere, also ansteckend ...) antibiotisch behandelt, die entzündeten Nasen als »Sonnenbrand« oder ebenfalls »bakterielle Infektion« interpretiert. Hüsteln und weicher Kot werden nicht mit den anderen Symptomen in Zusammenhang gesehen.

Heute fast unbekannt, in früheren Zeiten aber durch Massenvergiftungen durchaus ein Problem, war der Taumellolch, *Lolium temulentum* (s. S. 30). Sog. Sekundäre Pflanzenstoffe verschiedener *Lolium*- und *Festuca*-Arten verursachen Vergiftungen (Weidelgras-Taumelkrankheit und -Fieber), sind aber ein Schutz vor Phytophagen (Insekten, Würmer) und eine Antwort auf Stress. Ihre Produktion wird deutlich erhöht nach der Infektion dieser Gräser mit endophytischen Pilzsymbionten. An diesen Eigenschaften besteht wirtschaftliches Interesse, weshalb die Ausbringung bereits infizierten Saatgutes Vorteile verspricht. Die Vorteile der Resistenzen scheinen die Nachteile (Vergiftungen von Weidetieren) zu überwiegen. Ausführliche Angaben siehe www.umweltbundesamt.de <http://www.umweltbundesamt.de>, Texte 08/02, ISSN 0722-186X, Kap. 1.10. Der höchste Giftgehalt findet sich in den Früchten.

Die folgenden Zitate entstammen dem BI-Lexikon Haustierkrankheiten (KONRAD 1987), beziehen sich also auf sämtliche Nutztiere, nicht nur das Pferd:

Rostpilztoxine

»Klinische Erscheinungen: Infolge Schleimhautreizung Appetitverlust, Speicheln, Schlingbeschwerden, Erbrechen (außer Pferd), Durchfall, vermehrter Harnabsatz, oft Katharr der oberen Atemwege; zentralnervöse Störungen wie Taumeln, Lähmung von bewegungs- und empfindungsleitenden Nerven, außerdem ausgeprägte Hautentzündungen mit Juckreiz, Rötung, Quaddelbildung, Nesselausschlag.

Krankhafte Veränderungen im Organismus: Entzündung der Maulschleimhaut, der Schleimhäute des Magen-Darm-Kanals, oft auch der Atemwege, Bronchien z.T. mit Schleim angefüllt, vermehrte Bauchhöhlenflüssigkeit.

Behandlung: Futterumstellung, ... Stützung von Kreislauf und Atmung« (KONRAD 1987).

Brandpilztoxine

»Klinische Erscheinungen: Aufgrund örtlicher Reizwirkung: Appetitverlust, Speicheln, Erbrechen (außer Pferd), Schlingbeschwerden, Durchfall, vermehrter Harnabsatz, oft auch Entzündung der oberen Atemwege mit Husten, Nasen- und Tränenausfluss; zentralnervöse Störungen: Benommenheit, Taumeln, evtl. Zungenlähmung, Lähmung von bewegungs- und empfindungsleitenden Nerven (Gliedmaßenlähmung, herabgesetzte Tast- und Schmerzempfindung), beim Rind auch Fehlgeburten, Krankheitsbild entsprechend der Empfindlichkeit des Einzeltieres graduell stark schwankend.

Krankhafte Veränderungen im Organismus: Entzündung der Schleimhäute des Verdauungsweges, oft auch der Atemwege, Schleimbildung in den Bronchien, strichförmige, rußfarbene Veränderungen im Dünndarm, Bauchhöhlenflüssigkeit vermehrt.

Behandlung: Futterumstellung, ... Stützung von Kreislauf und Atmung« (KONRAD 1987).

Im Anschluss an den Gelbrost macht sich auf manchen Gräsern und vor allem dem Breitwegerich ein weißer Überzug bemerkbar. Dabei handelt es sich um echten oder falschen Mehltau. Hohe Düngegaben schwächen prinzipiell die Abwehr des pflanzlichen Wirtes, nasse und warme Jahre fördern die parasitischen Pilze. Vergiftungssymptome durch Mehltaupilze sind jedoch nicht beschrieben.

2.7 Wiesendermatitis durch Pflanzen

Allergische Reaktionen, Ekzeme oder Sonnenbrand besonders auf albinotischen Hautpartien (weiße Abzeichen) werden von manchen Pflanzen hervorgerufen. Hierzu zählen insbesondere Hahnenfußarten, Doldenblütler wie Liebstöckel, Bärenklau oder Sellerie, aber auch Johanniskraut, Schöllkraut, Gingkobaum, Klee und Luzerne, Buchweizen oder Rautengewächse. Viele ätherische Öle wirken reizend und allergisierend, weshalb z.B. Lorbeeröl im Humanbereich kaum noch verwendet wird und auch Teebaumöl sehr umstritten ist. Die allergisierende Wirkung von Chrysanthemum-Arten (Pferde treffen auf Weiden oft auf Rainfarn (*C. vulgare*)) ist bei Gärtnern und Floristen bekannt. Diese Pflanzen enthalten ein starkes natürliches Insektizid (Pyrethrum), das auch gegen Magen-Darm-Parasiten wirksam ist. Wegen seiner Nebenwirkungen (Nervengift Thujon) wurde Rainfarn als Arzneimittel (Wurmkraut) verboten. Die Tatsache, dass Rinder und Pferde nicht nur im Naturschutz trotzdem gerne ab und zu Rainfarn naschen, könnte ein Hinweis auf den Gebrauch eines natürlichen Entwurmungsmittels durch das Tier sein. Der maßvolle Genuss scheint der Gesundheit der Weidetiere nicht zu schaden.

2.8 Parasiten der Weidetiere

Viele Pferdebesitzer verbinden mit Parasiten nur die Endoparasiten des Magen-Darm-Traktes. Das ist verständlich, kann doch die Wirtschaft an der Angst der Halter vor Schäden ihrer Tiere gut verdienen und hat somit in der Vergangenheit eine großangelegte Aufklärungskampagne durchgeführt. Weit weniger bekannt sind Ektoparasiten wie Milben, Haarlinge oder gar Lausfliegen. Pferde sind durchaus mit diesen Parasiten konfrontiert, die Milben sind keineswegs ausgestorben. Daher folgt hier eine Darstellung, woran man bei der Freilandhaltung auch denken bzw. was man in Naturschutzgebieten bedenken sollte. Zecken, Mücken, Wadenstecher und Bremsen können lokal die Pferdehaltung stark erschweren, werden hier aber nicht weiter abgehandelt. Ihr Vorkommen ist besonders in Gewässernähe zu erwarten. Bremsenlarven entwickeln sich in feuchtem Boden oder dem Schlamm flacher Gewässer, Stechmückenlarven lieben Stehgewässer, Kriebelmückenlarven benötigen sauerstoffreiches Fließgewässer. Kribbelmücken kommen daher gehäuft im Frühjahr und Herbst vor, wenn kalte Witterung für hohe Sauerstoffgehalte im Wasser sorgt. Stechfliegen nutzen zur Larvenentwicklung Dung. Zecken kommen gerne an Orten mit höherer Vegetation und dadurch höherer Luftfeuchtigkeit wie Lichtungen, Gebüschen, im Unterholz und in Gewässernähe vor. Sie gehören zu den Spinnentieren und können über ein Jahr lang hungern.

Freilandhaltung ohne Parasiten und Infektionen ist nicht möglich. Wenn hier einige Parasiten vorgestellt werden, dann nur, um dem Leser auch diese Seite zu zeigen. Übergroße Angst ist jedoch nicht angebracht. Nach einer mündlichen Mitteilung des Geschäftsführers GERD KÄMMER vom Naturschutzverein BUNDE WISCHEN E. V. im Januar 2005 betrugen die Tierarztkosten der gemischten Herde im Jahr 2004 weniger als 1.500 Euro, wobei der Hauptteil auf vorgeschriebene Blutuntersuchungen der Rinder entfiel. Der Verein hält zur Landschaftspflege in Naturschutzgebieten auf rund 1.000ha ca. 500 Galloways und z.Z. 7 Koniks ganzjährig im Freien. Bei zwei Rindern war eine Antibiotikabehandlung notwendig. Die Koniks waren das ganze Jahr über kerngesund, es wurden zwei Fohlen geboren. Kotproben der Koniks haben bisher kaum Wurmeier enthalten. Diese Zahlen sprechen für sich und dürften veterinärmedizinische Bedenken gegen diese Haltung bei vernünftiger Durchführung entkräften. Im Gegenteil, auf den gewohnten, intensiv bewirtschafteten und dicht belegten Flächen ist man eher höhere Tierarztkosten gewohnt.

2.8.1 Räude, oft verkannte Ursache des »Sommer«-Ekzems

Räude ist ein Sammelbegriff für eine Reihe von Milbenarten, die auf dem Pferd (oder anderen Tieren) parasitieren und dabei sehr starken Juckreiz ausüben. Tritt Juckreiz zu Jahreszeiten auf, die für Sommer-Ekzem untypisch sind, ist Skepsis bei dieser Diagnose geboten. Bei Wärme (Stall, Sommerhitze) nimmt der Juckreiz durch Milben erheblich zu. Milben gehören zu den Spinnentieren und besiedeln je nach Art bevorzugt bestimmte Körperteile ihres Wirtstieres. In geringer Anzahl können Milben lange Zeit auf Wirtstieren parasitieren, ohne Krankheitserscheinungen zu verursachen. Durch Schwächung kann der Befall sichtbar werden. Bei Massenbefall schwächen sie das befallene Tier durch Verursachung ausgedehnter Hautentzündungen extrem. Die Hautveränderungen werden chronisch. Umgekehrt siedeln sich auf geschwächten Tieren besonders schnell Parasiten, also auch Milben, an.

Früher war die Räude eine gefürchtete Erkrankung und meldepflichtig. So erkrankten im Ersten Weltkrieg 67% aller Dienstpferde an Räude (BÖTTCHER 1936). Die Erschöpfung (Futtermangel bei harter Arbeit) einschließlich der Räude war die häufigste Todesursache der Pferde im Ersten Weltkrieg (20% aller Pferdeverluste bzw. 14% aller eingesetzten Pferde), während Verluste durch Schusswunden erst an zweiter Stelle rangierten (15% aller Verluste bzw. 11% aller eingesetzten Pferde). Sicherlich war ein Teil der an Räude erkrankten Pferde allergisch bedingt (Sommer-) Ekzemer, was zur damaligen Zeit noch nicht differenziert berücksichtigt wurde.

Aus dieser Zeit und den damals gesammelten Erfahrungen stammt die Behandlung des Ekzems mit Ballistolöl: Dieses Waffenöl war oft die einzige erreichbare »Medizin«. Da Spinnentiere und Insekten über feine Poren an der Körperoberfläche atmen, und diese Poren schnell durch Öl oder Seifenwasser verstopft werden, ersticken diese Tiere im Öl. Da Ballistol zudem erstaunlich hautverträglich ist, war es dem Soldaten so wertvoll wie dem Bauern oft heute noch das Melkfett.

Die Ansteckung erfolgt durch direkten Kontakt der Pferde (z.B. Beknabbern der juckenden Stellen), durch verunreinigtes Putzzeug, Decken, Zubehör (Geschirre, Sättel etc.), Scheuerpfähle und Ställe. Ist die Haut erst einmal entzündet, siedeln sich gerne auch Bakterien und Hautpilze an. Langhaarige Pferde müssen zur Behandlung an befallenen Stellen geschoren werden.

Fußräude (Chorioptesräude)

Die Fußräude der Pferde, Rinder, Ziegen und Schafe wird durch Nagemilben (schuppenfressende Milben, beim Pferd: *Chorioptes equi*) verursacht. Typische Orte für die Besiedlung sind die Fesselbeugen (und Afterklauen), die dichten Kötenbehänge vor allem schwererer Pferde, der Kronsaum, manchmal als Steißräude der Schweifansatz und bei extremem Befall die Extremitäten aufsteigend auch teilweise der Rumpf. Die Milben leben von Schuppen und von austretender Gewebsflüssigkeit. Anfangs ist die Haut gerötet und schuppig (graue, kleieartige Schuppen). Daraus entwickelt sich ein nässendes, schmierig belegtes oder verkrustetes Ekzem. Schließlich kann daraus durch beträchtliche Hautzubildungen eine »Warzenmauke« werden. Viele Pferde mit dichtem Behang, die auf »Mauke« diagnostiziert werden, haben ursächlich eine Parasitose und erst sekundär eine Infektion der verletzten Haut. Typischer Weise stampfen die Pferde mit den Hufen auf, sind unruhig, schlagen u.U. sogar aus und versuchen überall ihre juckenden Stellen zu scheuern oder zu benagen.

Die Fußräude ist eine typische Parasitose unter schlechten Haltungsbedingungen (Schmutz, Lichtmangel).

Kopfräude (Sarcoptesräude)

Die Kopfräude des Pferdes wird durch *Sarcoptes equi* ausgelöst und gilt als gefährlichste Räude. Die Grabmilben boren Gänge in die tieferen Hautschichten, in denen sie leben, ihre Eier legen und sich von der Haut ernähren. Wie der Name besagt, befällt diese Milbe zuerst den Kopf von zumeist durch Mangelernährung geschwächten Pferden. Da die Milbe kurzhaarige Körperstellen benötigt, siedelt sie sich insbesondere im Sommer (Sommerfell) außer am Kopf auch an den Halsseiten, den Schultern oder auch der Sattellage an, je nach Behaarung des Pferdes.

Zuerst bilden sich Knötchen und Bläschen an Kopf und Widerrist. Danach zeigt sich fleckenweiser Haarausfall. Es setzt Krusten- und Borkenbildung ein. Diese Symptome dehnen sich langsam (bei stark geschwächten Pferden innerhalb von 4 bis 6 Wochen) auf Rücken und Flanken aus. Nur die unteren Gliedmaßenabschnitte bleiben von dieser Milbe verschont. Bei extremem Befall kommt es zu großflächigem Haarausfall und derber, faltiger Haut mit grauweißen, schuppigen Belägen. Daneben kommt es zum Leistungsabfall, und schließlich kann es zum Tod des Tieres durch Entkräftung kommen.

Auch der Mensch kann vorübergehend von dieser Milbe besiedelt werden, obwohl er nicht ihr eigentlicher Wirt ist.

Körperräude (Psoroptesräude)

Die Körperräude des Pferdes wird verursacht durch *Psoroptes equi*. Saugmilben leben auf der Haut, die bei Befall Borken bildet, unter und zwischen denen die Milben leben. Um ihre Nahrung aus Blut und Gewebssaft zu erreichen, stechen sie tiefe Hautschichten an. Beim Pferd bevorzugen die Milben Langhaar und dichtes Deckhaar. Sie breiten sich also beginnend bei Mähne, Schopf und Schweif (Steißräude) über den Körper bis zu den Sprunggelenken hinunter aus. Dabei können auch Euter und Schlauch besiedelt werden. Saugmilben breiten sich deutlich langsamer aus als Grabmilben und die befallenen Stellen sind deutlicher abgesetzt. Die Ohrmilben der Katzen und Kaninchen sind ebenfalls Saugmilben.

Ohrräude (*Psoroptes cuniculi*)

Diese Räudemilbe kann auf verschiedenen Wirten leben. Meist ruft sie die Ohrräude bei Kaninchen, aber auch bei Ziegen, Schafen und Wildwiederkäuern aus. Beim Pferd kann sie neben der Ohrräude u.U. auch die Körperräude hervorrufen.

Herbstgrasmilben (Trombidiose)

Von der Herbstgrasmilbe (auch Erntegrasmilbe) *Trombicula autumnalis* werden sowohl Tier als auch Mensch heimgesucht. An warmen, trockenen Tagen kann es zur Erntezeit zum Massenbefall (Erntekrätze) durch die Larven kommen, die 3 bis 5 Tage von den Hautzellen ihrer Wirte leben. Dabei erzeugen sie Quaddeln, Juckreiz und Hautentzündungen. Bevorzugt werden dünnhäutige Körperpartien, also neben den Schenkelinnenflächen auch Euter oder Augenlider.

2.8.2 Haarlinge und Läuse

Läuse (bis 3,5mm) und Haarlinge (bis 2mm) sind bei etwas Übung gut zu sehen. Typisch sind die hellen Nissen (Eier, ca. 1mm) an den Haaren, vorwiegend am Langhaar, oft am Schopf zwischen den Ohren. Haarlinge werden aufgrund ihrer lebhaften Fortbewegung und ihres Beißens auch als Beißläuse bezeichnet. Die Symptome sind bei starkem Befall ähnlich wie bei der Räude (kahle, blutige Scheuerstellen, Benagen der juckenden Stellen und Unruhe, Borkenbildung). Geringer Haarlingsbefall wird häufig nicht erkannt. Bei ungünstigen Haltungsbedingungen oder Schwächung der Tiere kommt es zur raschen Massenvermehrung der Parasiten, die ihrerseits den Wirt stark schwächen können. Während die blutsaugenden Läuse gut über die Blutbahn des Wirtstieres zu vergiften sind, ernähren sich Haarlinge vorwiegend von Schuppen, Haarteilchen und Absonderungen der Haut. Eine Behandlung muss hier durch Aufbringung des Giftes auf die Haut (Waschungen, Puder) erfolgen.

2.8.3 Pferdelausfliegen

Wenig bekannt sind die Lausfliegen. Diese Insekten sind ledrig-zäh, derb und flach etwa wie Zecken. Die Fortbewegung erinnert an kleine Strandkrabben, da die Fliegen oft sehr schnell seitwärts laufen. Die Pferdelausfliege (*Hippobosca equina*) ist 8-10mm groß, braun und voll flugfähig (die Schaflausfliege ist flügellos). Sie besiedelt haarlose Stellen

(Schenkelinnenflächen, After, Euter, aber auch Kruppe und Oberschenkel). Da der Biss schmerzhaft ist, beunruhigen sie die Pferde u.U. plötzlich so sehr, dass diese gefährlich um sich schlagen.

2.8.4 Vorkommen von Leberegel und Bandwurm

Leberegel sind weltweit verbreitete Parasiten (Gattung *Fasciola*), die Schafe, Rinder, Ziegen, Pferde, Schweine, Kaninchen und Wildtiere befallen. Für seine Entwicklung ist der Große Leberegel (*F. hepatica*) auf Schnecken als Zwischenwirt angewiesen, wodurch sein Vorkommen auf Wassernähe, Niederungs- und Überschwemmungsgebiete begrenzt ist. Hohe Niederschläge verstärken die Infektionsgefahr. Hauptansteckungszeitraum ist der Spätsommer/Frühherbst. Die Infektion verursacht eine Entzündung der Leber- und der Gallengänge mit einhergehender Zerstörung dieser wichtigen Gewebe. Es kommt zu Verdauungs- und Entwicklungsstörungen des befallenen Tieres und zu Leistungsminderung (Wolle, Milch, Fruchtbarkeit und Schlachtprodukte). Der bis zu 5cm lange und bis zu 1,3cm breite, flache, zwittrige Wurm legt in den Gallengängen seine Eier ab, die mit dem Kot ins Freie gelangen. Nur wenn Pfützen, Bäche oder andere Wasseransammlungen mit dem infizierten Kot verunreinigt werden, kann es zu einer Weiterentwicklung der Eier kommen. Die Larven (Mirazidien) sind im Wasser lebhaft fortbewegungsfähig und bohren sich durch die Haut einer Wirtsschnecke. Eine einzige Mirazidie vermehrt sich in der Schnecke in 2-4 Monaten zu bis zu 4.000 Ruderschwanzlarven (Zerkarien). Diese gelangen ins Wasser, heften sich an Pflanzen an und bilden eine stabile Hülle aus. Diese sog. Zyste kann direkte Sonneneinstrahlung und Trocknung (Heu) 2-4 Wochen gut ertragen. Im Wasser überlebt sie bis zu 80 Tage. Bei der Silage-Werbung ist daran zu denken. Wird eine Zyste gefressen, dann wird im Magen die derbe Hülle verdaut und der junge Leberegel frei gesetzt. Dieser bohrt sich über die Dünndarmwand durch die Bauchhöhle in die Leber. Dort schädigt er durch seine Wanderungen das Gewebe, bevor er sich in den Gallengängen niederlässt. Die Schäden sind 4-8 Wochen nach der Infektion zumeist als chronische Krankheitserscheinungen festzustellen (Kräfteverfall, Blutarmut, Durchfall, Ödeme am Kehlgang und Unterbrust, schlechter Allgemeinzustand, schwere Schäden an den inneren Organen). Wegen seiner Gefährlichkeit zählt der Befall mit diesem Parasiten zu den bekämpfungspflichtigen Parasitosen. Um die Leberegelschnecke (*Lymnaea truncata* u.a. Schlammschnecken) und so die Leberegelseuche zu bekämpfen, wurden viele Flächen entwässert.

Interessant sind die Erfahrungen mit Robustrindern (Highland, Galloway) in Halboffenen Weidelandschaften, die mit Leberegelinfektionen deutlich besser klarkommen als Intensivrinderrassen. Ob eine Immunisierung stattfindet, ist bisher nicht zu sagen. KÄMMER (2004) schreibt: »In unserer Galloway-Herde hat die Zahl der Ochsen (Alter 3 bis 4 Jahre), die bei der Schlachtung einen Befall mit Leberegeln aufweisen, in den letzten Jahren deutlich zugenommen. Die Schlachtgewichte und die Fettabdeckung der Schlachtkörper schwanken im Verlauf der Jahreszeiten, aber nicht in Abhängigkeit vom Befall mit Leberegeln. Die täglichen Gewichtszunahmen der Tiere spielen bei der Haltungsform Halboffene Weidelandschaft und den eingesetzten Extensivrassen eine untergeordnete Rolle.« Der Parasit übt wieder den selektierenden Einfluss aus, den er in der Natur hat, da Tiere mit schlechtem Allgemeinzustand aus den Projekten eliminiert werden. Für den Naturschutz sind robuste Rassen mit gutem Infektionsschutz (Resistenzen) bzw. hoher Toleranz bei geringem Befall wichtig, denn Entwurmungen sind ein generelles Problem in Naturschutzgebieten (s.u.).

Auch der Pferdebandwurm (*Anaplozephalus*) ist auf einen Zwischenwirt angewiesen, der feuchte Standorte besiedelt. Diese Wirte der Bandwürmer der Pflanzenfresser (Rinder, Pferde, Schafe, Nagetiere u.a.) sind Moosmilben (Oribatiden, auch Hornmilben genannt). Ihre Verbreitung ist weltweit, allein in Mitteleuropa leben ca. 500 Arten. Die Milben sind im Ökosystem wichtige Streuzersetzer, die zumeist feuchtigkeitsgesättigte Luft benötigen, um nicht auszutrocknen. Sie sind an der Humusbildung beteiligt und somit in den obersten 5cm des Bodens anzutreffen. Die Milben können über 1 Jahr alt werden. Sie fressen und zersetzen zumeist Pilze, Algen, Moose, Laub- und Nadelstreu oder sich zersetzendes Holz. Am häufigsten ist ihr Vorkommen in der Streu feuchter Nadelwälder mit dichter Moosdecke. Trockene Böden können kaum besiedelt werden. Der Pferdebandwurm kann daher nur auf feuchten Weiden eine Rolle spielen, wo mit Eiern infizierter Kot mit dem Zwischenwirt, der Milbe, zusammentrifft. Auf trockenen Weiden besteht kaum die Gefahr einer Ansteckung durch infizierte Pferde. Zur Bekämpfung des Pferdebandwurmes wurde Grünland trockengelegt. Auch Insektizide kamen zur Bekämpfung der Milben zum Einsatz – im Naturschutz scheiden diese Strategien aus.

Sowohl der Leberegel als auch der Bandwurm sind also auf Feuchtbiotope für ihren Entwicklungszyklus angewiesen. Da die Infektion speziell mit dem Leberegel für die Rentabilität von Wildgestüten ein sehr ernstes Problem sein kann, sollten verdächtige Flächen wo möglich nach einem gut überlegten Regime beweidet werden (Jahreszeit, Dauer der Beweidung und damit Vorhersehbarkeit für den Parasiten, Besatzstärke, Mischbeweidung). Als Zeigerpflanze für Leberegelgefahr kann auf Weiden der Knickfuchsschwanz gelten, der es feucht liebt und auch kürzere Überflutungen erträgt.

2.8.5 Verwurmung allgemein

Beim Einsatz von Weidetieren für den Naturschutz und die Landschaftspflege muss mit Verwurmung immer gerechnet werden, wird doch kein Kot entfernt und handelt es sich oft um Ganzjahresweiden. Bei geringer Besatzdichte und Mischbeweidung (ca. 10 Rinder auf ein Pferd im NSG Schäferhaus) sind die Erfahrungen bisher sehr positiv: Verwurmung in Kotproben konnte bisher bei den Koniks in Mischbeweidung kaum nachgewiesen werden. Es wird mit Einzelfällen (schwache, kranke Tiere) gerechnet, wie es in der Natur zu erwarten ist.

Entwurmungen sind in Naturschutzgebieten ein großes Problem (ROSENKRANZ et al. 2004). Die Medikamente sind auch im Kot wirksam. Nicht umsonst wird auf den Beipackzetteln mancher Präparate ausdrücklich darauf hingewiesen, dass die entwurmten Tiere längere Zeit nicht in der Nähe von Oberflächengewässern oder gar in Wasserschutzgebieten weiden dürfen. Der vergiftete Kot kann nicht nur in Gewässer gelangen und dort Fischen schaden. Auch alle Kotzersetzer wie Würmer und Insekten (Fliegen, Käfer) werden getötet. Es ist durchaus möglich, Präparate herzustellen, die hervorragend entwurmen, die jedoch Kot entstehen lassen, der als Sondermüll betrachtet werden muss. In sofern ist auch für vernünftigen Umgang mit den Medikamenten zu plädieren, damit nicht immer härtere Präparate auf die immer resistenteren Parasiten angesetzt werden müssen. Im Naturschutzgebiet werden die Kotballen lebhaft besiedelt. Die eiweißreichen Larven von Fliegen und Käfern sind beliebtes Futter von Vögeln. Auch Füchse und Igel sind an ihnen interessiert. Die sich im Kot entwickelnden großen Mistkäfer sind im zeitigen Frühjahr und im Herbst eine der wichtigsten Nahrungsquellen einiger Fledermäuse, die hungrig aus dem Winterquartier kommen oder sich noch Fett für den Winter zulegen müssen. Das Abäppeln und Entwurmen auf gängigen Weiden wirkt sich daher u.a. negativ auf diese geschützten Insektenfresser aus, denen dann das Futter fehlt. Im Naturschutz muss daher auf Entwurmungen nach Möglichkeit vollständig verzichtet werden, oder aber die entwurmte Herde muss für eine Weile auf andere Flächen ausweichen. Wird nur ein Teil der Herde einmalig behandelt (z.B. alle Jungtiere), müssen der Nutzen und der Schaden abgewogen werden.

3 Gezielte Beeinflussung von Grünland

3.1 Die EU-Agrarreform (Agenda 2007) als rahmengebende Maßnahme

Seit dem 01.01.2005 wird die neue EU-Agrarreform (Agenda 2007) schrittweise eingeführt. Sie wird für völlig neue Verhältnisse sorgen und stellt eine von höchster Ebene verordnete Beeinflussung der landwirtschaftlich genutzten Flächen, vor allem des Grünlandes, dar.

Die EU versucht seit Jahrzehnten die landwirtschaftliche Produktion aller Mitgliedsstaaten zu lenken. Waren es zuerst nur 6 Staaten, die eine gemeinsame Agrarpolitik beschlossen, so wurden es bald 15. Die dafür nicht ausgelegte Agrarpolitik steuerte auf Überproduktion, Umweltbelastung und unrentable Produktion zu. Eine erste Korrektur wurde 1992 eingeleitet, dann kam im Hinblick auf die Wettbewerbsfähigkeit (Verhandlungen mit der World Trade Organisation, WTO) und die Erweiterung (weitere 10 Staaten) die Agenda 2000 mit einer Laufzeit bis 2006. Das Vertragswerk der neuen Reform wird von der EU beschlossen, doch muss jeder Staat die rechtlichen Grundlagen zur Umsetzung schaffen. Die Agrarreform berührt die Interessen der Pferdehalter ebenso wie die des Naturschutzes ganz direkt (VANSELOW 2005a). Daher wird hier kurz dargestellt, welche Chancen aber auch Probleme sich aus ihr ergeben.

Im Zuge der Agrarreform werden z.B. 20 bis 30% der Nutzfläche in Schleswig-Holstein (Ackerland und Grünland) auf den schlechteren Böden (weniger als 30 Bodenpunkte), speziell der sandigen Geest, nicht mehr rentabel zu bewirtschaften sein und aus der bisherigen Nutzung herausfallen. Das entspricht 1/6 bis 1/5 der gesamten Landesfläche von Schleswig-Holstein. Allein an Grünland wären das ca. 63.000ha Land. In den Halboffenen Weidelandschaften mit Öko-Mutterkuhhaltung bietet sich eine echte Alternative für die Landwirte, die rentabel wirtschaften und Qualität erzeugen wollen.

Es ist andererseits zu erwarten, dass neben der Extensivierung auf den schlechten und mittelmäßigen Böden auf den fruchtbaren Böden eine extreme Intensivierung vorangetrieben wird. D.h. die Schere wird in der

Landbewirtschaftung weiter aufgehen. Statt ein vertretbares Mittelmaß als tragfähige Säule der Landwirtschaft zu erhalten, werden die Extreme auf Kosten der Mitte drastisch ausgebaut und festgeschrieben.

Folgende Punkte der Reform sind für Pferdehalter interessant:

Entkopplung: Prämien werden nicht mehr an die Produktion gekoppelt. Der Grundsatz: »mehr Produktion – mehr Prämie« verliert seine Gültigkeit. Die Umsetzung erfolgt schrittweise. Es ist für die Prämie egal, wie hoch die Besatzdichte oder die Bewirtschaftungsintensität der Fläche ist, entscheidend ist eine gegebene Bewirtschaftung (Mindestpflegezustand). Hoher Arbeits- und Materialaufwand rentiert sich somit nur auf fruchtbaren Böden.

Cross Compliance: Fast 40 Punkte umfassende Standards zu Umweltschutz, Tierschutz und Lebensmittelsicherheit, die Landschaftspflege (»guter ökologischer Zustand«) und Lebensmittelqualität garantieren sollen, aber einen riesigen Verwaltungsaufwand erwarten lassen.

Obligatorisches Betriebsberatungssystem zur Qualitätssicherung: Der Aufbau eines speziell für die Belange der Pferdehaltung und des Naturschutzes geschulten Beraterringes wäre sinnvoll und wünschenswert.

Für die Pferdehaltung kann das bedeuten, dass es einfacher wird, weniger fruchtbares Land (Dauergrünland) zu pachten. Neben weiterhin intensiver Bewirtschaftung mit allen ihren für die Pferdehaltung bekannten Risiken wäre die Möglichkeit gegeben, mit geringerem Besatz extensiv zu beweiden und Mischbeweidung durchzuführen. Auf extensivem Dauergrünland stellen sich langfristig »wenig wertvolle« Gräser und Kräuter ein, die weder eine Verfettung noch eine Erkrankung an Hufrehe durch Fruktane (Vanselow 2002a, 2002c, 2003b, 2004b) erwarten lassen. Zur Zeit können im norddeutschen Flachland derartige Flächen als schützenswert eingestuft werden. Da Pferde nicht instinktiv giftige Pflanzen erkennen, sondern ihre Futterumgebung durch testendes Ausprobieren vor allem in der Jugend kennenlernen (Howe & Westley 1993, Teuscher 1996, Vanselow 2003a, 2004a), kann es zu neuen Problemen mit Giftpflanzen kommen (Sieling 2002). Speziell in der Pensionspferdehaltung hätte das u.U. gravierende rechtliche Konsequenzen für den Stallbetreiber (Vanselow 2005b). Flächen, für die keine Freiheit von Giftpflanzen garantiert werden kann (z.B. Fauna-Flora-Habitat-Flächen nach der Richtlinie Natura 2000), können daher nicht »zur Nutzung angewiesen« werden (Fellmer 1999), sondern höchstens auf eigenes Risiko und Verantwortung dem Pferdehalter zur Nutzung zur Verfügung gestellt werden. Ein

Vertrag, der den Halter über die Risiken (mögliche Einwanderung von Giftpflanzen in ihren natürlichen Lebensraum) aufklärt und den Pensionsbetreiber von der Verantwortung entbindet, ist hier zwingend notwendig. Bei Mischbeweidung würde die Verwurmung zurückgehen und gleichzeitig könnte mit Qualitätsfleisch (Ökofleisch) ein Nebenverdienst betrieben werden. Werden alte, vom Aussterben bedrohte Haustierrassen zur Beweidung eingesetzt, können weitere EU-Subventionen beantragt werden. Als weiteres Standbein kann der Tourismus genutzt werden, da eine intakte Landschaft mit interessanten Tieren mehr lockt als Monokultur und intensive Tierhaltung.

3.2 Halboffene Weidelandschaften

3.2.1 Entstehung Halboffener Weidelandschaften

Schleswig-Holstein ist bundesweit Vorreiter auf dem Gebiet der Landschaftspflege im Naturschutz durch gezielte Beweidung mit großen Grasfressern (Großvieh und Großwild). Der Hintergrund dieser Maßnahme sind Arbeitsaufwand und Rentabilität der sonst oft ehrenamtlich von engagierten Naturschützern vorgenommenen Pflegemaßnahmen im Naturschutz. Die Erfahrungen haben zu der Erkenntnis geführt, dass viele schützenswerte Pflanzen, Amphibien, Vögel, Insekten u.a. ohne Beweidung (Offenhaltung) nicht zu halten sind. Da diese Tiere und Pflanzen nachweislich schon lange vor der massenhaften Besiedlung durch den Menschen hier vorkamen, und da sie eindeutig an Beweidung angepasst sind, entstand die Hypothese von einer savannenähnlichen Landschaft (Halboffene Weidelandschaften) in Mitteleuropa vor der Besiedlung durch den Menschen. Bisher ging man davon aus, dass Europa ein durchgehendes Waldgebiet mit vorherrschendem Buchenwald gewesen sei (ELLENBERG 1986). Man ist erst jetzt darauf gekommen, dass die nachgewiesenermaßen (Knochenfunde, Höhlenbilder) hier heimischen großen Pflanzenfresser sich möglicherweise durch ihr Verhalten eine eigene Landschaft schufen (siehe Megaherbivorentheorie). Dabei zweifelt niemand ernstlich daran, dass die Wälder in der Vorzeit u.a. durch übermäßige Viehweide (Überweidung) stark geschädigt und an der Verjüngung gehindert wurden. Auch heute werden Jungpflanzungen mit Zäunen vor Wildverbiss geschützt. In Schleswig-Holstein ist aus diesem

Grunde die Waldweide gesetzlich verboten. Für den Naturschutz wurden Ausnahmeregelungen getroffen. Dass sogar Reiten den Wald schädigt, wurde in einem veröffentlichten Gutachten (HENRICH 1985) vorgeführt. Auch in diesem Zusammenhang sind die Erfahrungen und Ergebnisse mit großen Pflanzenfressern in verschiedenen Waldbeständen hoch interessant. Neben Waldweide und Witterungsschutz der Tiere bei ganzjähriger Freilandhaltung bestehen Berührungspunkte zum Konflikt Reiter und Wald. Zur Zeit werden Galloway, Highlandrinder, Heckrinder (Auerochsen-Rückzüchtung) und Koniks (Tarpannachfahren) in der Weidepflege eingesetzt, teilweise auch Rotwild. Die Besatzdichte beträgt maximal 0,6 Großvieheinheiten pro Hektar bei ganzjähriger Beweidung. Auf den teilweise nie landwirtschaftlich genutzten Flächen entstehen so natürliche Mosaike aus kurzrasigen Weiden, durchsetzt mit verbissenem Buschwerk und aufkommenden Einzelbäumen im Schutze des Buschwerkes: Ein lichter, savannenartiger Eichenwald wächst hoch. Auf Hängen und im sumpfigen Gebiet entstehen natürliche Wäldchen mit z.T. dichtem Unterholz. Diese sich durch Beweidung ergebende Landschaft könnte in vielen Punkten dem entsprechen, was in den Wärmezeiten in Europa war, bevor mit dem Ende der letzten Eiszeit der moderne Mensch auf seine Umwelt einzuwirken begann.

Die Erfahrungen mit der Beweidung im Naturschutz sprechen für eine gegenseitige Anpassung mit gestaltender Einwirkung der großen Pflanzenfresser. Vielleicht ist ein natürlicher Eichenwald tatsächlich vorstellbar wie ein lichter Hain oder Hudewald aus einzelnen Bäumen, bei dem den beweideten Lichtungen u.U. mehr Fläche zukommt als den Baumkronen. Die Verbreitung der Eiche ist hierbei stark an den Eichelhäher gekoppelt. Dieser Vogel ist nicht etwa zu dumm, seine versteckten Vorräte wiederzufinden. Der Vogel legt mehr an, als er braucht, und damit schafft er sich selber den Wald, den er benötigt. Als Versteck dienen ihm Dorngebüsche, in deren Schutz die jungen Eichen heranwachsen können, bis sie eine Höhe erreicht haben, die ihnen das Wachstum ohne Verbiss ermöglicht. Die Dorngebüsche entstehen spontan auf den beweideten Flächen aus Schlehen, Weißdorn, Rosen u.a. Heckenpflanzen. Diese »Hegepflanzen« vertragen starken Verbiss (Rückschnitt), werden dadurch zu einem intensiven, dichten Heckenwuchs angeregt.

Die undurchdringlichen, natürlichen Hecken in der halboffenen Landschaft mit Einzelbäumen sind beliebte Lebensräume für Insekten und Spinnen. Ihr Vorkommen ist im Vergleich zu nicht verbissenen Sträuchern deutlich erhöht. Davon profitieren wieder viele Vögel, die Nahrung und

Abb. 10: Die durch Verbiss geformte Gebüschkante bildet einen dichten, gleitenden Übergang vom Grünland zur Strauchschicht. NSG Schäferhaus. (Foto: R. VANSELOW).

abwechslungsreiches Gelände mit geschützten Nistmöglichkeiten brauchen. Sowohl das Braunkehlchen als auch die Feldlerche siedeln sich gerne an, Neuntöter und Greifvögel folgen. Die hohen Einzelbäume sind ideale Nistplätze für Störche, die auf den begrasten Flächen reichlich Nahrung finden. Die Reptilien benötigen sonnige Plätze zur Eiablage und viel Unterschlupf. Amphibien brauchen z.T. offen gehaltene Uferbereiche und finden in den mit Wasser gefüllten Trittsiegeln vor Fraßfeinden geschützte Kleinst-Feuchtbiotope. Seltene Pionierpflanzen können in den aufgerissenen Vegetationslücken wachsen. Pillenfarn, Lobelie und Orchideen bekommen wieder Licht, da die wuchskräftigere Konkurrenz schmackhafter ist. Aufgrund der geringen Besatzdichte werden Gelege der Bodenbrüter nur selten zertreten. Der einmalige, späte Heuschnitt (Juli) auf den Mähwiesen lässt den Vögeln Zeit, ihre Brut aufzuziehen, den Pflanzen, abzusamen und ergibt ein kräuter- und rohfaserreiches Winterfutter für extreme Notzeiten. Zufütterung muss im Naturschutz wenn irgend möglich unterbleiben, da die Tiere sofort lernen, auf das Futter in Nähe des Futterplatzes zu warten, anstatt selber Futter zu suchen. Das führt zu starkem Vertritt in der Nähe des Futterplatzes bei Meidung der weiter entfernten Gebiete, und verhindert das im Winter so wertvolle Benagen ungewollter Bäume, Sträucher und weniger attraktiver Pflanzen, für deren Vernichtung die Beweidung als Pflegemaßnahme oft speziell im Winterhalbjahr durchgeführt wird (KÄMMER 2004). Die Erfahrungen mit Pferden in geringer Besatzdichte in der Landschaftspflege sind bisher ausgesprochen positiv (RÜTHER & VENNE 2002, SIELING 2002, KÄMMER 2004).

3.2.2 Abstammungshypothesen der Hauspferde: Auswirkungen auf Haltung und Zucht, Bedeutung für den Einsatz im Landschaftsschutz

Die Abstammung der Hauspferde wird in der Wissenschaft kontrovers diskutiert. Nachdem in Deutschland lange Zeit die monophyletische Abstammung, also ein Vorfahr für alle Pferde, als richtig galt, haben vor allem Untersuchungen des Gengutes (JANSEN et al. 2002) die im nichtdeutschsprachigen Raum oft propagierte polyphyletische Abstammungshypothese untermauert. Wie wenig wir über die Herkunft des unbekannten Wesens Hauspferd wissen, zeigt sich bereits an der Entwicklung der Abstammungshypothesen. Bis zum Ende des Zweiten Weltkrieges ging man in Deutschland von zwei Lehrmeinungen aus:

1. Das Hauspferd stamme von drei Wildpferden ab: Kaltblüter von fossil gefundenen, großen Diluvial(Eiszeit-)Pferden, die leichteren Warm- und Vollblüter vom osteuropäischen Tarpan, und mongolische Pferde sowie derbere europäische Kleinpferde vom Przewalskipferd.
2. Alle leichten Pferde stammen vom Tarpan, alle schweren vom Przewalskipferd ab.

In England entwickelte sich zur gleichen Zeit eine Abstammungshypothese mit vier Wildformen, die in Deutschland kaum Beachtung fand. Nach dem Zweiten Weltkrieg ging man in Deutschland für alle Haustiere von der monophyletischen Abstammung aus, also von nur einer Wildform. Beim Hund war es der Europäische Wolf, beim Pferd wurde das Przewalskipferd als Ausgangsbasis angenommen. Sehr ernste Einwände anderer Wissenschaftler, dass dieses Wildpferd aufgrund seiner Unterschiede mit dem Hauspferd nur entfernt verwandt sein könne, wurden nicht angenommen. Erst als bekannt wurde, dass Przewalskipferde zwei Chromosomen mehr haben als Hauspferde, bröckelte das System. Genanalysen bestätigten, dass die Hauspferde anderen Ursprungs sind (JENSEN et al. 2002). Tatsächlich sprechen die Ergebnisse für die Abstammung von sehr verschiedenen Wildformen, die zu unterschiedlichen Zeiten an unterschiedlichen Orten von unterschiedlichen Völkern gezähmt wurden und erst später durch Kreuzung die heutigen Pferderassen ermöglichten. Damit liegt es nahe, die polyphyletische Abstammung zu favorisieren, weil sie die besseren Erklärungen anbietet. Forscher aus verschiedenen Ländern haben im vergangenen Jahrhundert unabhängig voneinander aus ganz unterschiedlichen Gründen polyphyletische Hypothesen entwickelt. In Portugal war es DR. RUY D`ANDRADE (Iberische Pferde, Sorraia), in England DR. J. SPEED und J. ETHERINGTON (britische Kleinpferde, Exmoorpony), in Deutschland H. EBHARDT (Haflinger, Islandpferde) und in Polen DR. EDWARD SKORKOWSKI (Araber). Trotz des unterschiedlichen Untersuchungsmaterials kamen alle zu ähnlichen Annahmen. Als Methode wurde vor allem die Röntgenbildanalyse genutzt. Am weitesten verbreitet ist die Annahme von 4 Wildformen, von denen unsere Hauspferde abstammen sollen. Es wird davon ausgegangen, dass die Vorfahren in zwei Einwanderungsschüben aus Nordamerika über die Beringstraße nach Asien einwanderten (MARX & STERNSCHULTE 2002, SCHÄFER 2000), die noch primitiveren (ursprünglicheren) Südpferde bereits am Ende des warmen Tertiärs, die weiter spezialisierten Nordpferde erst mit Beginn der Eiszeiten am Anfang des Quartärs.

Typ I: Kleines Nordpferd, typisches Pony (Urpony). Als reinster Vertreter gilt das Exmoorpony (»moor« meint hier übersetzt Sumpf, Ödland, Heide). Felszeichnungen in Höhlen, Knochenfunde in Eurasien (z.B. Solutre in Frankreich) ebenso wie in Alaska, Kansas und Texas. Kosmopolit, klimabedingtes Fernwanderwild bzw. Zugwild mit geringer Individualdistanz und möglicher Großherdenbildung aus Kleinfamilien. Sehr gut angepasst an feuchte Klimazonen (hoher Niederschlag) und Kälte durch gedrungenen Körperbau mit kurzen Extremitäten und dichtem Winterpelz als Hauptjahresfell von z.T. August bis Mai, dabei aber extrem anpassungsfähig. Schnelle, kurzstreckige Fluchtreaktionen. Extrem leichtfuttriger Überlebenskünstler mit hoch entwickeltem, weideschonenden Zangengebiss. Torfbraune und braune Farbe bei Mehlaufhellungen an Maul, Augen und Achseln.

Typ II: Großes Nordpferd (Urkaltblut). Nicht rein erhalten aber in vielen skandinavischen Rassen (z.B. Döle, Fjord, Kaltbluttraber, Nordschweden) ebenso wiederzufinden wie in englischen Rassen (z.B. Fell, Dale, Highland) oder den Posavinern (im Überschwemmungsgebiet der Save in Kroatien). Felszeichnungen in Höhlen, Knochenfunde (z.B. England, Frankreich, Östereich) fast immer gemeinsam mit Rentier, Mammut und Wollnashorn. Zwischenzeitliche Riesenformen (Anlage zum Größenwachstum und Knochenstärke) bis 180cm Stockmaß wurden gefunden, Tundren-, Moor- und Gebirgsbewohner. Viele Unterformen, vielleicht durch Eismassen, die die genetische Durchmischung der Population in isolierten Enklaven verhinderten. Anpassung an Kälte, Schnee u.a. durch den spezialisiertesten Kopfbau mit Zangengebiss und mächtigen Backenzähnen, Schneepflugnase und Vorwärmräumen für die kalte Luft, aber auch massigen Körper (Verdauungstyp) mit geringer Oberfläche und enormem Haarwuchs (z.B. Kötenbehänge). Standwild, vermutlich in Kleinfamilien. Farbe vielleicht Fahlbraune mit mehligen Aufhellungen. Möglicherweise Neigung zur Stichelhaarigkeit (nicht verblassende Schimmel). Statt panischer Flucht eher vorsichtiges Rückzugsverhalten und in Deckung sichern, im Ernstfall erbitterte Kämpfer.

Typ III: Südpferd (Urwarmblut). Vielfach wird das Sorraia-Pferd als rein erhaltene Form angesehen. Vielleicht kommt diesem portugiesischen Primitivpferd (SCHÄFER 1986) jedoch eine Sonderstellung zu, denn mtDNS-Untersuchungen legen die Existenz eines weiteren südiberischen Urahnen des Iberer-Berber-Genotyps (Berber sind laut mtDNS-Analyse mit Arabern nicht verwandt sondern mit den iberischen Pferden) nahe. Auf jeden Fall handelte es sich beim Sorraiapferd um wenig abgeleitete, ursprünglich gebliebene Pferde. Das Habitat der Typ-III-Pferde dürften die Steppen und Wüstensteppen gewesen sein, also sehr trockene, meist warme Gebiete mit jahreszeitlich stark wechselndem Futterangebot und Wasserknappheit. Es müssen ausdauernde und schnelle Lauftiere gewesen sein. Ihr Verhalten ist sehr ursprünglich: Eher territorial, mit hoher Individualdistanz und relativ hoher Aggressivität bei losem Sozialgefüge. Dadurch hohe Alarmbereitschaft und Reaktionsschnelligkeit bei individueller Selbständigkeit in Bezug auf Erkundung, Flucht oder Angriff. Wie bei Eseln und Zebras Fettreserve vor allem am (Speck-) Hals als Kamm und Wamme, ansonsten im Vergleich eher schwerfuttrig (Umsatztyp). Lange Extremitäten und schlanker Bau mit langen Ohren. Statt der ramsnasigen Schneepflugnase der Nordpferde Neigung zum Ramskopf mit großen Räumen zur Anfeuchtung der Atemluft, wie er sich auch bei den Equiden der Trockengebiete (Esel und Halbesel) findet. Breite (Nordpferde: eher lange) Backenzähne zum Zerkleinern der harten Trockenpflanzen, ansonsten Pinzettgebiss zum Rupfen. Farben sehr wahrscheinlich Falben (Gelb- und Graufalben) mit Aalstrich, Schulterkreuz und Zebrierung an den Beinen. Keine mehligen Aufhellungen. Hauptjahresfell ist das kurze Sommerfell mit Metallglanz als Lichtschutz. Ihre Zähmung scheint sowohl in Iberien als auch in Zentralasien (z.B. Turkmenistan) stattgefunden zu haben.

Typ IV: Südpferd (Uraraber), ähnlich dem Kaspischen Pony. Dem grazilen Vorfahren *Pliohippus* vor 1 Mio. Jahren vermutlich am ähnlichsten gebliebener Typ. Ursprüngliches Vorkommen in warmen, dabei fruchtbaren Savannen Nordafrikas und des Vorderen Orients bis zum Ende des regenreichen Pluvials vor 100.000 Jahren (Beginn der letzten Eiszeit). Mit zunehmender Trockenheit vermutlich Rückzug in feuchte, bergige Regionen. Extremitäten lang und zierlich mit langen Fesseln, Ohren oft relativ groß (breit und lang). Kurzstreckensprinter mit betontem Galopp, bewegungsfreudig und reaktionsschnell. Gebiss am ursprünglichsten geblieben, ähnlich einem Blätterfresser, Zähne kleiner und relativ kurz, dadurch weniger als die anderen Typen angepasst an hartes Futter. Entsprechend dem geringen Zahnvolumen schmale Kiefer und dadurch zierliche Schädel ohne Räume zum Anfeuchten oder Anwärmen der Atemluft (Neigung zum Hechtkopf). Knochenfunde aus der Zeit vor der Domestikation von Italien bis Japan; als Speisereste der Neandertaler Pferdeknochen (und/oder Halbesel? siehe SCHÄFER 2000, S. 104) im Westiran (Höhle Bisitun, Zagrosgebirge) zusammen mit Knochen von Gazellen, Ziegen, Rind, Hirsch und Leopard, selten Schwein, Wolf und Fuchs. Verhalten des Kaspischen Ponys relativ territorial, beispielsweise können Junghengste in der Familie verbleiben, dürfen aber nicht decken. Behaarung dünn, kaum Nässeschutz bietend. Die ursprüngliche Farbe bleibt reine Spekulation. Möglicherweise waren es braunrote Füchse (eine bei Waldbewohnern häufige Färbung), da diese Farbe oft erst nach Typ IV-Beimengung in vielen Rassen auftaucht, ebenso wie Schimmel, die nicht albinotisch sind sondern eine frühzeitige Seneszenz des Haarkleides aufweisen. (Das Englische Parkrind zeigt z.B. trotz direkter Auerochsenabstammung und deutlicher Ähnlichkeit nicht die ursprüngliche Farbe, sondern die, die den Kelten als heilig galt, nämlich weiß.)

Darüber, was der (Wald- und Steppen-) Tarpan war, herrscht weiterhin große Uneinigkeit unter den Wissenschaftlern. Es könnte sein, dass das Sorraiapferd dem Steppentarpan Asiens recht ähnlich ist. Es darf angenommen werden, dass der Turkmene eine Verwandtschaft zum Steppentarpan aufweist. Betrachtet man in NISSEN (1976) die Darstellung eines Turkmenen vom Jomudsk-Schlag aus dem letzten Drittel des 19. Jahrhunderts, fällt die große Ähnlichkeit zu Berbern, aber auch Sorraiapferden auf. Bedenkt man, dass das Sorraiapferd und der Konik nachweislich (JANSEN et al. 2002) eine gemeinsame genetische (mtDNS) Wurzel haben, die sie von allen anderen bisher untersuchten Pferderassen genetisch unterscheidet, liegt die Annahme nahe, dass es sich hierbei um das direkte Erbe des (Steppen-) Tarpans handelt. Ob der Steppentarpan dabei dem hier beschriebene Typ III gleichzusetzen ist, ist völlig offen. Der kräftigere, rundlichere Waldtarpan als direkter Vorfahre des Koniks könnte nach der polyphyletischen Hypothese z.B. durch eine natürliche Vermischung von Typ III und Typ I an deren Verbreitungsgrenzen entstanden sein. Über mögliche Vermischungen von Typ III und Typ II mit Einsetzen der Würmeiszeit spekuliert SCHÄFER (2000) im Hinblick auf die Entstehung von Pferden vor 500.000 bis 110.000 Jahren (*Equus mosbachensis*, Knochenfunde, altdiluviale Mosbacher Sande), die mit 165cm Stockmaß an heutige Warmblutpferde erinnern. SCHÄFER (2000) schreibt die Veranlagung zu Größenwachstum und Knochenstärke den Typen II und III zu, während er eine Veranlagung zur Kleinwüchsigkeit bei den Typen I und IV ansiedelt.

Warum sollte, ja muss uns dieser wissenschaftliche Disput interessieren? Für den Pferdehalter/-züchter ergeben sich aus den verschiedenen Hypothesen für Phänomene wie charakterliche Besonderheiten, schwierige Pferde, körperliche Möglichkeiten und Grenzen, Gesundheit etc. völlig unterschiedliche Interpretationen der Ursachen und der Problemvermeidung. Als Beispiel sei hier die Rückzüchtung auf möglichst ursprüngliche Formen im Naturschutz erwähnt. Um den Tieren besonders gute Überlebenschancen einzuräumen wählt man Tiere, die den wilden Vorfahren sehr ähnlich scheinen, da man hofft, dass diese Tiere die besten Voraussetzungen (Anpassung an die ökologische Nische) mitbringen. Beim Heckrind versucht man beispielsweise, um dem Auerochsen möglichst nahezukommen, nicht nur die Größe wieder herzustellen, sondern auch die Hornform (wie eine Forke nach vorne geschwungen, nicht zur Seite), weiß man doch nicht, ob diese ursprüngliche Form bei der Verteidigung gegen Wölfe u.a. notwendig war. SCHÄFER (1972, S. 158 f.) schreibt zum Schottischen Hochlandrind und den Hamiten, zu denen auch die Berber und Tuareg gehören, dass diese zu Ende der Steinzeit wandernden viehhaltenden Hirtenvölker ihre langhörnigen Rinder, die windhundeartigen Hunderassen und ihre langschwänzigen Schafe von Nord-Afrika bis nach England mitbrachten, wo sie dann vermutlich die vorkeltische Bevölkerung darstellten. Ob sie schon Pferde hatten, weiß man nicht. Windhunde gehören zu den ältesten Hunderassen überhaupt (ZIMEN 1988). Der Fund eines Hundes ähnlich dem Italienischen Windspiel in einem ägyptischen Grab der 1. Dynastie belegt das Vorhandensein der Rasse vor ca. 5.000 Jahren. Sie werden auch bei der Jagd zu Pferde eingesetzt: »Bei der Jagd wird er gerne in den Sattel genommen, damit er flüchtiges Wild dann ausgeruht verfolgen kann« (BAATZ & BAATZ 1988). Diese nordwestafrikanischen Rinder sind also Ursprung der Rasse, deren Hornform nicht dem Auerochsen ähnelt, während das Englische Parkrind vermutlich direkt auf den heimischen Auerochsen zurückgeht.

Zurück zum Pferd. Stammen alle Pferde von einem Urpferd ab, so müsste man möglichst viele unterschiedliche Nachkommen vereinen, um den ursprünglichen Genpool so gut es geht wieder herzustellen. Ist doch über den langen Zeitraum der Hauspferdwerdung Gengut verlorengegengen, und jede Züchtung entstanden durch Verarmung des Gengutes des wilden Vorfahren. Geht man statt dessen von einer Kreuzung von deutlich unterschiedlichen Unterarten oder einer Verbastardierung gänzlich unterschiedlicher Arten aus, wird man überlegen, wie der gewünschte Vorfahr gestaltet war und das Gengut durch sorgfältige Selektion aus dem Genpool der heutigen Pferde aussondern. Tatsächlich müssen Artbastarde nicht unfruchtbar sein, eine praktische Erfahrung, die der theoretischen Begriffsdefinition entgegensteht! Z.B. ist eine Goldschakalin (*Canis aureus*) mit einem Zwergpudel (*Canis lupus* forma *familiaris*) im Institut für Haustierkunde in Kiel erfolgreich verpaart und die Nachkommen (Puschas) sind über viele Generationen durch Paarung der Vollgeschwister untereinander rein weitergezüchtet worden. Die theoretischen Wege zum Zuchtziel sind demnach absolut gegensätzlich. Ein möglicher Hinweis auf die Korrektheit der Vorgehensweise und also Richtigkeit der jeweiligen Hypothese könnte die Auswilderung eines »Wildpferdes« in seiner ursprünglichen Heimat sein: Ist die erzeugte (Rück-) Züchtung gut gelungen und sind die Auswilderungsvorbereitung gewissenhaft durchgeführt worden, sollte es wenig Verluste unter den Tieren geben. Sind die

Rückzüchtungsexemplare dagegen trotz phänologischer Ähnlichkeit genetisch weit vom Ziel entfernt geblieben und passen nicht in die angebotene Nische, ist bei der Auswilderung mit hohen Verlusten durch natürliche Selektion zu rechnen. Inzucht spielt bei Equiden dagegen über Generationen keine gravierende Rolle in Bezug auf die Vitalität. Unter Annahme der monophyletischen Abstammung wird für kleine Populationen oft eine Vergrößerung des Genpools gefordert. Unter Annahme der polyphyletischen Abstammung wäre das eine unwiderbringliche Verunreinigung sehr seltenen Erbgutes, die kaum zu rechtfertigen wäre.

Stellt sich im Naturschutz die Frage, welche Pferde geeignet sind, um die gebotene ökologische Nische optimal zu besetzen (KÄMMER 2004), steht der Sportpferdezüchter vielleicht eher vor der Frage, welche genetische Kombination den erwünschten Sportler ergibt. Hier sei auf sog. »Reinzuchten« ebenso wie ständige Kreuzungen verschiedener Rassen hingewiesen: Die monophyletische Abstammung würde die Reinzucht auf gewünschte Merkmale nahelegen. Die genetische Durchschlagkraft solcher Zuchten ist bekannt. Aus der Praxis sind andererseits die Erfolge bestimmter Mixturen bekannt, die oft nur in der direkten Kreuzung (z.B. Hunter) erfolgreich sind und sich in der Weiterzucht meistens nicht festigen lassen. Dies wäre erklärbar als Heterosiseffekt (Heterosis: Bastardwüchsigkeit). Darunter versteht man eine besondere Wüchsigkeit und Leistungsfähigkeit der ersten Nachzuchtgeneration nach Kreuzung bestimmter Inzuchtlinien, Rassen oder Arten. Bekannt ist die Hybridisierung bei Pflanzen (z.B. Hybrid-Mais, -Sonnenblume), ebenso wie bei Tieren (z.B. Hybrid-Schwein, -Huhn). Die hybridogene Variabilität ist erheblich höher als bei den Ausgangsformen und ermöglicht u.a. rasche Anpassung z.B. an sich verändernde Umweltbedingungen und dadurch freiwerdende Nischen aussterbender Arten. Fast alle Kulturpflanzen sind durch Hybridisierung entstanden (STRASBURGER 1983). Bei nachfolgenden Generationen verblasst der Heterosiseffekt bald, maximal ausgeprägt ist er nur in der ersten Nachkommengeneration. Eine hohe Leistungsbereitschaft bzw. Vitalität ist oft gekoppelt mit einer gewissen Aggression und entsprechendem Bewegungsdrang. Nicht jeder Reiter kann die Energie in die gewünschten Kanäle lenken. Bei manchen Kreuzungen tritt ein Phänomen auf, das als (Hybrid-) Atavismus bezeichnet wird: ein Rückschlag auf verschwundene Eigenschaften der Vorfahren. Die Partner haben die Eigenschaften der Vorfahren durch Rassenaufspaltung und Artbildung (Evolution oder Zucht) verloren. Kreuzt man beispielsweise weiße und silbergraue Mäuse, so erhält man wildfarbene Tiere. Diese Kreuzung hat vorher getrenntes Erbgut wieder zusammengeführt. Paart man dagegen Hausziege mit Alpensteinbock, so sieht das Produkt u.U.

wie die wilde Bezoarziege (*Capra aegagrus*) aus. Dieser »Kreuzungsschock« führt zu einem Rückschlag auf den Vorfahren der Hausziege. Wurde hier etwas zusammengefügt bzw. vom Steinbock (*Capra ibex ibex*) der Hausziege wieder zugeführt, oder kam ein uraltes, verdecktes Merkmal vielleicht gemeinsamer Vorfahren zur Ausprägung, weil die »moderneren« Merkmale sich in dieser Kombination nicht durchsetzen konnten? Bei der Kreuzung von Arabern mit Haflingern kann es zur Zebrierung der Beine und zum Aalstrich bei den Kreuzungsnachfahren kommen. Je nach Abstammungshypothese sind hier unterschiedliche Erklärungen möglich.

Artgerechte Pferdehaltung sollte naturnah sein und verlangt vom verantwortlichen Halter auch eine Auseinandersetzung mit dem Thema Anpassung und Vererbung. Das Pferd verändert seine Umwelt durch sein Verhalten, es schafft sich seine eigene Umgebung. Doch wirkt sich die Umgebung, die »Scholle«, auch anders als rein selektiv auf das Pferd aus? Bekannt sind Modifikationen und Mutationen. Eine Modifikation ist nicht erblich. Diese Veränderung des Phänotyps, also der sichtbaren Erscheinung eines Lebewesens, geschieht durch Umwelt- und Entwicklungsbedingungen. Man kann das an Klonen (erbgleichen Individuen) zeigen, beispielsweise Löwenzahn, den man durch Wurzelteilung vermehrt und unterschiedlichen Bedingungen (feucht-schattig und trocken-sonnig) aussetzt. Modifikationen können reversibel oder dauerhaft sein, erblich sind sie nie. Mutationen sind irreversible Veränderungen des Gengutes und somit erblich. Es ist nicht möglich, Mutationen durch Umweltfaktoren zu beeinflussen. Eine Antilope kann sich also noch so sehr nach hohen Blättern recken, ein Giraffenhals wächst ihr dadurch nicht. Dauerregen reizt die Stehmähne auch nicht zum Kippen – wohl aber kann die Mutation »Fallmähne« ein Selektionsvorteil in regenreichen Regionen sein. Wie weit auch Menschen genetisch vorbestimmt sind, hat die Zwillingsforschung gezeigt. Andererseits kann Lernverhalten zu enormen Anpassungen führen, oder wie JÜRG JEGGE (1991) an sog. »Schulversagern« feststellen musste: Dummheit ist lernbar! Kann eine Anpassung über Generationen weitergegeben werden? Brauchen ausgewilderte (Wild-) Pferde Generationen, um sich an eine natürliche Umwelt erneut anzupassen? Neben Verhaltensweisen, die von erfahrenen Tieren erlernt werden (KÄMMER 2004), spielt die Aufzucht eine weit entscheidendere Rolle, als oftmals bewusst ist. Bei manchen Kälbergeburten, die ich als Kind erlebte, fiel uns auf, dass es Kälber gab, die kaum geboren nicht anfassbar waren und nur Flucht im Sinn hatten, während andere vom ersten Augenblick an Streichelkälber waren. Der Milchbauer erklärte uns, es läge an der Mutterkuh: scheue, neu zugekaufte Kühe brachten ebenso scheue Kälber zur Welt. Tatsächlich brachte die gleiche Kuh ein Jahr später ein Streichelkalb zur Welt. Der Bauer sagte, das sei immer so, es läge daran, dass die Kuh inzwischen zahm und vertrauensvoll geworden sei. Prägung im Mutterleib. Wie komplex solche Vorgänge sind, zeigt die moderne Forschung. Versuche an Ratten haben ergeben, dass das Verhalten der Mutter darüber entscheidet, welche Gene der Erbsubstanz ausgepackt und abgelesen werden, und welche verschlossen bleiben, also in der gegebenen Umwelt nicht gebraucht werden. Das Ablecken der Jungen veränderte nachweislich die Chemie der DNS und führte zu dauerhaften Veränderungen, die beispielsweise die Reaktion auf Stress beeinflussten (www.dradio.de, Deutschlandfunk, Forschung aktuell: Mutterliebe beeinflusst die Gene, 29.12.2004): »Wenn die Mutter sich sicher fühlt und ihr Junges häufig leckt, führt das zu einer dauerhaften chemischen Veränderung in dieser Region der Erbsubstanz... Man könnte fast sagen, es hat eine Art Grundvertrauen in die Welt mitbekommen. Ganz anders, wenn die Rattenmutter weniger umsorgend oder häufiger gestört ist. Dann bleibt das Gen für immer verpackt und die Stressreaktion gerät schnell außer Kontrolle. Ein Knacken oder ein Schatten versetzt das Tier später in Panik und das schädigt auf lange Sicht seine Gesundheit.« Die Weitergabe von emotionalen Erfahrungen (Urvertrauen ebenso wie Angst und somit Einstimmung auf und Umgang mit Umweltsituationen) von Generation zu Generation steht erst am Anfang ihrer Erforschung.

Daraus ergeben sich folgende Fragen speziell bei ganzjähriger Freilandhaltung:

Passen Pferdetyp und Habitat zusammen?

Passt die Aufzucht der Tiere zur Haltungsform / Umwelt?

Haben die Tiere ausreichend Zeit (bei Auswilderung u.U. Generationen!) zur Anpassung an die Anforderungen der Umgebung?

Da wir Menschen die Tiere in der Vergangenheit der Natur entnahmen und züchterisch veränderten, tragen wir nun auch die Verantwortung, wenn wir Tiere auswählen, um sie in die Heimat ihrer Vorfahren zurückzubringen. Fehler sind nicht gänzlich zu vermeiden, wir müssen noch sehr viel lernen. Hohe »Ausfallraten«, sprich viele tote oder kranke Tiere, die ausscheiden müssen, sollten aber nachdenklich stimmen und zur Überprüfung der Vorgehensweise führen. Wir können nur aus Versuch und Irrtum lernen. Wir wissen zu wenig, als dass durch theoretische Überlegungen alleine diese Probleme zu lösen wären. Nicht zuletzt profitiert von den Erkenntnissen die gesamte Pferdehaltung! Einzig unverzeihbar wäre, wenn Probleme in Projekten aus Angst vor

Konsequenzen verschwiegen oder schöngeredet würden – denn dann können die Probleme nicht gelöst werden und führen zu falschen, ja fatalen Annahmen für Folgeprojekte.

3.2.3 Die Megaherbivorentheorie

Als ich als Schülerin zum erstenmal in »Großponys und Kleinpferde« (SCHÄFER 1972) von der polyphyletischen Abstammungshypothese las, konnte ich mir vorstellen, wie das Kaltblutpony durch die Tundra streift und wie das Ramskopfpferd eine trockene asiatische und nordafrikanische Steppe besiedelt. Beim Habitat des Urarabers, einer fruchtbaren, savannenähnlichen Landschaft im Süden, nach SCHÄFER (1972, 2000) etwas gequält konstruiert auf Almen, wurde es schon schwieriger. Einzig das Urpony, das »warmblütige Universalpony« konnte ich mir gar nicht in dichten, europäischen Buchenurwäldern vorstellen, der überall gelehrten Klimaxvegetation Europas. SCHÄFER hält sich über sein Habitat geschickt bedeckt. Diese exmoorponyartigen Pferde waren aber von Steinzeitmenschen hier in Höhlen gemalt worden. Wo war die ökologische Nische für dieses europäische Fernwanderwild? Als ich die Veröffentlichungen von DR. BUNZEL-DRÜKE über die Beeinflussung der Landschaft durch große Pflanzenfresser (Megaherbivoren sind Riesenpflanzenfresser) las, war die Nische endlich gefunden: eine europäische Savanne, geformt von großen Herden. Seither sind beide Hypothesen für mich untrennbar verbunden. Sie ergänzen sich nicht nur, sie geben sich gegenseitig einen vertieften Sinn.

Die Megaherbivorentheorie sagt, dass Grasfresser (z.B. Riesenhirsch, Rinder, Pferde) und Riesenpflanzenfresser (Elefanten, Nashörner) durch ihr Ernährungsverhalten sich ihre eigene Landschaft schufen. Ein Elefant in Afrika kann beispielsweise innerhalb eines Tages 4 Bäume umdrücken und deren Laub fressen (WALTER 1984). Ein dichter Wald ist so zügig gelichtet bzw. gerodet. Übrig bleibt eine Savanne. Die Gräser und Kräuter der Lichtungen dieser Hudewaldlandschaft werden von den großen Grasfressern zu einem Mosaik aus Rasen, Wiese und verbissenem Dorngebüsch geformt. Tatsächlich waren in Europa Elefanten und Nashörner heimisch, die z.Z. der Ausbreitung des modernen Menschen ausstarben. Das Aussterben der großen Pflanzenfresser ist ungeklärt. Diskutiert werden Ausrottung durch den Menschen (die wehrhaften großen Tiere hatten eine geringere Fluchtdistanz, weshalb sie den intelligenten, bewaffneten Jägern möglicherweise zum Opfer fielen), Klimaschwankungen oder Katastrophen als mögliche Ursachen. Tatsache ist, dass überall auf der Welt das Aussterben einsetzte, sobald der moderne Mensch eintraf (BUNZEL-DRÜKE 2000). Das Aussterben der großen Pflanzenfresser ermöglichte vielleicht erst den dichten Wald. Die Vorstellung der Klimaxvegetation Buchenwald hat große Pflanzenfresser nicht berücksichtigt. Mit ihnen wäre in Europa u.U. nur eine Savanne denkbar, in der für die schmackhafte, fraßempfindliche Buche kaum eine Nische bliebe. Interessant ist, dass diese Überlegung von Pollendiagrammen unterstützt wird: Die Buche (*Fagus sylvatica*) fehlt in den vorangegangenen Wärmezeiten oder ist selten, während sie nach der letzten Eiszeit (nach dem großen Aussterben) plötzlich häufig zu finden ist. Auch Heidepflanzen spiegeln sich im Pollendiagramm, möglicherweise eine Folge der Besiedlung und Überweidung. Die folgende Tabelle soll dies verdeutlichen. Das warme Tertiär, zu dessen Ende der *Pliohippus* lebte, endete etwa vor 1,8 Mio. Jahren und das Quartär begann mit Kalt- und Warmzeiten, die sich abwechselten. Die Cromer-Warmzeit liegt in der Mitte des Quartär.

Der Riesenhirsch könnte der Schelch des Nibelungenliedes sein. Ob die Geschichten von »ritterlichen« Einhörnern mit ausgestorbenen Nashörnern in Verbindung stehen, und mangels Überlebender auf Pferde übertragen wurden, ist ein interessanter Gedanke. Das Sibirische Einhorn (*Elasmotherium sibiricum*), ein Riesennashorn der südrussischen Steppen mit einem einzigen, riesigen Horn, das auf Gras spezialisiert war, starb bereits Mitte des Quartärs aus. Der Höhlenbär war wie der Panda ein Pflanzenfresser. Auffällig ist die Verbreitung von Buche und Heide in der letzten Nacheiszeit. Giftpflanzen wie Buchsbaum und Eibe könnten bei hohem Weidedruck Vorteile gehabt haben. Laubbaumpollen bleiben auf die Wärmezeiten beschränkt, während Nadelbaumpollen immer gefunden werden können. Die Frage, ob das (Haus-) Pferd ursprünglich ein Steppentier war, ist also berechtigt, denn die Verbreitung der Equiden umfasste eine Vielzahl von Biotopen. Die Tundra des Nordens (Typ II-Pferde) ist dabei deutlich unterschiedlich von den südlicheren Steppen (Typ III-Pferde). Die savannenähnlichen Landschaften im Bereich des heutigen Persiens (Typ IV-Pferde) war wärmer als die europäische Savanne (Typ I-Pferde). Somit besiedelten die Vorfahren unserer Pferde ein riesiges Areal unterschiedlichster Klimazonen mit mehr oder weniger offener Landschaft. Feuchtigkeit war immer auch verbunden mit mosaikartiger Verbuschung und Einzelbäumen. »Da das Pferd aus der Steppe kommt, wo es praktisch keine Bäume als Schutz gegen Nässe und Wind gab, entwickelte es sich zu einem unvergleichlich witterungsfesten Tier« (ULLSTEIN 1996). Dieser These vom »Klimawiderständler« muss hier

Tab. 19: Vorkommen von Großwild und typischen Pflanzen. Die Ziffern geben Anzahlen von Arten an, +: häufig, +-: selten, -: fehlend. »Andere Laubbäume« sind: Erle, Birke, Hainbuche, Hasel, Eiche, Weide, Linde und Ulme. Wc: Cromer-Warmzeit, Ke: Elster-Kaltzeit, Wh: Holstein-Warmzeit, Ks: Saale-Kaltzeit, We: Eem-Warmzeit, Kw: Weichsel-Kaltzeit. Verändert nach STRAKA (1975) und BUNZEL-DRÜKE (1994).

NW-Europa	Wc	Ke	Wh	Ks	We	Kw	Nacheis-zeit
Zeit vor heute	>50.000 0				125.000 -70.000	70-10.000	seit ca. 10.000 Jahren
Moderner Mensch	-	-	-	-	-	seit 40000	+
Elefanten	2	1	1	-	1	-	-
Mammute	1	1	1	2	1	1	-
Waldnashorn	1	1	1	-	1	-	-
Steppennashorn	-	-	1	-	1	?	-
Wollnashorn	-	1	-	1	1	1	-
Pferd	1	1	1	1	1	1-3	
Europäischer Esel	-	-	1	1	1	1	-
Europäisches Flusspferd	1	-	1	-	1	-	-
Rothirsch	1	1	1	1	1	1	1
Riesenhirsche	1	1	1	1	1	1	-
Elche	1	1	-	1	1	1	(1)
Ren	1	1	-	1	1	1	-
Moschusochse	1	1	-	1	-	1	-
Europäischer Wasserbüffel	1	-	1	-	-	-	-
Wisente	1	1	1	1	1	1	(1)
Auerochse	-	-	1	?	1	1	-
Säbelzahnkatze	1	-	1	-	-	1	-
Löwe	1	-	1	1	1	1	-
Leopard	1	1	-	-	1	1	-
Höhlenbär	1	1	1	1	1	1	-
Braunbär	-	-	1	1	1	1	(1)
Buche	+-	-	+-	-	-	-	+
andere Laubbäume	+	-	+	-	+	-	+
Buchsbaum	-	-	+-	-	-	-	-
Eibe	-	-	+-	-	+-	-	+-
Nadelbäume	+-	?	+	+	+	+	+-
Heide	-	?	+-	+-	+-	+-	+
Wiese (Gräser, Kräuter)	+-	?	+-	+	+-	+	+-

unter Berücksichtigung verschiedener möglicher Typen und der skizzierten Verbreitung widersprochen werden. Besagte These ist zu indifferenziert und wird den neueren Erkenntnissen ebenso wenig gerecht, wie der sich daraus ergebenden artgerechten Haltung. OELKE (2004) berichtet von seinen halbwilden, scheuen Sorraiapferden (Typ III, am ehesten Steppenbewohner), dass sie sich bei ihrer Freilassung im Wildreservat Vale de Zebro (Tal der Wildpferde), Portugal, sofort im lichten Wald versteckten und eine Woche lang nicht mehr blicken ließen. Er schließt daraus, »dass die weitläufige Ansicht, Pferde seien nur Steppentiere, nicht verallgemeinert werden kann und auf jeden Fall neu überdacht werden muss.« SCHÄFER (2000) schreibt von frisch importierten Islandpferden, die ja seit ungefähr tausend Jahren ohne Fremdblutzufuhr rein gezüchtet wurden: Sie suchten »sofort nach der Freilassung aus der Transportkiste die Deckung von Büschen und Bäumen auf, und, wenn sie die Möglichkeit dazu hatten, verspeisten sie jederzeit Blätter mit Genuss.« Auf Island gibt es fast nur Grasland und Ödland. Diese Beobachtung leitet zum nächsten Kapitel über, in dem die Plastizität des Erbgutes des Pferdes betrachtet wird.

3.3 Evolution und Zucht

Wie einschneidend die langsamen Veränderungen durch die Klimaschwankungen waren, ist allgemein kaum bekannt. Während der Eiszeiten war der Meeresspiegel teilweise 100m niedriger als in den Wärmezeiten. Das Süßwasser war in den Eismassen gebunden und das Klima entsprechend trockener. Auf dem heutigen Deutschland lagen zeitweise 3km dicke Gletschermassen, ein Gürtel von weniger als 300km war eisfrei mit Tundravegetation. Die Jahrestemperatur lag in den Eiszeiten 8-12°C niedriger als heute. Die Erwärmung verursachte durch Tauen, Niederschläge und sehr langsamen Anstieg des Meeresspiegels auch Naturkatastrophen und Überschwemmungen, die bei Überwindung natürlicher Wasserbarrieren plötzlich ganze Landschaften (und Kulturen?) versinken ließen.

Vor diesem Hintergrund kann die Evolution des Pferdes nachdenklich machen. Verglichen mit dem Menschen sind seine Strategien und Anpassungen uralt, verändert hat sich in erster Linie der Fortbewegungsapparat. Der moderne Mensch (*Homo sapiens sapiens*) folgte auf den

Neanderthaler (*Homo sapiens neanderthalensis*) vor ca. 40.000 Jahren, also während der letzten (Weichsel-) Eiszeit. Der Übergang vom niederen Menschenaffen zu den höheren Affen in Form des *Pierolapithecus catalaunicus* vollzog sich vor 13 Mio. Jahren. Das Pferd hat sich während des Quartärs (Beginn vor ca. 1,8 Mio. Jahren) kaum verändert, ja, SCHÄFER sieht im Uraraber (Typ IV) fast unverändert den grazilen *Pliohippus* bewahrt. Wer einmal spielende Esel im Imponiergehabe beobachtet hat, wird in ihnen die wahren »Trinker der Lüfte« erkennen und somit zugeben müssen, dass arabische Pferde sehr archaische Verhaltensweisen und Merkmale aufweisen. Vor 13 Mio. Jahren befanden sich die Equiden gerade nach der Umstellung von vorwiegend Laub- auf vorwiegend Grasnahrung und liefen noch auf 3 Zehen, deren Reduktion bis vor 5 Mio. Jahren benötigte (FRANZEN 2002), nach SCHÄFER (2000) im *Pliohippus* jedoch schon vor 10 Mio. Jahren verwirklicht war. SCHÄFER datiert die Entstehung unserer heutigen Pferde aus dem etwa 300kg schweren *Pliohippus* auf die Zeit vor ca. 3 Mio. Jahren. Entscheidend scheint, unabhängig von der genauen Datierung, dass die wesentlichen Merkmale, die ein Pferd zu seiner Lebensweise befähigen, schon sehr früh entwickelt wurden. Seit dem Morgenrötepferdchen, das in tropischen Wäldern (STRAKA 1975) bei Messel als tapirähnliches, hauskatzengroßes Tier Lorbeerblätter und Weintrauben naschte, sind 55 Mio. Jahre vergangen. Die Entwicklung vom Gebüschducker zum Steppenlauftier fasst FRANZEN (2002) folgendermaßen zusammen: »Demnach hätte die gesamte Entwicklung der Pferde zu hochspezialisierten Lauftieren nur dazu gedient, trotz erheblich zunehmender Körpergröße die notwendige Fluchtgeschwindigkeit zu erhalten und zugleich die Ausdauer zu steigern.« Die Steigerung der Körpergröße wird interpretiert als Schutz vor und Abwehr von Raubtieren bei günstiger Fortbewegungsmechanik für schnelle Flucht mit sparsamem Energie- und Wasserverbrauch (HOWE & WESTLEY 1993). Anders gesagt, waren die kleinen, schnellen Vorfahren in Verhalten und Lebensweise den größeren Nachfahren trotz der Unterschiede schon sehr ähnlich, das Erbe ist ausgesprochen konservativ. Bedenkt man die enormen Schwankungen in Klima und Vegetation über die riesigen Zeiträume, so erstaunt die erfolgreiche Anpassung, die die Pferde als Stand- und Fernwanderwild (Halb-) offener Weidelandschaften fast unverändert bis heute überleben ließ. Die Polyphyletiker leiten hieraus eine wenig plastische, züchterisch schwer beeinflussbare Erbmasse ab – erprobt, selektiert und gefestigt über Jahrmillionen – deren Veränderbarkeit durch Mischung der verschiedenen Typen züchterisch positiv beeinflusst werden konnte (SCHÄFER 2000). Der Esel wurde früher als das Pferd domestiziert aber züchterisch weniger verändert; offenbar sind Esel mindestens so konservativ wie Pferde, oder es standen weniger unterschiedliche Ausgangsformen (Nordafrikanischer, Nubischer und Somali-Wildesel, alles Unterarten von *Equus asinus*) zur Verfügung.

3.4 Aushagerbarkeit von Böden

BRIEMLE et al. (1991, S. 22) stellen fest: »Versuche zur Umwandlung von Fett- in Magerwiesen haben gezeigt, dass viele Flächen ein so hohes Nährstoffpotential aufweisen, dass sie sich auch noch nach 10 Jahren Aushagerung nicht in Magerrasen, also Wiesen mit weniger als 35 dt/ha Trockenmassenertrag, umwandeln lassen (SIMON 1987). Die Aushagerung verläuft auf trockenem, wenig wüchsigem Boden schneller als auf grundwassernahen Flächen mit großer natürlicher Wüchsigkeit (STÄHLIN et al. 1975). Die Aushagerung dauert aber sehr viel länger als die Nährstoffanreicherung (SIMON 1987), da bei Düngung (insbesondere mit P und K) die natürliche Stickstoffnachlieferung stimuliert und damit erhöht wird (WELLER 1977, BRIEMLE 1988b).« Es ist also weder sinnvoll noch kurzfristig (über wenige Jahre) durchführbar, ackerfähige Lehm- oder Tonböden zu extensivieren. Diese Böden sind z.T. sehr wertvoll und sollten nicht mit viel Aufwand und höchst fraglichem Erfolg in ihrem Ertrag vermindert werden. Leichtere Böden (z.B. sandige Lehme und Sandböden) lassen sich dagegen relativ einfach und schnell extensivieren und sind für naturnahe Pferdehaltung oft besser geeignet. Die ertragsärmsten Zustandsstufen der Böden umfassen die besonders armen Böden (z.B. Heide oder Sumpf bzw. Moor) oder flachgründige Böden über Gestein. Diese Böden sind, wenn überhaupt, nur begrenzt (Witterung) als Pferdeweide nutzbar (z.B. Hochalm im Sommer) oder die Besatzdichte muss extrem gering sein (weniger als 0,3 GV/ha).

Die Ziele der Extensivierung sind die Erhöhung der Artenvielfalt und die Aushagerung des eutrophierten Standortes. Aushagern bedeutet, dem Standort Nährstoffe zu entziehen. Die Verarmung an Makronährelementen (Stickstoff, Phosphor, Kalium) wird z.B. durch Entfernen von Aufwuchs (4 Mahden im Jahr sind günstig) durchgeführt, damit sich andere, i.d.R. artenreichere Grünlandgesellschaften einstellen können. Mineralische Dünger sind dann gewöhnlich nach 5-7 Jahren aufgebraucht. Die Verdrängung von Weidelgras durch Ruchgras ist auf ärmeren Böden nach etwa 8 Jahren zu erwarten.

Zu den nicht aushagerbaren Böden zählen natürliche Anreicherungsstandorte. Darunter versteht man Grundwasserböden z.B. unter Wiesen, Erlenbrüchen und Eichen-Hainbuchenwäldern (Gley), fruchtbare Ablagerungen nach Erosion durch Wasser (Kolluvien) und Aulehm durch Überflutung und Anschwemmung feinkörnigen Materials (Aueböden). Aber auch fruchtbare Standorte wie tiefgründig-frische Braunerden (brauner Laubwaldboden), Parabraunerden (Tonanteile und Mineralien durch Sickerwasser in tiefere Schichten der ehemaligen Braunerde verlagert), meliorierte Pelosole (verbesserte Tonböden), Pseudogleye (staunasser Waldboden) und entwässerte Anmoore sind für eine Aushagerung wenig sinnvoll. Potentielle Magerrasenstandorte sind dagegen Böden, die für produktive Gräser ungünstige Bedingungen bieten. Man kann einen Standort, der weniger als 35dt Trockenmasse pro ha und Jahr an Aufwuchs erbringt, als Magerrasen definieren. Man kann aber auch Wuchsfaktoren zur Charakterisierung heranziehen: Liegt die Jahresdurchschnittstemperatur unter 6°C, ist die Bodenfeuchte niedriger als »mäßig trocken« oder ist die natürliche Nährkraft (Gründigkeit, Humosität und biologische Aktivität spielen hier eine Rolle) »ziemlich gering«, so handelt es sich um einen potentiellen Magerrasenstandort. Hierzu zählen viele Sand- und Kalkböden, z.B. Podsol unter Heide oder Muschelkalk in den Alpen. Allgemein kann man feststellen, dass eine Grünlandzahl unter 40 Bodenpunkten bei der Bodenschätzung für einen leistungsschwachen Standort steht. Die Aushagerung von basen- und nährstoffreichen Standorten kann selbst bei 2 bis 3 Mahden im Jahr über 15 Jahre dauern. PK-Düngung und intensive Nutzung fördern die Ansiedlung und Ausbreitung von Schmetterlingsblütlern (Leguminosen) wie Klee.

Die Produktivität von Grünland, das zur Pferdehaltung heranziehbar ist, ist stark abhängig von der Feuchtigkeit des Bodens. Frischer bis mäßigfeuchter Boden ist am produktivsten. Hier sind die Mähweiden angesiedelt. Auch ohne Düngung können solche Standorte u.U. jahrelang hohe Trockenmasseerträge (z.B. 17 Jahre lang im Durchschnitt jährlich 67dt/ha von einer ungedüngten Berg-Glatthaferwiese, Schiefer 1984 zitiert in Briemle et al. 1991) liefern, weil Dauergrünland eine überraschend hohe Stickstoffnachlieferung zeigt, die nur durch Fixierung von Luftstickstoff auch ohne Leguminosen erklärbar erscheint. »Offenbar besitzt jeder Grünlandstandort einen durch die Umwelt bestimmten »Humusspiegel«, d.h. einen durch Klima, Boden, Nutzungsweise, Düngung und andere Faktoren nach oben begrenzten Humusgehalt. Wird er überschritten, dann setzt verstärkte Zersetzung und Mineralisation ein, was eine ständige Nährstoffabgabe an die Grasnarbe bedeutet. Möglicherweise ist dies der Punkt, an dem durch die jahrzehntelange Aufdüngung der Böden die N-Festlegung in eine N-Freisetzung umschlägt« (BRIEMLE et al. 1991). Im Trockenen wie im Nassen findet weniger Wachstum statt. Die Ursache dafür liegt an der niedrigeren Nährstoffverfügbarkeit (Stickstoff und/ oder Mineralstoffe) dieser Standorte: Neben Feuchtigkeit benötigen die Bodenorganismen und die Wurzeln ein Mindestmaß an Bodenbelüftung für Atmung und Zersetzung allgemein.

Unterschiedliche Grünlandgesellschaften stellen sich in Abhängigkeit von der Feuchtigkeit ein: Kleinseggenried (mäßig nass) – nährstoffreiche Feuchtwiese (feucht) – Pfeifengraswiese – feuchte Glatthaferwiese (mäßig feucht) – typische Glatthaferwiese – Goldhaferwiese (frisch) – Borstgrasrasen – trockene Glatthaferwiese – Halbtrockenrasen (mäßig trocken) – Trockenrasen (trocken).

Seit dem Ende des Zweiten Weltkrieges hat sich die Landbewirtschaftung grundsätzlich verändert. Eine Extensivierung strebt zumindest teilweise eine Rückführung in den Zustand vor 60 Jahren an: »Durch Extensivierungsmaßnahmen sollen die Ursachen des Artenrückgangs, nämlich vor allem Entwässerungsmaßnahmen, Nutzungsintensivierung und Boden-Eutrophierung durch Düngung auf geeigneten Standorten wieder rückgängig gemacht werden. Dies gilt insbesondere für Feucht- und Nasswiesen, potentielle Halbtrocken- und Borstgrasrasen, z.T. aber auch für Frischwiesen und -weiden.

Melioration und Erhöhung des Nährstoffangebotes als Voraussetzung der von der Landwirtschaft geforderten Ertragssteigerung haben zu einer starken Artenverarmung und Nivellierung der Grünlandbestände geführt. Dabei haben starke, allgemeine Aufdüngung landwirtschaftlicher Nutzflächen bzw. die langjährige Überdüngung mit Makronährstoffen (N, P und K) von durchschnittlich 70-80kg/ha im Bundesgebiet ... wesentlich zur großflächigen Standortnivellierung beigetragen« (BRIEMLE et al. 1991).

Diese Ziele wurden schon vor 20 Jahren gesteckt, um Artenrückgang, Überproduktion und Belastung des Grundwassers zu bremsen. Die intensive Nutzviehwirtschaft kann jedoch das energie- und proteinarme, rohfaserreiche Futter extensiver Standorte für die Hochleistungstiere nicht nutzen. Die Herausnahme der Flächen aus der intensiven Nutzung allein ist also noch keine Lösung, solange sich nicht ein Abnehmer für die Pflanzenaufwüchse dieser Standorte findet. Hier könnte die Haltung von genügsamen Freizeitpferden als Abnehmer von kräuterreichem Grünfutter und Heu einen Teil der Landschaftspflege übernehmen. Damit wäre auch geklärt, wer den Preis für die Biodiversität zahlt (BAUR 2003): Im Vergleich zu Tierarztkosten, kranken Pferden, Spezialfuttermitteln und teuren Haltungsformen ohne Gras ist dies für Pferdehalter u.U. die kostengünstigere Alternative.

Eine Extensivierung lässt sich in unterschiedlich großem Umfang durchführen. Entscheidender Unterschied zur intensiven Bewirtschaftung ist die Reduktion der Düngung auf das Maß des wirklichen Bedarfs der Fläche. Dass tatsächlich über lange Zeit in Deutschland weit mehr gedüngt als entzogen wurde, wurde bei der Behandlung der einzelnen Nährelemente aufgezeigt. Um den Bedarf zu ermitteln, ist die natürliche Standortnachlieferung zu berücksichtigen. Selbstverständlich ist der Zeitpunkt der Düngung an das maximale Nährstoffumsetzungsvermögen des jeweiligen Pflanzenbestands anzupassen. Das würde eine weitere Eutrophierung des Bodens verhindern. Als nächstes würde die Extensivierung die Düngermenge unter das eben genannte Maß reduzieren mit dem Erfolg, Wasservorräte und benachbarte Ökosysteme vor Nährstoffeinträgen zu schützen. Der Verzicht auf betriebsfremde, synthetische und wasserlösliche Düngemittel wäre eine durchgreifende Extensivierungsmaßnahme. Gleichzeitig wäre auf Futtermittelzukauf zu verzichten und die natürliche Stickstofffixierung mit der Nutzungsintensität in Einklang zu bringen. Hier gehören die biologischen Wirtschaftsweisen hin. Schließlich kommt man bei den verschiedenen natürlich oder kulturell bedingten Lebensgemeinschaften und Landschaftstypen an, die schützenswert sind. Je nach Einsatz von menschlichen oder tierischen Landschaftspflegern ergeben sich unterschiedliche Resultate, z.B. die vom Menschen gemähte Streuwiese, die von großen Grasfressern gestaltete Halboffene Weidelandschaft oder der sich ohne Beweidung und Mahd einstellende Bewuchs (Verbuschung, Waldbildung).

Wenig bekannt ist, dass eine abrupt einsetzende Extensivierung problematisch sein kann. Jede Lebensgemeinschaft, auch die einer Düngewiese, besteht aus Wechselwirkungen, die sich aus Standort, Nutzung und Artengefüge ergeben. Eine einseitige Veränderung führt zu einem neuen Gleichgewicht, das auf ehemaligen Fettwiesen zumeist jahrelang durch stickstoffliebende (nitrophile) Störungszeiger beherrscht wird. Bekannt ist das Bild plötzlich brachfallender Orchideen-Feuchtweiden, auf denen sich statt der angeblich durch Beweidung gefährdeten Orchideen dann Hochstaudenfluren aus Disteln, Brennnesseln, Mädesüß, Weidenröschen und Ampfer festsetzen. Auch Weiße Taubnessel, Beinwell oder Giersch stellen sich gerne bei zu schneller Nutzungsaufgabe ein. Es bedarf also vieler Jahre der behutsamen Extensivierung mit geeigneten Korrekturmaßnahmen, bevor sich die Vegetation an das neue Nutzungsregime und den abnehmenden Nährstoffspiegel des Bodens angepasst hat. Speziell die Entnahme von Pflanzenmaterial ist für den Prozess entscheidend. Entstehen Lücken im Bestand, kann es sinnvoll sein, diese durch Saat geeigneter Pflanzen zu füllen, bevor unerwünschte Lückenfüller (neuerdings oft giftige Greiskräuter) Fuß fassen.

3.5 Pflegemaßnahmen in der Extensivierung

In diesem Kapitel erfolgt eine kurze Vorstellung der Möglichkeiten der Veränderung von Grünlandtypen. Sinnvoll kann eine Extensivierung von bisher intensiv genutzten Böden mit weniger als 30 Bodenpunkten sein. Ideal wäre die oft gewünschte Auskunft: »Dies habe ich, da will ich hin, kann ich das erreichen? Wenn ja, wie?« Leider sind die Probleme mit eutrophierten Böden aus Acker- und Grünlandnutzung weit größer, als den meisten bewusst sein wird. Die Maßnahmen zur Aushagerung und Renaturierung im Naturschutz machen manchmal den Eindruck einer Verzweiflungstat. Neben Abtrag der obersten 25cm Oberboden (VERHAGEN et al. 2001) kommen alle Maßnahmen in Betracht, die der ordnungsgemäßen Landbewirtschaftung entgegen stehen, beispielsweise Maisanbau ohne Düngung (Mais zieht viel Dünger, auch wenn er ohne Düngung kümmert), Vernässung, Verstopfung der Drainagen, Absammeln der Kotballen, Entfernung des Aufwuchses, spätes Mähen zur Erzeugung von überständigem Grasland mit ausgesamten Blütenständen, möglichst geringe Besatzdichte (kein Golfrasen). Während sich hohe Stickstoffgehalte des Bodens noch relativ leicht verringern lassen (siehe Böden, Nährelemente), gibt es Probleme beim Aushagern von Kalium und erst recht von Phosphor (GILBERT et al. 2003). Versuche zur Stickstoffverarmung wurden mit Zuckerlösungen und Sägemehl durchgeführt (MORGHAN & SEASTEDT 1999, PASCHKE et al. 2000, BLUMENTHAL et al. 2003, CORBIN & D´ANTONIO 2004). Die ausgebrachten Kohlenhydrate sollen Bakterien fördern und zur Verringerung des pflanzenverfügbaren Stickstoffs führen. Die Methode ist sehr umstritten. Verblüffend gute Resultate der sich von selbst einstellenden Vegetation zeigt die Erfahrung oft auf von Natur aus armen Böden (z.B. Sand) nach Maisanbau. Falls die Samenbank des Bodens durch lange intensive Nutzung verarmt ist und keine Verbindung zu bestehenden Populationen besteht, kann man mit dem Ausbringen von samentragendem Pflanzenmaterial (Mähgut) oder Rohhumus bzw. Oberboden aus Biotopen mit hoher Artenvielfalt nachhelfen (PYWELL et al. 1995). Oft fehlen nicht nur die erhofften Pflanzen für die Wiederbesiedlung der zur Verfügung gestellten Nische. Auch z.B. Laufkäfer benötigen 7-15 Jahre für die Wiederbesiedlung nach konventionellem Landbau. Insbesondere lichtbedürftige Hungerkünstler unter den Pflanzen findet man heute auf den Roten Listen. Das sind zumeist Pioniere, die als schwer zu halten gelten und z.B. in Heiden, Savannen und Steppen bzw. nach Beweidung und »Bodendegradation« zu Hause sind. Wichtige Rückzugsgebiete sind »liegengelassene« Ecken auf armen Böden und ungenutzte Streifen. Dabei ist die Artenvielfalt

(Samenbank des Bodens) des Rückzuggebietes deutlich von dessen Alter abhängig – je älter, desto wertvoller. Ein Leitfaden zur Offenhaltung und Pflege der Landschaft mit Pferden wird zur Zeit anhand von statistisch erhobenen Erfahrungen (Fragebogenaktion des Büros Coenos Landschaftsplanung GmbH, Schwarzwaldstraße 29, 79211 Denzlingen) im Auftrag der Landesanstalt für Umweltschutz Baden-Württemberg, Postfach 210752, 76157 Karlsruhe erarbeitet. Diese Studie soll Naturschutzverbänden, Fachverwaltungen, Pferdezüchtern, Pensionspferdebetrieben, Pferdehaltern und Reitvereinen eine Hilfe bei Landschaftspflegemaßnahmen im Rahmen von Pflegeverträgen geben. Interessierten Pferdehaltern seien die Werke von BRIEMLE et al. (1990), FINCK et al. (2004), und DIERSCHKE & BRIEMLE (2002) empfohlen. Interessierte aus Landschaftspflege und Naturschutz sind zudem mit OPPERMANN & GUJER (2003) sowie NOWAK & SCHULZ (2002) gut versorgt.

Bisher betrachtete man Magerwiesen als durch nicht ausgeglichene Materialentnahme vom Menschen künstlich verarmte Standorte. Magerrasen und Streuwiesenpflanzen speichern große Mengen an Reservestoffen bodennah bzw. unterirdisch (bis zu 75%). Der karge Aufwuchs ist also nur ein Teil, nämlich der sichtbare, der gesamten Produktion. Hinzu kommt die (Roh-) Humusproduktion aus der sich mehr oder weniger zersetzenden Streu. Humus ist u.a. ein Kohlenstoffspeicher. Die Zersetzung des Torfs der Moore (riesige C-Speicher!), die gleichzeitige Methanproduktion durch Entwässerung dieser Ökosysteme und die Erwärmung der Permafrostböden mit beginnender Zersetzung des gefrorenen Materials tragen ebenso zu »Global Change« bei, wie die intensive Ackerwirtschaft, die den Humusgehalt des Bodens unter Bewirtschaftung minimiert. Altes Grünland zeigt einen dreimal höheren Humusgehalt als Ackerboden! Besonders schlecht sieht es mit dem Humus unter Maisanbau aus, obwohl hier enorme Mengen an Dünger dem Boden und dem Mais zugute kommen. Der Dünger geht hier in den Aufwuchs, im Winter ist der Acker der Auswaschung und Erosion meist schutzlos ausgeliefert. Ökologisch betrachtet ist Maisanbau abzulehnen, als standörtliche Extensivierungsmaßnahme jedoch eine geeignete Methode zur Aushagerung.

Vielleicht schuf sich das Großwild Europas ursprünglich in weiten Teilen des Kontinents eine savannenähnliche Landschaft. Die Gräser etc. sind auf Konkurrenzvorteil durch Verbissfestigkeit selektiert und speichern ihre Reserve unterirdisch. Dann wäre eine sich kaum zersetzende Rohhumusschicht (Magerrasen: Streu; Moor: Torf) bzw. ein hoher Humusgehalt in den obersten 30cm fruchtbarer Grünlandböden eine ganz natürliche Festlegung von Kohlenstoff aus der Atmosphäre. Die Armut der Magerwiesen entsteht hier vor allem dadurch, dass die Nährstoffe nicht verfügbar sind, selbst wenn sie im Boden vorhanden sind. Die Zersetzung wird z.B. durch Trockenheit, Nässe oder saures Bodenmilieu behindert. Die Pflanzen können quasi die Bodenschätze, auf denen sie wachsen, nicht nutzen. Damit wären diese mageren Grünlandgesellschaften keineswegs künstlich sondern ein ganz natürlicher Baustein in einem riesigen Mosaik der natürlichen Landschaft Europas – und damit der Futterumgebung der Vorfahren auch unserer Weidetiere. Sprich: Der Magerrasen braucht demnach das Weidetier, wie das Weidetier an Magerrasen angepasst ist. Wenn es Probleme gibt, liegt es zumeist an der vom Menschen vorgegebenen Besatzdichte, die durch Zäune festgelegt wird. Jahrtausendelang haben Pflanzen, die heute vor Beweidung »geschützt« werden, auf Viehweiden gestanden. An der Beweidung kann es also nicht liegen, wenn man davon ausgeht, dass Pflanzenfresser und Wiesengesellschaften vor der Besiedlung durch den Menschen in einem harmonischen Gleichgewicht gemeinsam existierten. Statt dessen liegt in der Düngung und der damit verbundenen Intensivierung auch der Besatzdichte die Ursache für die plötzliche »Weideuntauglichkeit« mancher heute seltener Pflanzen.

3.5.1 Mahd

Die Mahd von Grünland ist ökologisch unter zwei Aspekten zu sehen: der Nährstoffversorgung (Aushagerung) des Standortes und der Wirkung auf die Artenvielfalt.

Die Nährstoffversorgung kann durch das Abräumen des Mähgutes verringert werden. Bleibt der Schnitt allerdings liegen und wäscht Regen die Nährstoffe aus den toten Halmen aus, kann keine Aushagerung erzielt werden. Der Schnittzeitpunkt hat verschiedene Wirkungen. Eine frühe Mahd entzieht i.d.R. mehr Nährstoffe als eine späte, weil viele Wiesenpflanzen gegen Ende der Vegetationsperiode ihre Reserven unter der Erde oder in den bodennahen Teilen speichern und dazu dorthin verlagern. Die herbstliche Verfärbung ist ein Beispiel hierfür, wenn das Chlorophyllmolekül zerlegt und die stickstoffhaltigen Teile dieses Farbstoffes ebenso wie sein Magnesium-Zentralatom im Stamm der Bäume über Winter eingelagert werden. Übrig bleiben die gelben und roten Farbstoffe des Blattes aus Kohlenstoffgerüsten, die besonders nach sonnigen Sommern reichlich gebildet wurden (z.B. buntes Ahornlaub nach »Indianersommern«). Die kohlenstoffreichen oberirdischen Pflanzenteile werden quasi aufgegeben und bilden eine Streuschicht, die vor Frost schützt und später zu Humus abgebaut wird. Ihre Entfernung verringert die Rohhumusbildung (organische Kohlenstoffverbindungen), kaum jedoch die Nährstoffbilanz (z.B. NPK) des Systems.

Auf die Artenvielfalt haben der Schnittzeitpunkt und die Häufigkeit großen Einfluss. Die Schnittverträglichkeit der vorkommenden Arten, ihr Entwicklungsrhythmus (z.B. einjährig, mehrjährig), Wuchs- und Vermehrungsstrategien sowie Keimfähigkeit der Samen verlangen je nach Bestand Berücksichtigung. Allgemein ist festzustellen, dass ein früher Schnitt zu Sommeranfang auf Böden mit ungünstiger Nährstoff- und Wasserversorgung zu einer Erhöhung der Artenvielfalt führt. Auf guten Böden bewirkt ein früher Schnitt dagegen eher monotone Gesellschaften. Streuwiesen bilden prinzipiell eine Ausnahme und sind gesondert zu betrachten. Generell ist die Artenvielfalt auf kalk- (basen-)reichen Standorten höher als auf sauren (basenarmen).

Bei der Mahd sollte nicht nur die Entwicklung des Pflanzenbestandes im Auge behalten werden, sondern auch die Auswirkungen auf die dort lebenden Tiere. Das Mähen ist je nach Methode für Insekten, Spinnen und Wirbeltiere äußerst gefährlich. Am schonendsten ist das Mähen mit der Sense – aber leider wegen des Aufwandes kaum umsetzbar. Beim Messerbalkenmäher überleben immerhin noch 48% der Insekten (HEMMANN et al. 1987, in BRIEMLE et al. 1991, S. 23). Der Saugmäher vernichtet 84% der Insekten. Das Mulchen tötet sogar 88% dieser Tiere. Selbstverständlich werden z.T. auch Maulwürfe, Mäuse oder Kröten durch die Arbeiten vernichtet. Der Mähzeitpunkt ist entscheidend für Bestände an bodenbrütenden Vögeln. Späte Mahden (einschürig Mitte Juli) schonen diese Vögel.

Für den Pferdehalter ist auch die Werbung qualitätvollen Futterheus wichtig. Der Aufwuchs extensivierter Flächen ist zur Silierung wenig geeignet, da durch den späteren Schnittzeitpunkt bzw. die Zusammensetzung der Pflanzen den Milchsäurebakterien wenig vergärbare Zucker zur Verfügung stehen und das Pflanzenmaterial allgemein sperriger und damit schlechter verdichtbar ist. Der hohe Anteil an Kräutern bedingt zudem hohe Bröckelverluste. Der für die Pflege von Extensivgrünland oft angestrebte späte Schnitt steht auch der Verdaulichkeit und der Qualität des Heus entgegen. Energiegehalt, Rohprotein und der Gehalt einiger Mineralstoffe nimmt mit dem Alter des Aufwuchses ab, während gerüstbildende Stoffe eingelagert werden. Nach der Samenbildung geworbenes Heu ist für Milchvieh und Leistungspferde daher wertlos und dem Stroh als Einstreu quasi gleichzusetzen. Man kann den für Qualitätsheu (geeignet für Milchvieh) richtigen Zeitpunkt zur Mahd des 1. Aufwuchses in Kräuterwiesen sehr gut an den Blühzeitpunkten der Kräuter festmachen: Ende Hahnenfußblüte, Ende Storchschnabelblüte, volle Pippaublüte, volle Skabiosenflockenblumenblüte, volle Wiesenbocksbartblüte, volle Margeritenblüte, volle Wiesenglockenblumenblüte, volle Klappertopfblüte, volle Wiesenknautienblüte, volle Hornschotenkleeblüte, volle Glatthaferblüte und volle Goldhaferblüte. Interessant für den Schnittzeitpunkt ist also die für Extensivgrünland geltende »Nutzungselastizität«. Das bedeutet, dass die artenreichen Kräuterwiesen um bis zu drei Wochen später geschnitten werden können als artenarme Mähwiesen, ohne dass die Qualität durch Verlust an verdaulicher Energie sinkt. Sehr artenreiche Trespenwiesen können sogar 4–6 Wochen später geschnitten werden, ohne dass der Aufwuchs überständig und somit schwer verdaulich wird. Trotz der schwachen Erträge extensiver Grünländer ist dies vor allem in unbeständigen Klimalagen wie den typisch durchwachsenen schleswig-holsteinischen Sommern ein echter Pluspunkt. Wenn es gelingt, bei der Extensivierung Kräuter wie Spitzwegerich, Schafgarbe, Bibernelle und Wiesenknopf anzusiedeln, kann die Qualitätsbeeinträchtigung aufgefangen werden. Siedeln sich jedoch Seggen und Binsen sowie Kratzdisteln an, so ist dies eine eindeutige Verschlechterung der Qualität. Kommen hartnäckige Giftpflanzen hinzu, hat man ein sehr ernstes Problem. Je früher man diese Gefahr erkennt, desto größer ist die Chance, noch relativ einfach oder überhaupt erfolgreich gegensteuern zu können. Ist eine große Fläche erst einmal besiedelt, ist eine Korrektur schwierig.

3.5.2 Mulchen

Bei der Beurteilung des Mulchens gibt es verschiedene Denkansätze. Die einen vermuten, dass das Mulchen eine Düngewirkung hat und zu einer hohen Stickstoffnachlieferung führt, da das Pflanzenmaterial auf der Fläche verbleibt. Die anderen sehen die Auswaschung aus dem zerkleinerten Material und vermuten eine Aushagerung als Wirkung. Je nach Situation haben beide Recht. Langzeitversuche haben jedoch gezeigt, dass über die Jahre bei Mulchung die Stickstoffmangelzeiger zunehmen, und zwar schneller als auf sich selbst überlassenen Flächen! Folgendes geschieht: Das Mulchgut bleibt liegen, wird abgebaut zu Humus und erhöht so den Humusgehalt und fördert das Bodenleben (Regenwürmer, Mikroorganismen). Auf zweimal jährlich gemulchten Flächen kann die

Anzahl der Regenwürmer bis zu fünf Mal so hoch liegen wie auf brachliegenden Sukzessionsflächen. Wie sich das Mulchen auswirkt, entscheidet sich jedoch hauptsächlich durch den Standort. Auf saurem Boden bildet sich viel Rohhumus, der das Bodenleben hemmt. Auf produktiven Standorten kommt beim Mulchen u.U. mehr Pflanzenmaterial zusammen als innerhalb eines Jahres verrotten kann. Das gilt auch bei späten Mulchterminen gegen Ende des Sommers, vor allem bei trockenem Klima, insbesondere wenn nur einmal im Jahr gemulcht wird. Frühes Mulchen tötet viele Kleintiere, verhindert aber zu große Pflanzenmassen pro Mulchschnitt. Nach dem Mulchen großer Pflanzenmengen kann durch nachfolgenden Regen eine Stickstoffauswaschung aus der Fläche in angrenzende Bereiche eintreten. Da das Mulchen den Kreislauf unterbricht, und plötzlich Nährstoffe direkt in den Boden gelangen, hängt der Effekt von der Verwertbarkeit der Nährstoffe für die Pflanzen zum Schnittzeitpunkt ab: Viele Wiesenpflanzen haben Mitte des Sommers ihre produktive Phase hinter sich, setzen auf Samenbildung oder lagern Reservestoffe um und zeigen als Folge ein verringertes Wurzelsystem mit abgestorbenen Saugwurzeln. Dadurch wird verständlich, warum eine Aushagerung durch Mulchen zu dieser Zeit eintreten kann. Häufiges Mulchen fördert niedrigwüchsige und lichtbedürftige Pflanzen und erhöht die Artenvielfalt. Auf Weiden verjüngt es überständige Bestände, die nachwachsend für das Vieh wieder interessant sind und verhindert die Samenbildung auf Geilstellen. Wie alle flächigen Pflegemaßnahmen wirkt es aber der Diversität der Fläche und der natürlichen Mosaikbildung mit kleinräumigen Strukturunterschieden entgegen.

3.5.3 Beweidung

Der Einfluss von Beweidung auf Grünlandstandorte wird sehr kontrovers diskutiert. Einige Effekte stehen unstrittig fest. So führt das Beweiden zu kurzrasigen Flächen, verlangt trittfeste Arten und verdrängt bei intensiver Beweidung solche, die vertritt- und verbissempfindlich sind. Gefördert werden auf kurzrasigen, beweideten Flächen Pflanzen mit bodennahem Wuchs, nicht schmackhafte (Gift-) Pflanzen und Pflanzen mit mechanischen Abwehrstrategien (Dornen, Stacheln, Haare). Frühe und intensive Nutzung verringert die Anzahl vorhandener Pflanzenarten. Das trifft insbesondere auf produktive Standorte zu. Späte Nutzung (z.B. weil eine Mahd erfolgen soll) führt ebenso wie die Brache, bei der sich organische

Stoffe und Nährstoffe anreichern, zu einem Konkurrenznachteil bodennaher Arten, die wegen Lichtmangel von höherwüchsigen Arten verdrängt und überwachsen werden. Hahnenfuß, insbesondere der Kriechende, hat daher auf Mähwiesen im Gegensatz zu Weiden keine dauerhafte Chance.

Extensive Standweide auf wenig produktiven Standorten führt u.a. zur Verbuschung, was in Halboffenen Weidelandschaften gewünscht, in Mooren und Heiden etc. aber unerwünscht ist. Heiden sind neben der Plackenwirtschaft durch Schafweide entstanden und wurden erhalten durch die Wanderschäferei mit Großherden, die einen starken Verbiss bei langer Erholungszeit mit sich bringt. Daneben stellt sich auf extensiven Standweiden sehr kleinräumig unterschiedlicher Bewuchs ein, wodurch je nach Untergrund, Wasserverfügbarkeit und Kleinklima, Konkurrenz und Selektion ein Mosaik aus unterschiedlichen Pflanzengesellschaften mit teilweise hoher Artenvielfalt entsteht.

3.5.4 Nutzung von Extensivgrünland als Einstreu im Stall

Überständiges Pflanzenmaterial kann u.U. durchaus als Einstreu an Stelle von Stroh genutzt werden. In Süddeutschland war die Streuwiesenwirtschaft in Gegenden mit geringem Getreideanbau weit verbreitet. Die Vorteile z.B. der Riedstreu bestehen in folgenden Punkten: frei von Pestiziden, wenig Unkrautsamen, größerer Mineralgehalt (Ca, Mg), Düngewert mindestens vergleichbar dem Stroh, für Mist und Kompost besser geeignet als Stroh (engeres C/N-Verhältnis), teilweise als Futter von Tieren angenommen. Die Nachteile dieser Streu sind: eventuell Parasitenvorkommen (Leberegel), u.U. geringere Saugfähigkeit, manchmal größere Staubentwicklung, geringerer P- und K-Gehalt und u.U. enthaltene Giftpflanzen.

Das Bundesamt für Forstwesen der Schweiz gab 1983 eine Liste von Streupflanzen heraus. Demnach gelten als sehr gute Streupflanzen eine ganze Reihe von Seggen (Scharfkantige, Buxbaums-, Zweizeilige, Steife, Zierliche, Ufer-, Geschnäbelte und Blasen-Segge), aber auch Knötchen-Simse, Rohrglanzgras, Großer Schwaden, Blaues und Strand-Pfeifengras. Als gute Streupflanzen sind wieder einige Seggen angegeben (Zittergras-, Zweistaubblättrige, Braune, Rispen- und Sonderbare Segge), sowie Wald-Simse, Schmalblättriges Wollgras (!), Spitzblütige Binse, Reitgras, Schilf, Rohrschwingel, Kalmus und Adlerfarn. Letzterer ist giftig, führt aber erst nach der Aufnahme großer Mengen (2-3kg täglich) über einen längeren Zeitraum (ca. 1 Monat) zu tödlichem Vitamin B-Mangel, denn Adlerfarn enthält wie Sumpfschachtelhalm ein Vitamin B-spaltendes Enzym.

3.6 Gezielte Beeinflussung einzelner Grünlandtypen

Im Folgenden soll die gezielte Beeinflussung einiger Grünlandtypen nach BRIEMLE et al. 1991 (verändert) dargestellt werden, um dem Leser einen Eindruck von den Möglichkeiten zu vermitteln, die Extensivierungsmaßnahmen bieten. Für Pferdehaltung ungeeignete Grünlandtypen werden hier nicht vorgestellt. Es muss darauf hingewiesen werden, dass Erfahrungen mit Beweidung zur Landschaftspflege durch Pferde und Rinder gerade erst gesammelt und ausgetauscht werden. Sie sind also noch keineswegs als wissenschaftlich abgesichert zu betrachten (siehe FINCK et al. 2004).

3.6.1 Überdüngte ehemalige Pfeifengraswiesen

Zu erkennen sind diese Wiesen an noch vereinzelt anzutreffenden Pfeifengräsern und Streuwiesenpflanzen: Silge, Schwalbenwurz-Enzian, Weiden-Alant, Sumpf-Schafgarbe, Färber-Scharte, Lungen-Enzian, Nordisches Labkraut, Brenndolde und Teufelsabbiss sind Charakterarten. Daneben finden sich Blaues Pfeifengras, Hirsen-Segge, Prachtnelke, Kugel-Rapunzel, Sumpf-Hornklee, Sumpf-Kratzdistel, Sibirische Schwertlilie und Blutwurz häufig. Ansonsten wachsen typische Fettwiesenpflanzen, die der Fläche schon im Hochsommer ein für Streuwiesen untypisch vergilbtes Aussehen bescheren. Wurde die Fläche als Fettwiese genutzt, überwiegen entsprechende Gräser, ansonsten entwickelt sich bald eine Hochstaudenflur. Bei den Böden handelt es sich um verschiedene Grundwasserböden (Gley, Anmoor-Gley, Pseudogley, Gleypodsol). Der mittlere Grundwasserstand liegt bei 30 bis 60cm unter Flur.

Zu allererst sollte die Ursache der Störung beseitigt werden. Die Überdüngung einer Fläche stellt eine Störung des Gleichgewichts dar, die verschiedene Ursachen haben kann: Entwässerungsmaßnahmen auch in der Umgebung führen zu einem verstärkten Trockenfallen des Grundwasserbodens mit vermehrter sauerstoffabhängiger Zersetzung (Kompostierung) der Rohhumusteile des Bodens. Den Pflanzen stehen durch diese Steigerung der Produktivität des Bodens plötzlich mehr Nährstoffe zur Verfügung. Früher Schnitt fördert schnellwüchsige, frühe Arten, verdrängt späte, langsam- und niedrigwüchsige Streuwiesenpflanzen. Die Düngung der Fläche, auch indirekt über Eintrag aus angrenzenden Intensivkulturen, ist eine ständige Störgröße. Auch das Brachfallen, also ausbleibende Nutzung mit Streuentnahme, stellt eine Änderung des Gleichgewichts mit zunehmendem Nährstoffangebot durch Streuzersetzung und somit eine Düngung dar, die die Wiese für Mädesüß und Sumpfsegge attraktiv macht. Jeder in die offene Fläche eindringende Baum fördert die Stickstoff-Nachlieferung des sonst armen Bodens durch sein Laub, wie bereits aus der Savanne bekannt (ELLENBERG 1986).

Zur Nährstoffverarmung (Aushagerung) mäht man die Flächen abwechselnd ein Jahr zweimal (1. Schnitt Mitte Juni, 2. Schnitt im Oktober) und ein Jahr nur im Herbst. Der Schnitt im Sommer reduziert die wuchsfreudigen Pflanzen, schwächt aber auch die spät blühenden und absamenden Streuwiesenarten, weshalb er u.U. nicht jedes Jahr sinnvoll ist. Der späte Schnitt entfernt Material, ohne den Streuwiesenpflanzen, die ihre Nährstoffe zum Winter rechtzeitig in tiefere Zonen verlagert haben, zu schaden. Wurde die Fläche lange Zeit als Fettwiese genutzt, kann eine zweischürige Mahd der ungedüngten Fläche so lange erfolgen, bis die Vegetation sich durch Aushagerung zu verändern beginnt (Kontrolle der Artenzusammensetzung nötig).

Pfeifengraswiesen gehören zu den physiologisch stickstoffärmsten Böden überhaupt. Da die sparsamen Streuwiesenpflanzen die Nährstoffe in einem inneren Kreislauf durch Verlagerung in geschützte Organe zum Winter hin wiederverwertbar speichern und somit mehrmals zum Aufbau von Kohlenhydraten nutzen, bleibt die Produktion einer solchen Wiese auch ohne jegliche Düngung erstaunlich hoch (Ertrag bei Spätschnitt 43–95dt/ha). Diese ökonomische Anpassung der Pflanzen ist aber nur bei einem Spätschnitt zur Streunutzung (quasi Stroh, niedrige Nährwerte, kein Futter, kein Heu!) erfolgreich. Düngung ist bei richtig bewirtschafteten Streuwiesen daher völlig überflüssig.

3.6.2 Nährstoffreiche Feucht- und Nasswiesen (Sumpfdotter- und Kohldistelwiesen)

Außer den namengebenden Arten finden sich charakteristischerweise Wiesensilge, Kuckuckslichtnelke, Sumpf-Vergissmeinnicht, Sumpf-Hornklee, Wiesen-Knöterich, Traubige Trespe, Wald-Simse, Sumpf-Pippau und Breitblättriges Knabenkraut. Auffällig sind weiterhin Bach-Nelkenwurz, Mädesüß, Bach-Kratzdistel, Wolliges Honiggras, Kriechender Hahnenfuß, Sumpf-Schachtelhalm, Flatter-Binse, Wiesen-Schaumkraut, Wald-Engelwurz, Blut-Weiderich, Trollblume und Sumpf-Storchschnabel. Sumpfdotterwiesen sind oft gemähte, ehemalige Mädesüßbestände. Nicht nur der Artenreichtum der Pflanzen ist beachtlich, auch die Fauna ist sehr artenreich auf diesen Nasswiesen vertreten. Der Boden (Moor- und Grundwasserböden, mittlerer Grundwasserstand 30 bis 120cm unter Flur) zeichnet sich durch teilweise extreme Wasserstandsschwankungen aus. Trocknen die Flächen im Hochsommer zeitweise ab, werden sie kurzzeitig (intensiv-) weidefähig. Wegen des hohen Ertrages (ungedüngt 10-20dt/ha, gedüngt 26-60dt/ha, mäßig feucht 25-50dt/ha, nass-feucht 40-60dt/ha) sind 2 bis 3 Mahden möglich, vorausgesetzt, der sumpfige Boden lässt den Einsatz von Erntemaschinen zu. Um diese hohen Futterwerte zu erzielen wird meist auf Kosten seltener Arten entwässert und gedüngt um »wertvolle« Futterpflanzen zu fördern. Wird bei gleicher Nutzung nicht gedüngt, sinkt der Ertrag oft bald drastisch ab. Auf mineralstoffreichem Untergrund kann die Aushagerung jedoch auch Jahrzehnte dauern.

Eine Verarmung des Standortes in Richtung Pfeifengraswiese ist möglich, für Pferdehalter aber eher unattraktiv. Sinnvoller ist die Erhaltung als extensive Futterwiese. Um die Erträge hoch genug zu erhalten, kann schwach mit Festmist, aber nicht mit Gülle gedüngt werden. Zur Erhaltung der Artenvielfalt sollte eine Mahd Mitte Juni erfolgen und nachfolgend vorsichtige Beweidung in trockenen Jahren. Die statt Beweidung sonst empfohlene Mahd im Herbst ist zwar sicherlich zur Erhaltung des Pflanzenbestandes sinnvoll, für Pferdehalter aber sinnlos, da das Mähgut zu dieser Jahreszeit kaum getrocknet (pilzfreies Heu) oder siliert (Zuckergehalt niedrig, Rohfasergehalt zu hoch, schwer zu verdichten) werden kann.

3.6.3 Glatthaferwiesen

Bis vor 40 Jahren (60er Jahre des 20. Jahrhunderts) war diese Form des Dauergrünlands in Deutschland in niedrigen Lagen weit verbreitet. Es kann zweimal gemäht werden, wobei man den weniger wertvollen 2. Schnitt nach dem Heuschnitt als Öhmd oder Grummet bezeichnet (Restmahd). Die Feuchtigkeit des Standortes bewirkt unterschiedliche Artenzusammensetzungen, so dass sich drei Varianten unterscheiden lassen (frisch-feucht: Kohldistel-Glatthaferwiese; die typische Variante; trocken: Salbei-Glatthaferwiese). Streuobstwiesen mit hochstämmigen Obstbäumen gehören ursprünglich zur typischen Glatthaferwiese. Dieser Lebensraum ist besonders artenreich (Fauna und Flora) und hat einen hohen Erholungswert. Insekten wie die solitär lebende Mauerbiene (wichtige natürliche Bestäuber der Obstbäume) finden hier ganzjährig Nahrung und Unterschlupf, wenn durch extensive Nutzung reiche Blühaspekte erhalten bleiben.

Kohldistel-Glatthaferwiese

Häufige bzw. auffällige Arten sind Wiesen-Fuchsschwanz, Großer Wiesenknopf, Kuckuckslichtnelke, Engelwurz, Kohldistel, Tag-Lichtnelke, Wiesen-Schaumkraut, Wiesen-Pippau, Zottiger Klappertopf, Zaun-Wicke und Glatthafer. Die Wiesengesellschaft verträgt 2 bis 3 Heuernten bei Festmist- (und Jauche-) Düngung auf tiefgründigen Standorten. Der Standort ist im Winter reichlich feucht, im Sommerhalbjahr deutlich trockener. Der Boden ist durch Staunässe und Wechselfeuchte geprägt (Pseudogley, also Staunässeboden, oder pseudovergleyte Parabraunerde, ein entsprechender ursprünglicher Waldboden mit Verdichtung durch Tonverlagerung). Starke Mähnutzung (3-4 Mahden, bis 100dtTM/ha) und Düngung fördert den konkurrenzstärkeren Wiesen-Fuchsschwanz auf Kosten des Glatthafers. Liegen normalerweise 75% der Biomasse dieser Wiese unter der Erde (Wurzeln), so erhöht die starke Düngung den oberirdischen Zuwachs. Brache bewirkt Verarmung, auf nassen Standorten setzen sich Hochstauden durch. Kultivierung der Brache ist durch diese wuchskräftigen aber als Futter ungeeigneten Kräuter schwierig. Eine Aushagerung zwecks Bereicherung des Artenspektrums ist auf den nährstoffreichen, tiefgründig-frischen Böden schwierig. Auch ohne Düngung führen 2-3 Mahden pro Jahr kaum zum Erfolg. Die natürliche Stickstoffnachlieferung kann über 100kg/ha betragen. Statt dessen kann Mähen und Mulchen (Juni und August) die Flächen im gegebenen Zustand halten oder gezielte räumliche/zeitliche Beweidung die Artenzusammensetzung verändern.

Typische Glatthaferwiesen

Hier finden sich neben dem Glatthafer auch Wiesen-Labkraut, Wiesen-Pippau, Wiesen-Glockenblume und Zaun-Wicke. Auffällig und häufig sind Wiesen-Bärenklau, Wiesen-Kerbel, Wiesen-Knäuelgras, Wiesen-Schwingel, Pastinak, Wolliges Honiggras, Margerite, Wiesen-Storchschnabel, Wiesen-Flockenblume und Wiesen-Bocksbart. Der Standort ist etwas trockener als die Kohldistel-Glatthaferwiese. Die Böden sind mittel- bis tiefgründig und oft ehemalige Waldböden (Braunerden). Als hochwüchsige Mähwiese liegt der Ertrag im Mittel bei 86-95dtTM/ha. Bei Nährstoffmangel verdrängen das Honiggras und die Margerite den Glatthafer. Brache führt zu nitrophilen Stauden- und Saumgesellschaften, die ohne zu bewalden jahrzehntelang unverändert bleiben. Eine erneute Kultivierung ist meist erfolgreich, wenn die Futterpflanzen die Brache überdauert haben. Einen Erhalt der Fläche verspricht Mulchen Mitte Juni (Förderung der Arten des Wirtschaftsgrünlandes) oder 2-3 Mahden mit Festmistdüngung. Aushagerung kann u.U. nach mehreren Jahren bei zwei- bis dreifacher Mahd ohne Düngung zum Erfolg (Verdrängung der Obergräser bei Förderung lichtbedürftiger Rosettenpflanzen und Magerkeitszeiger) führen. Auf nährstoff- und basenreichen Böden ist auch nach 15 Jahren nicht mit einem Erfolg der Aushagerung zu rechnen.

Salbei-Glatthaferwiesen

Die dem Halbtrockenrasen ähnlichen Wiesen sind zweischürig und wärmeliebend. Man findet Weiche Trespe, Wiesen-Salbei, Aufrechte Trespe, Knolligen Hahnenfuß, Skabiosen-Flockenblume, Gewöhnlichen Hornklee, Flaum-Hafer, Wiesen-Knautie und Margerite. Die Böden sind leichter, nur selten durch Staunässe pseudovergleyt. Es liegt keine Grundwasserbeeinflussung vor, sondern mäßig trockene, trockene oder wechseltrockene Verhältnisse, so dass das Wasser zum begrenzenden Faktor wird. Eine Intensivierung der Bewirtschaftung ist dadurch ursprünglich schwierig, wird aber durch hohe Stickstoffgaben (Stickstoff ersetzt Wasser) möglich. Eine intensivere Bewirtschaftung reduziert die Artenvielfalt. Mehr als 2 Mahden (50-70dtTM/ha) begünstigen Unkräuter wie Storchschnabel und Labkraut. Einsatz von Gülle fördert Wiesen-Kerbel und Bärenklau. Brache bewirkt die Umwandlung in eine Saumgesellschaft, je feuchter und wärmer, desto schneller. Rohhumusbildung führt zur Artenverarmung und zum Anstieg der Bodenfeuchte. Schlehen können über Ausläufer rasch vordringen. Ein- bis zweimaliges Mulchen (Juni-Juli und August) hagert den Standort bei Trockenheit bald aus und führt Richtung Halbtrockenrasen. Für die Zunahme der

Artenvielfalt und der Magerkeitszeiger ist das positiv. Die natürliche Stickstoffmineralisation verringert sich. Geeignete Beweidung könnte eventuell hilfreich sein, um ein vielfältiges floristisches Mosaik zu erzeugen, das wiederum als Habitat für unterschiedlichste Tierarten attraktiv wäre.

3.6.4 Gebirgs-Fettwiesen (Goldhaferwiesen)

Goldhaferwiesen sind weniger wüchsig als die Glatthaferwiesen. Sie finden sich in den höheren Lagen (über 500m). Ursprünglich wurde die 1-2-schürige Wiese mit Festmist gedüngt. Neben Goldhafer finden sich Wiesen-Kerbel, Wiesen-Pippau, Wiesen-Glockenblume, Schwarze Teufelskralle, Weicher Pippau, Schwarze Flockenblume, Große Bibernelle und Weißes Labkraut. Häufig und auffällig sind weiterhin Frauenmantel, Wald-Storchschnabel, Bärwurz, Scharfer Hahnenfuß, Rauer Löwenzahn, Gewöhnliches Ruchgras, Wiesen-Bärenklau, Margerite, Roter Wiesenklee, Wiesen-Knäuelgras, Wiesen-Schwingel, Wald-Rispengras, Wiesen-Knöterich und Blutwurz. Versauerung ohne Staunässe (geneigte Hanglagen) leitet über zum Borstgrasrasen (gefördert durch Verarmung bei extensiver Nutzung), nasse nährstoffreiche Böden zur Trollblumen-Bachdistelwiese. Der Goldhafer verdrängt den im Tiefland erfolgreichen Glatthafer, der mit der kürzeren Vegetationszeit, den kälteren Temperaturen, den höheren Niederschlägen bei entsprechender Nährstoff-Auswaschung und der geringeren Bewirtschaftungsintensität der Höhenlagen weniger gut zurechtkommt. Auf trockenen Standorten können sich oft Rotes Straußgras und Horst-Rotschwingel durchsetzen. Intensive Beweidung fördert Kammgras. Der Goldhafer ist auf gedüngte, nicht zu saure Böden angewiesen und bringt bei Mahd 50-70dtTM/ha (ungedüngt nur ca. 30dtTM/ha). Brache reduziert den Anteil an Schmetterlingsblütlern, fördert ansonsten Kräuter. Die Artenzahl wird durch Brache erhöht, ebenso die Streuauflage, was das Eindringen von Gehölzen erschwert. Mulchen im Juni fördert die Artenvielfalt. Traditionell ist eine zweischürige Mahd (Juni und Herbst) ohne Düngung. Das erhält das Artenspektrum, hagert den Standort aber aus. Trocken-basenarme Standorte entwickeln sich dann zu Borstgrasrasen, basenreiche zu Kalk-Magerrasen.

3.6.5 Eutrophiertes Grünland (Weidelgras-Gesellschaften)

Um leistungsfähiges Grünland für hohe Besatzdichten mit Vieh und möglichst vielen Schnitten (mehr als 3 Mahden, z.B. für Silage) zu erhalten, war es nötig Gräser zu finden und durch Zucht zu verbessern, die Düngung entsprechend gut nutzen können und auf Mahd und Beweidung nicht empfindlich reagieren. Das für diese Fettweiden und wiesen am besten geeignete Gras ist das Deutsche Weidelgras (*Lolium perenne*) in einer Vielzahl von Sorten.

Vielschnittwiesen und Mähweiden (Löwenzahn-Weidelgras-Gesellschaft)

Hier finden sich besonders häufig neben dem Deutschen Weidelgras das Wiesen-Rispengras, das Wiesen-Knäuelgras, Wiesen-Löwenzahn, Wiesen-Lieschgras, Weiß-Klee, Stumpfblättriger Ampfer, Wiesen-Kerbel, Wiesen-Bärenklau, Bastard-Weidelgras, Ehrenpreisarten, Spitzwegerich und Gewöhnliche Wiesen-Schafgarbe. Waren früher für diese Gesellschaft eine günstige Wasserversorgung und tiefgründige, gute Böden notwendig, so stellt ELLENBERG 1986 fest: »Die verbleibenden Grünlandbetriebe haben intensiviert. Tieflandsweiden werden daher heute so gut gedüngt und mit so viel Vieh besetzt, dass das Artengefüge ihres Rasens in erster Linie durch diese beiden Faktoren bestimmt wird. Einerlei, ob es sich um Sand-, Lehm- oder Torfboden handelt, herrschen hier Weidelgras-Weißkleeweiden. Auf diese Bodenunabhängigkeit der Intensivweiden machte vor allem KLAPP (1950) an Hand vieler gründlich untersuchter Beispiele aufmerksam.« Entscheidend ist früh einsetzende und intensivste Nutzung. Der Ertrag liegt zwischen 80-120dtTM/ha bei entsprechender Düngung. Beweidung fördert das Weidelgras im Vergleich zu den anderen Gräsern, starke (Gülle-) Düngung fördert die Doldenblütler. Insgesamt sind diese Grünländer artenarm und monoton. Gefährdete Tier- und Pflanzenarten finden hier kein Auskommen. Überdüngung gefährdet nicht selten das Grundwasser und Verunkrautung mit Stumpfblättrigem Ampfer stellt sich ein. Brache führt u.U. zu recht stabilen Hochstaudenfluren (Mädesüß-Brennnessel-Bestände). Aus Gewässerhygienischer Sicht ist eine Mindestpflege von 2-3 Mahden zur Reduzierung des Stickstoff-Austrags angebracht. Eine Aushagerung Richtung Glatthaferwiesen kann auf geeigneten Böden versucht werden.

Weidelgrasweiden (Weidelgras-Kammgras-Gesellschaft)

Häufig anzutreffen sind neben Weidelgras Wiesen-Lieschgras, Wiesen-Kammgras, Weiß-Klee, Wiesen-Rispengras, Wiesen-Löwenzahn, Gänseblümchen und Großer Wegerich. Die typische, intensiv genutzte und gedüngte Weide. Je intensiver desto artenärmer. Auf nährstoffärmeren Böden vor allem im Bergland ursprünglich Neigung zur Ausbildung von Rotschwingel-Straußgras-Gesellschaften. Weidelgrasweiden sind leistungsfähiger (86-112dtTM/ha) als alle natürlichen Weidegesellschaften und sie bieten die Möglichkeit einer quasi optimalen Nutzung der Mineralstoffe (Biomasse, Tierproduktion). Diese Weiden gehören zu den eintönigsten Pflanzengesellschaften der Erde und bieten kaum Lebensmöglichkeiten für seltene Tiere und Pflanzen. Brache führt zu Besiedlung mit hohen Gräsern und Kräutern, Gehölze dringen auf offenen Stellen ein. Auf trockenen Böden führt die Brache zu Rotstraußgras-Halbtrockenrasen mit zunehmend Magerkeitszeigern (z.B. Kleines Habichtskraut, Hasenbrot). Späte Mahden (Juni, Oktober) ohne Düngung fördern die Aushagerung, der Ertrag nimmt deutlich ab. Auf nass-feuchten Standorten breitet sich gerne Rasenschmiele aus. Ein Zurückdrängen zugunsten von Feuchtwiesenarten ist durch gezielte Mahd und Beweidung möglich (siehe Gräserteil: Rasenschmiele).

3.6.6 Magerrasen, (Halb-) Trockenrasen

Ursprünglich wurden alle Magerrasen beweidet. Zwar sind sie innerhalb der andauernden letzten Wärmezeit entstanden und damit relativ jung, glaubt man der Megaherbivorentheorie, so könnte ihre Verbreitung jedoch vielleicht sehr alt sein, vorausgesetzt, große Pflanzenfresser lebten hier und schufen sich ihre eigene Futterumgebung. Doch das ist Spekulation. In jedem Falle kommen in ihnen die seltenen, lichtbedürftigen Hungerkünstler unter den Pflanzen auf ihre Kosten. Untergrund (Boden) und Exposition (z.B. Nord- oder Südhang) sind entscheidend für die Unterschiede zwischen den Flächen. Während Halbtrockenrasen wiesenähnliche Bestände bilden, sind Trockenrasen lückig trotz komplett durchwurzeltem Boden. Für viele Pferde wäre es aus gesundheitlichen Gründen wünschenswert, auf mageren Standorten zu laufen, zumal diese Flächen am ehesten dem entsprechen, was in einer Steppe oder Savanne anzutreffen wäre. Für den Pferdehalter und Futtermittelhersteller interessant sind sie, stellen sie doch laut KLAPP (1971, zitiert in BRIEMLE et al. 1991) so etwas wie eine Heilkräuter-

Apotheke in der Fütterung dar. Ein Verschnitt mit Intensivwiesenheu könnte durchaus profitabel sein. Ohne Beweidung neigen die Flächen zur Vergrasung, Verbuschung und in humidem Klima zur Vermoosung mit dichter Streu- bzw. Rohhumusauflage, die auf entsprechenden Böden zu einer Versauerung und Vermoorung führen kann.

Die Intensivierung der Landwirtschaft machte es nötig, für den Naturschutz wertvolle Flächen aus der Beweidung herauszunehmen, um sie vor Überdüngung und hohen Besatzdichten zu schützen. Da Schafe und Ziegen keine intensivierte Haltung erfuhren, waren sie oft die gewählten Extensiv-Weidetiere. Doch sind Standweiden und Wanderweidewirtschaft (große Schafherden wirken ähnlich einer Mahd mit Düngung) grundsätzlich unterschiedlich, und diese kleinen Weidetiere haben ein völlig anderes Fressverhalten als Pferde oder gar Rinder. So waren sie kein entsprechender Ersatz für die Jahrhunderte alten Bewirtschaftungsmethoden. Mit der Extensivbeweidung im modernen Naturschutz ergibt sich vielleicht nun die Möglichkeit einer rentablen und somit größerflächig durchführbaren Erhaltung extensiver Weiden. Speziell der Pferdehaltung könnte diese Entwicklung neue (alte) Türen öffnen.

Borstgras-Magerrasen

Auf flachgründigen, basenarmen Standorten ohne Grundwasserbeeinflussung können sich folgende Arten einstellen, vor allem in Hochlagen, jedoch auch auf ärmsten Böden im Norden, wie eine über 300 Jahre nachweislich beweidete Fläche mit Borstgras, Arnika und Kreuzblume nahe dem dänischen Apenrade belegt: Häufig sind Borstgras, Arnika, Schafschwingel, Heidekraut, Sparrige Binse, Preiselbeere, Rot-Schwingel, Gewöhnliches Ruchgras, Kleines Habichtskraut und Blutwurz. Charakteristisch sind daneben Geflecktes Johanniskraut, Hunds-Veilchen, Wald-Läusekraut, Flügel-Ginster, Gelber Enzian, Alpen-Bärlapp, Weißzüngel, Gold-Fingerkraut, Schweizer Löwenzahn, Gewöhnliche Kreuzblume, Niederes Labkraut, Deutscher und Behaarter Ginster. Entscheidend ist neben dem armen, sauren Boden ein kühles, humides Klima. Vor etwa 200 Jahren waren Borstgrasheiden in den Hochlagen vieler Mittelgebirge vorhanden (z.B. Harz, Solling, Sauerland, Hoher Venn). Die Eifel wurde schon vor über 5.000 Jahren (ELLENBERG 1986) durch Beweidung (v.a. Rinder, Schafe, Ziegen) und Einwirkung der Hirten (Axt und Feuer zur Erweiterung der Weiden) zu einer Gebirgsheide geformt. Die Verjüngung der Zwergsträucher erfolgt im Gebirge selten durch Abplaggen, eher durch Mähen und Absicheln zur Winterstreu. Wo das basische Grundgestein von sauren Lehmen bedeckt ist, geht die Heide auch in der Eifel in

Borstgrasrasen über. Was im vergangenen Jahrhundert nicht durch Düngung in modernes Grünland überführt wurde, wurde aufgeforstet. Skitourismus und Sozialbrache machen die Bergweide als Ursache der Borstgrasrasen nun wieder attraktiver. Sie eignen sich nur zur extensiven Beweidung (Schafe, Jungvieh, Mutterkuhhaltung). Der Ertrag liegt ungedüngt bei 5-20dtTM/ha. Sie sind relativ trittbeständig und trocken. Düngung überführt Borstgrasrasen in Rotschwingel-Straußgrasweiden. In Tieflagen lässt sich Weidelgrasweide etablieren. Brache führt zur Verbuschung (Zwergsträucher wie Heide) und Bewaldung.

BRIEMLE et al. (1990) stellen fest: »Großflächig kann das komplexe System der Borstgrasrasen auf Dauer jedoch nur über extensive Beweidung erhalten werden. Um den Gehölzflug zu bekämpfen, hat sich besonders an steilen Lagen der Einsatz von Ziegen bewährt. Da jedoch Schafe und Ziegen anders selektieren als Rinder und erstere besonders Rosettenpflanzen wie Berg-Wohlverleih (*Arnica montana*), Weißzüngel (*Leucorchis albida*) oder Schweizer Löwenzahn (*Leontodon helveticus*) erfassen, sollten zur Verbesserung des Weideeffekts alle drei Weidetierarten wechselweise eingesetzt werden.« Bei sinnvoll gewählter, niedriger Besatzdichte und günstiger Verteilung auf Rinder, Pferde, Schafe und Ziegen ist sicherlich auch eine Standweide zeitlich begrenzt möglich.

Halbtrockenrasen und Trockenrasen (Kalk-Magerrasen)

Entscheidend für die Entstehung ist hier die Flachgründigkeit des Standortes, der nie grundwasserbeeinflusst sein sollte. Während die Wasserversorgung im Frühjahr und Herbst normal ist, kann es in regenarmen Perioden zu Wassermangel mit entsprechender Einschränkung der Produktivität kommen. Beim Trockenrasen treten diese Mangelsituationen regelmäßig ein.

Es finden sich auf Halbtrockenrasen häufig Tauben-Skabiose, Skabiosen-Flockenblume, Aufrechte Trespe, Wiesen-Salbei, Zypressen-Wolfsmilch, Gewöhnlicher Wundklee, Gewöhnlicher Hornklee, Kugel-Teufelskralle, Flaum- und Trift-Hafer, Kleiner Wiesenknopf und Zittergras. Charakteristisch sind Stengellose Kratzdistel, Knolliger Hahnenfuß, Silberdistel, Futter-Esparsette, Helm-, Brand- und Kleines Knabenkraut, Ragwurzarten, Gefranster, Deutscher und Kreuz-Enzian sowie Warzen-Wolfsmilch.

Trockenrasen beherbergen häufig Gewöhnliches Sonnenröschen, Scharfer Mauerpfeffer, Edel- und Berggamander, Karthäusernelke und Frühlings-Fingerkraut. Als charakteristisch gelten Gewöhnliche Küchenschelle, Zarter Lein, Glanz-Lieschgras, Gewöhnliche Kugelblume, Heideröschen, Trauben-Gamander, Wimper-Perlgras, Erd-Segge, Faserschirm, Rauer Alant und Sand-Esparsette.

Gemeinsam ist allen (Halb-) Trockenrasen die Nährstoffarmut. Die natürliche Stickstoff-Nachlieferung beträgt höchstens 20-30kgN/ha im Jahr. Entstanden sind die Standorte durch Mahd und Beweidung ohne Ausgleich über Düngung, sowie die Austrocknung des Oberbodens, die die Zersetzung und somit die Nährstoffnachlieferung stoppt. Beweidung fördert die schnittempfindliche Fieder-Zwenke (*Brachypodium pinnatum*), Mahd die Aufrechte Trespe (*Bromus erectus*). Die Wiesen sind nutzungselastisch, d.h. aufgrund ihres Artenreichtums bleibt die Futterqualität über mehrere Wochen erhalten, wodurch das Risiko des Qualitätsverlustes bei ungünstigem Wetter sinkt, weil die Ernte in gewissem Rahmen verschoben werden kann.

Trockenrasen sind nicht nur stark gefährdet. Sie gehören zu den artenreichsten Lebensräumen Mitteleuropas und stellen durch ihr intensives Wurzelwerk einen wichtigen Erosionsschutz dar.

3.7 Probleme bei der Extensivierung

Bisher gibt es erst erstaunlich wenig Erfahrungen mit Beweidung in der Extensivierung. Die Beobachtungen sind zudem nicht unbedingt übertragbar. So zeigen Forschungen an Füchsen, die eine ähnlich weite Verbreitung aufweisen wie Pferde, dass die Lebensweisen der Fuchsgemeinschaften sich von Lebensraum zu Lebensraum unterscheiden und kaum vergleichbar sind, weil unglaublich viele Faktoren die komplexen Strategien dieser Überlebenskünstler bestimmen (MACDONALD 1993). Lange galten Weidetiere als schädlich, fressen sie doch alles ab und trampeln auf allem herum. Doch sind die schützenswertesten Flächen über lange Zeiträume durch Beweidung entstanden und nur mit ihrer Hilfe zu erhalten. Leider fehlt heute oft das Wissen um das wie, sind wir doch in den vergangenen Jahrzehnten auf »ordnungsgemäße (Intensiv-) Landbewirtschaftung« getrimmt worden, und ist auch das, was als ökologisch angewendet wird, tatsächlich eine intensive Bewirtschaftung, wenn auch unter weitgehendem Verzicht auf moderne Hilfsmittel. Fehlschläge zeigen daher weniger, dass es nicht möglich wäre, sondern eher, dass eine Maßnahme nicht optimal eingesetzt wurde und nachgebessert werden muss (Besatzdichte, Tierart, räumliche/zeitliche Anwendung etc.). Was jahrhundertelang praktiziert wurde, kann zum Erhalt der dadurch entstandenen Flächen nicht ungeeignet sein. Neben Wissen und Erfahrung des Projektbetreuers ist ein Gespür für Tiere wie Biotope absolut notwendig, denn nur durch permanente, selbstkritische und wachsame Kurskorrektur kann der Weg für die spezielle Situation zu einem Erfolg führen. Mit dem Wahrnehmen möglicherweise übersehener Faktoren steht und fällt so ein Projekt. Der Haken an der Sache ist die Rentabilität – doch hier könnte durch eine neue Nachfrage nach ökologischen Produkten (Fleisch, Heu, Kräuterprodukte) und natürlich aufgewachsenen, harten Pferden z.B. für Distanz- und Wanderreitsport eine Chance liegen. Allerdings können vor allem in der Aufbauphase eines Projektes keine gesunden Pferde abgegeben werden. Jeden Winter sollten alle geschwächten Tiere ausselektiert werden. Erst wenn die Population stabil ist, können überzählige, gesunde Pferde an Interessenten abgegeben werden. Die Lösung der Probleme kann nur mit geduldigem Beobachten und Nachbessern für jede einzelne Fläche mit klaren Kriterien gelingen. Können sich schon die einzelnen beteiligten Parteien auf kein gemeinsames Ziel einigen, ist ein Projekt zum Scheitern verurteilt. Jeder Entschluss zugunsten einer Richtung beeinträchtigt eine andere Entwicklung. Es lassen sich nie alle Ideen auf einer Fläche verwirklichen. Darum müssen die Prioritäten klar sein.

3.8 Das Savannenproblem

Eine Savanne ist ein labiles, natürliches Wettbewerbsgleichgewicht zwischen Gräsern mit ihrem feinverzweigten Intensiv-Wurzelsystem und Holzgewächsen mit extensivem Wurzelsystem. Wie gravierend Eingriffe z.B. durch Pflanzenfresser in dieses Gleichgewicht sind, beschreibt WALTER (1984) als Savannenproblem: Durch viehhaltende Völker kommt es in Afrika immer wieder zur Überweidung der Vegetation. Ist das Gras zu sehr verbissen, sinkt die natürliche pflanzliche Transpiration auf den Flächen, der Bodenwassergehalt steigt. Dadurch werden Holzgewächse gegenüber den Gräsern bevorteilt. Hinzu kommt die Samenausbreitung der Holzgewächse über den Kot des Viehs. Es setzt eine Verbuschung der Savanne ein. Die Dornbüsche (Weideunkräuter) werden im Siedlungsbereich von den Menschen zum Bau von Kralen als Schutz vor Raubtieren ebenso verwendet wie als Brennholz. Zurück bleibt eine anthropogene

Wüste. Dort wachsen nur noch einjährige (annuelle) Gräser, die zu Beginn der Trockenzeit verdorren. Sind die strohigen Reste verbraucht, verhungert das Vieh.

In einer Savanne können Jäger und Sammler in geringer Zahl ihre Rolle im Gleichgewicht ausüben. Auch viehhaltende Nomaden können in Grenzen integriert sein. Schwierig wird die Viehhaltung sesshafter Bauern, wenn nach Verdrängung der natürlichen Pflanzenfresser die frei gewordenen Nischen nicht passend besetzt werden, und ungünstige Populationsgrößen das natürliche Gleichgewicht nachhaltig stören. Der Auslöser für Völkerwanderungen ist gesetzt.

3.9 Vegetation Halboffener Weidelandschaften – Richtungsweisend für zukünftige Saatgutmischungen für Pferdeweiden

Für eine gesunde Pferdehaltung ist die Zusammensetzung der Gräser auf der Weide entscheidend. Als Beispiel seien hier Erfahrungen aus dem Naturschutz in Schleswig-Holstein genannt. Zur Pflege von Extensivgrünland wurden neben Rindern (Galloway und Scottish Highland) polnische Primitivpferde (Koniks) ausgewildert. Während es auf der einen Fläche (Trockenrasen auf Sandboden, nachweislich niemals intensiv bewirtschaftet, da Truppenübungsplatz schon seit der Kaiserzeit) keine Probleme gab, zeigten die Koniks auf der anderen Fläche (Sumpfwiesen aus ehemaligen Salzwiesen auf Sandboden, Extensivierung nach intensiver Landbewirtschaftung) alle Symptome, mit denen Freizeitpferde zu kämpfen haben:

Innerhalb kurzer Zeit verfetteten die Tiere zusehends. Die Hufe wuchsen stark und brachen nicht natürlich ab – vermutlich hatten die Pferde eine leichte Hufrehe durchgemacht. Über Winter mit viel Frost und Schnee sollten die Pferde abnehmen. Es war noch reichlich altes, vergilbtes Gras auf der Fläche. Die Tiere nahmen auch ab, einige Tiere erkrankten jedoch sehr schwer an überstürztem Fettabbau (Hyperlipidämie, auch Hyperlipämie genannt).

Interessant ist die sehr unterschiedliche Zusammensetzung von Gräsern und Kräutern auf den Flächen, die Rückschlüsse zulassen auf die Eignung als Saatgut für Pferdeweiden. Auf dem Trockenrasen des Truppenübungsplatzes werden einige Flächen für das Winterfutter einschürig gemäht (Heumahd), danach steht die gesamte Fläche (z.Z. 260ha) wieder den Tieren (ca. 80 Galloways und 5 Koniks) zur Verfügung. Es finden sich u.a.:

Mähwiese:

Ruchgras	*Anthoxanthum odoratum*
Kammgras	*Cynosurus cristatus*
Lieschgras	*Phleum pratense*
Wiesen-Fuchsschwanz	*Alopecurus pratensis*
Geknieter Fuchsschwanz	*Alopecurus geniculatus*
Glatthafer	*Arrhenatherum elatius*
Wiesen-Schwingel	*Festuca pratensis*
Wolliges Honiggras	*Holcus lanatus*
Wiesen-Rispengras	*Poa pratensis*
Flatterbinse	*Juncus effusus*
Wiesen-Segge	*Carex nigra*
Vielblütige Hainsimse	*Luzula multiflora*
Großer Sauerampfer	*Rumex acetosa*
Sumpfdistel	*Cirsium palustre*
Acker-Schachtelhalm	*Equisetum arvense*

Auf den Weideflächen kommt dort zusätzlich folgende Vegetation zahlreich vor:

Rotes Straußgras	*Agrostis capillaris*
Knäuelgras	*Dactylis glomerata*
Weiche Trespe	*Bromus hordeaceus*
Gras-Sternmiere	*Stellaria graminea*
Schafgarbe	*Achillea millefolium*
Zahntrost	*Odontites rubra*
Augentrost	*Euphrasia officinalis*
Thymian	*Thymus serpyllum*
Rundblättrige Glockenblume	*Campanula rotundifolia*
Berg-Sandglöckchen	*Jasione montana*
Wiesen-Knautie	*Knautia arvensis*
Teufelsabbiss	*Succisa pratensis*
Jakobs-Greiskraut	*Senecio jacobaea*
Rainfarn	*Chrysanthemum vulgare*

Deutsches Weidelgras findet sich auf dem Trockenrasen des Truppenübungsplatzes nur ausnahmsweise direkt auf den Wanderwegen in kleinen Kolonien, die sich offensichtlich nicht ausbreiten können, schon gar nicht in die Fläche. Sie wurden vermutlich von Spaziergängern eingeschleppt.

Ein völlig anderes Bild zeigt sich auf den sumpfigen Weideflächen des ersten Auswilderungsjahres (ehemalige, eutrophierte Salzwiesen, schon länger vom Meer abgeschnitten und ausgesüßt) der weniger glücklich gestarteten Konikherde. Hier lassen sich drei Bereiche unterscheiden:

- kurzrasig, bevorzugt begraste Flächen im Feuchtgrünland, oft um die freien Wasserflächen herum
- überständige, wenig aufgesuchte Sumpfflächen (Winterreserve)
- trockener, höher gelegener Bereich, der v.a. im Winter recht gerne aufgesucht wurde.

Hier finden sich u.a. folgende Gräser und Kräuter besonders zahlreich:

kurzrasige Fläche im schlickigen Feuchtgrünland:

Geknieter Fuchsschwanz	*Alopecurus geniculatus*
Deutsches Weidelgras	*Lolium perenne*
Wiesen-Lieschgras	*Phleum pratense*
Weißes Straußgras	*Agrostis stolonifera*
Weißklee	*Trifolium repens*

überständige Flächen im schlickigen Feuchtgrünland:

Rohrglanzgras	*Phalaris arundinacea*
Schilf	*Phragmites australis*
Weiches Honiggras	*Holcus mollis*
Gemeine Quecke	*Elytrigia repens*
Wolliges Honiggras	*Holcus lanatus*
Behaarte Segge	*Carex hirta*
Flatterbinse	*Juncus effusus*
Krötenbinse	*Juncus bufonius*
Großer Sauerampfer	*Rumex acetosa*
Wiesen-Knöterich	*Polygonum bistorta*
Gifthahnenfuß	*Ranunculus sceleratus*

trockener, höher gelegener Teil:

Rotes Straußgras	*Agrostis capillaris*
Hundsquecke	*Roegneria canina*
Glatthafer	*Arrhenatherum elatius*
Weiches Honiggras	*Holcus mollis*
Draht-Schmiele	*Deschampsia flexuosa*
Hasenpfoten-Segge	*Carex leporina*
Jakobs-Greiskraut	*Senecio jacobaea*

Die Koniks haben sich auf den kurzrasigen Flächen im Sommer mit dem schmackhaften und für Intensivweiden typischen Bewuchs der kurzrasigen Bereiche geradezu gemästet, bis im Winter schließlich nur noch wertloses Reet und ausgewaschene Altgrashorste übrig waren und die Hungerzeit zum überstürzten Fettabbau führte. Die Koniks wurden auf andere, höher gelegene Flächen gebracht, die Sumpfwiesen werden nur noch von Rindern beweidet.

Das folgende Frühjahr war sehr feucht, der Frühsommer ebenfalls. Kurz vor der Ernte änderte sich das Wetter und es kamen ein extrem trockener Sommer und Herbst. Es gab keine Probleme mit den Koniks auf den höhergelegenen Flächen. Die trockene Witterung zog sich noch durch den kalten Winter und das folgende, recht kühle Frühjahr mit hoher Sonneneinstrahlung. Der Sommer verregnete die Ernte fast komplett. In diesem Jahr, nach trockenkaltem und strahlungsreichem Vorspiel, gab es auf den höhergelegenen Flächen mit den Koniks trotz reichlich einsetzendem Regen erneut Probleme, diesmal mit Hufrehe. Während die gesunden Koniks auf dem ehemaligen Truppenübungsplatz vorwiegend mit dem Naschen von Blüten beschäftigt waren und so schon Überlegungen zur verträglichen Besatzdichte in einem floristisch kostbaren Schutzgebiet angestrengt wurden, grasten die Tiere der von Hufrehe betroffenen Herde auf ihren Extensivierungsflächen bevorzugt süßen Klee und Weidelgras. Die Vegetation zeigte Mitte Juni folgende Zusammensetzung:

höher gelegene Weide, z.T. ehemaliger Maisacker, angesät; +: bestandbildend

Kammgras +	*Cynosurus cristatus*
Deutsches Weidelgras +	*Lolium perenne*
Weißklee +	*Trifolium repens*
Wiesen-Schwingel +	*Festuca pratensis*
Kleiner Klee	*Trifolium dubium*
Honiggras	*Holcus lanatus*
Acker-Kratzdistel	*Cirsium arvense*

Diese Listen zeigen, dass die gesundheitlichen Probleme auf Flächen auftraten, die normale Vegetation heutiger Grünländer aufweisen. Deutlich ist dagegen die Abwesenheit von Weidelgras auf den als ursprünglich zu betrachtenden Trockenrasenflächen des Truppenübungsplatzes. Die Koniks dort zeigen seit ihrer Freilassung vor 3 Jahren keinerlei Erkrankungen.

Tatsächlich gibt es Firmen, die sich um möglichst optimale Saatgut-Mischungen für Pferdeweiden bemühen. Ein großes Problem dieser Anbieter sind die Käufer. Das Dilemma beginnt kurz nach der Ansaat, wenn das Saatgut nicht aufläuft und sich Unkräuter wie Melde breitmachen. Im Gegensatz zu den schnell keimenden und wüchsigen, düngefreudigen Leistungsgräsern des Futteranbaus ist das Keimverhalten und das Wachstum der wilden Gräser zumeist enttäuschend langsam. Der erwartungsvolle Käufer sieht also lange nichts und fühlt sich beim Blick zum Nachbarn, dessen Grün munter sprießt und gedeiht, betrogen. Hier gilt: Gut Ding braucht Weile.

Das nächste Desaster bahnt sich an, wenn dann kaum Biomasse, also Erntegut oder Weidegras, entsteht. Viele Wildgräser produzieren sehr ökonomisch nur soviel wie unbedingt nötig. Die Ernte ist also mager und bis das Grünland Vollertrag bringt, können Jahre vergehen. Auch hier ist Geduld angesagt.

Schließlich kommt dann u.U. ein Erwachen aus der Illusion: Der vierbeinige Liebling mag das mühevoll erwirtschaftete Grünzeug gar nicht so gerne wie das süße Grün des Nachbarn! Pferde sind Naschmäuler. Da die Wildgräser geringere Zuckergehalte im Vergleich zu manchem Futtergras aufweisen, schmecken sie fürs Pferd wie dem Kind das Schwarzbrot nach der Schokolade ... Junge Triebe werden noch gerne gefressen, aber alte Halme und oft auch alte Blätter werden verschmäht. Die Umstellung ist gewöhnungsbedürftig, sowohl fürs Pferd wie für seinen Besitzer. Tut man es trotzdem, wird man feststellen, dass Nachbars Pferde verfettet aber dauerhungrig sind und ständig Gas ablassen, während die eigenen Pferde schlanker und satt sind und keine aufgeblasenen Bäuche zeigen.

4 Kleine Gräserfibel für Pferdehalter

4.1 Die wichtigsten Gräser in der Pferdehaltung

Von einer großen Anzahl wilder Gräser kommen einige Arten besonders häufig im Grünland vor – entweder, weil sie ausgesät wurden und durch entsprechende Bewirtschaftung dauerhaft auf dem Grünland kultiviert werden konnten, oder weil sie sich von selbst dort ansiedelten. Hier seien einige häufig anzutreffende Gräser mit ihren für die Pferdehaltung interessanten Eigenschaften vorgestellt. Keinesfalls kann und soll diese kurze Abhandlung über Gräser ein Bestimmungsbuch ersetzen. Sehr empfehlenswert und für Laien verständlich ist das BLV-Bestimmungsbuch »Gräser – Süßgräser, Sauergräser, Binsen« von CHRISTIANSEN & HANCKE. Wer also tiefer gehen und mehr über Gräser erfahren möchte, sollte sich dieses oder ein anderes Buch zulegen (siehe Literatur).

Der Pferdehalter sollte sich generell klarmachen, dass zwischen der intensiven Grünlandbewirtschaftung heutzutage in Deutschland und der ursprünglichen Futterumgebung der Vorfahren unserer Pferde teilweise Welten liegen. Das betrifft z.B. die Schmackhaftigkeit der »Futtergräser«. Hohe Zuckergehalte machen schmackhaft. Wenn man Kinder vor Schwarzbrot und Schokolade setzt, werden viele vermutlich zur Schokolade greifen. Das ist aber kein Zeichen dafür, dass die Schokolade besser für die Kinder wäre als das Schwarzbrot. Haben Pferde die Wahl zwischen Kammgras und Weidelgras, werden sie das Kammgras wahrscheinlich stehen lassen. Viele Gräser werden von Pferden nur jung gerne gefressen und bleiben überständig (also verstroht, nach der Blüte) stehen. Die jungen zarten Blätter werden geschickt zwischen den alten Halmen herausgezupft und vernascht. Es entstehen auf der Weide Mosaike aus kurzgefressenen Rasenflächen mit den schmackhaften Grasarten und überständigen, kräuterreichen Grasflächen, in denen nur »genascht« wird (Gräserblüten, Gräsersamen, Kräuter). Hier entscheidet die vorhandene Fläche über die Möglichkeiten: Auf Naturschutzflächen mit minimaler Besatzdichte ist das Mosaik erwünscht und man erhofft sich im überständigen Bereich eine Ansiedlung von Sträuchern, in deren Schutz schließlich Schirmbäume (Einzelbäume) wie z.B. Eichen aufwachsen können. Es entsteht eine parkähnliche Landschaft mit einem Mosaik aus

Grasflächen, Verbuschung, Einzelbäumen und kleinen Wäldchen an Hängen und in Feuchtbiotopen. Muss man intensiver wirtschaften, wird man sicherlich das überständige Gras mähen und somit der »Verunkrautung« vorbeugen sowie mit dem jungen Aufwuchs attraktive Weidefläche schaffen.
Die Erträge weniger wirtschaftlicher Grasarten sind in der Regel erheblich geringer als bei den gewohnten, auf Hochleistung getrimmten Sorten spezieller Futtergräser. Es ist also erheblich mehr Fläche einzuplanen.

4.1.1 Süßgräser (*Poaceae* oder *Gramineae*)

Deutsches Weidelgras, auch Engl. Raygras genannt (*Lolium perenne*)

Tafel 1

Erkennungsmerkmale: Ährengras, einzelne Ährchen zweireihig mit der Schmalseite am Halm (Ährenspindel) verbunden, keine Grannen. Ausgebreitete Horste, Rasen bildend, dunkelgrün. Junge Blätter gefaltet, nicht gerollt, Blattscheiden und Halme glatt, Blattscheiden u.U. rötlich gefärbt. Blätter glänzend, auf der Unterseite deutlich gekielt, auf der Oberseite mit feinen, sichtbaren Längsriefen, ca. 3-4mm breit. 20-50(10-60)cm hoch. Blüte mittelspät von Mai bis Juli (u.U. bis Oktober). Große Variabilität durch Vielzahl an Zuchtsorten.

Lebensweise und Standortansprüche: Ausdauerndes (mehrjähriges) Untergras, wintergrün und dadurch recht frost- (und dürre-) empfindlich. Vorzugsweise maritimes Klima (luftfeucht, schnee- und frostarm). Tritt- und schnittfester Kriechpionier, der gegenüber anderen Arten durch Vertritt und Verbiss (möglichst nicht unter 3cm) gefördert wird. Frische, nährstoffreiche (stickstoffreiche), tonhaltige, schwerste, nur oberflächlich verdichtete Böden (Ton, Lehm); nicht salzempfindlich. Ideal auf Marschklei (nährstoffreiche, tonhaltige feuchte Böden der fruchtbaren Nordsee-Küstenlandschaft). Auf weniger geeigneten Standorten (Sand, Staunässe, trockene Kalkböden) durch intensive Beweidung und reichliche (Stickstoff-) Düngung aufgrund seiner vegetativen Vermehrung und der daraus resultierenden Konkurrenzstärke gegenüber höheren Horstgräsern kultivierbar.

Verwendung: Wichtigstes Weidegras bei intensiver Grünlandbewirtschaftung, aber auch zur Heugewinnung! Bildet im Ansaatjahr bereits Halme, Vollertrag aber erst ab dem zweiten Jahr. In Mischungen schnell entwickelt und damit für Mischungspartner erdrückend, später oft nicht konkurrenzbeständig (nur bei entsprechender Grünlandbewirtschaftung).

Riesiges Sortiment an Zuchtsorten für sehr unterschiedliche Ansprüche. Detaillierte Informationen zu Zuchtzielen, Inhaltsstoffen (z.B. Fruktanen), Hybridisierung mit anderen Gräsern und gentechnisch veränderten Sorten (z.B. den Einbau von Genen zur Produktion von Bakterien-Fruktanen in Gräsern) können kostenlos über Internet oder gegen ein Entgeld von 10 Euro beim Umweltbundesamt, Postfach 330022, 14191 Berlin, abgerufen werden: www.umweltbundesamt.de <http://www.umweltbundesamt.de> Texte 08/2002: Biologische Basisdaten zu *Lolium perenne, Lolium multiflorum, Festuca pratensis* und *Trifolium repens*; ISSN 0722-186X.

Die Abkürzungen hinter den Sortennamen haben folgende Bedeutung:

Ertrag: -: unterdurchschnittlich, o: mittel bis hoch, +: hoch, ++: hoch bis sehr hoch

Ausdauer: entsprechend

(t) steht für tetraploid, also verdoppelter Chromosomensatz (Erbgutsatz) 2x2n=28 Chromosomen statt normalerweise 2n=14 Chromosomen

M steht für »geeignet auch für Moorstandorte«

Lolium perenne zählt zu den wichtigsten und potentesten Erregern der Graspollenallergie (ROTH et al. 1994).

Gemeine Quecke oder Acker-Quecke (*Elytrigia repens*, früher *Agropyron repens*)

Tafel 2

Erkennungsmerkmale: Ährengras, einzelne Ährchen zweireihig mit der Breitseite am Halm (Ährenspindel) verbunden. Keine oder sehr kurze Grannen, Blätter (blau-) grün, dünn, meist flach, 3-10mm breit. Obergras mit sehr langen Wurzelsprossen (Rhizomen) mit vielen halmlosen Trieben zur Versorgung der Rhizome (Speicherorgan und Verbreitung). 0,30 bis 1,50m hoch, ausdauernd. Blüte mittelspät von Juni bis August.

Lebensweise und Standortansprüche: Ursprünglich Wurzelkriech-Pionier auf offenen Böden (Ruderalstellen) natürlicher bzw. halbnatürlicher Flutrasen v.a. des Küstengebietes. Unempfindlich gegen Witterungsextreme und Überstauung, dabei aber schattenempfindlich. Recht anspruchsvolles (Nährstoffe) aber extrem anpassungsfähiges Gras, das auch auf salzhaltigen Böden wächst und humose, reiche, kalkhaltige, feuchte Böden bevorzugt.

Verwendung: Jung gerne gefressen, später gemieden. Da nährstoffliebend, oft von den Geilstellen aus sich verbreitend. Früher Heuschnitt vollwertig, in Nordeuropa vielfach wichtige Futterpflanze. Rhizome zur Befestigung von Sandböschungen geeignet.

Früher in Notzeiten als Mehlfruchtersatz (nährstoffreiche Rhizome) verwendet, die gereinigten Rhizome wurden aber auch wie Heu verfüttert. Sogar Alkohol wurde aus den Rhizomen hergestellt, dazu Kaffee-Ersatz und Sirup. In der Volksmedizin als blutreinigend verwendet. Heute oft scharf bekämpft und, da schon kleinste Rhizomstücke neu austreiben, meist auf chemischem Wege beseitigt.

Wiesenrispengras (*Poa pratensis*)

Tafel 3 (Ausschnitt Blatthäutchen)

Erkennungsmerkmale: Formenreiches Rispengras, vom sehr ähnlichen Gemeinen Rispengras (*Poa trivialis*) durch das deutlich kürzere Blatthäutchen (1-2mm, wie gestutzt wirkend) zu unterscheiden. Blatt fast parallelrandig, 2-4(6)mm breit und an der Spitze plötzlich kapuzenförmig zusammengezogen (»Poamützchen«). Junge Blätter gefaltet, in der Mittelrippe bei genauer Betrachtung zwei helle Rillen erkennbar (»Skispur«; zwei Reihen Gelenkzellen, die das Falten ermöglichen). Kurze Ausläufer mit nicht blühenden Trieben bildend. 20-90cm hoch, ausdauernd, Blüte von Mai bis Juni.

Lebensweise und Standortansprüche: Kriechwurzel-Pionier aus Felsheiden, sehr anpassungsfähig aber salzempfindlich. Verträgt sowohl seltenen wie wiederholten Schnitt. Wichtiger als Klima und Boden sind für dieses Gras das Vorhandensein von Konkurrenz (v.a. *Lolium perenne*; auch *Festuca rubra*) und die Intensität von Düngung und Nutzung: leicht aufnehmbare Nährstoffe und Kalk zwar fördernd, stickstoffreiche Düngung in der Wiese zurückdrängend. Bei sehr starker Weidenutzung (tiefer Verbiss, Vertritt bodenverdichtend und Staunässe fördernd) jedoch auf Stickstoff- und Humusdünger angewiesen und dann dem Rotschwingel überlegen.

Verwendung: Gutes Futtergras (Untergras), durch Ausläuferbildung sehr regenerationsfähig und damit vertrittresistent, Lückenfüller. Dichte Rasen bildend, in Reinkultur anfällig für Pilzkrankheiten, vor allem Rost. Nach Ansaat langsame Entwicklung, Vollertrag ab 3. bis 4. Jahr, in Mischsaaten noch später (ca. doppelt so lange), dafür aber bleibend. Blattreicher Nachwuchs.

Gemeines Rispengras (*Poa trivialis*)

Tafel 3

Erkennungsmerkmale: Rispengras, vom sehr ähnlichen Wiesen-Rispengras durch das lange Blatthäutchen (bis 8mm) zu unterscheiden. Blattscheiden deutlich zusammengedrückt. Blatt fast parallelrandig

2-4(6)mm breit und an der Spitze plötzlich kapuzenförmig zusammengezogen (»Poamützchen«). Junge Blätter gefaltet, in der Mittelrippe bei genauer Betrachtung zwei helle Rillen erkennbar (»Skispur«; zwei Reihen Gelenkzellen, die das Falten ermöglichen). Niederliegende, oberflächliche, wurzelnde Sprosse (Stolonen) sorgen für vegetative Verbreitung. 30-90cm hoch, ausdauernd, Blüte von Juni bis Juli.

Lebensweise und Standortansprüche: Lückenfüller auf gut wasserversorgten, nährstoffreichen Böden in Bruch- und Auenwäldern. Auf entsprechenden Böden bei Beweidung durch vegetative Vermehrung den höherwüchsigen Horstgräsern überlegen. Verträgt weder Bodenverarmung noch Trockenheit. Keine winterkalten, (luft) trockenen Lagen. Nässezeiger. Überstauungsresistent, schattenliebend und gerne in hochwüchsigen Wiesen. Geilstellengras, Gülleflora, jaucheliebend (Stickstoffdünger). Stellt sich auch ohne Ansaat überall gerne von selbst ein.

Verwendung: Gutes Futtergras (Untergras) auf feuchten, nährstoffreichen Wiesen, guter Rasenbildner. Bei frühem ersten Schnitt und Weidenutzung hochwertig. Spätnutzung führt zu überständigen Beständen, die verfilzen und eine dicke Streuschicht bilden (muffiger Bodenfilz, vermoosend und verdreckt), die nicht gerne gefressen wird. Wintergrün in milden Lagen. Vollertrag nach Ansaat vom 2. bis 4. Jahr an, im Gemisch sehr langsam und leicht unterdrückt. Bei Trockenheit kein Nachwuchs, außer bei reichen bzw. stark gedüngten Böden.

Einjähriges Rispengras (*Poa annua*)

Tafel 4

Erkennungsmerkmale: Kleine, dicht verzweigte Horste, wintergrün, die Blätter oft querrunzelig. Sehr kurze Entwicklungszeit vom Keimen bis zur Blüte. Dadurch fast immer in Blüte. Einjährig, 2-30cm hoch, Blüte ganzjährig möglich.

Lebensweise und Standortansprüche: Allerweltsgras, in Weiden ertragsarmer »Lückenbüßer«, ansonsten (Tritt-) Rasengras. Pionier auf Ruderalstellen aus (halb-) natürlichen Flutrasen. Flachwurzler in übernutzten Viehweiden auf nährstoffreichen bzw. gedüngten Böden.

Verwendung: Gerne gefressenes Weidegras. Bei Schonung der Grasnarbe bald durch ertragreichere Arten verdrängt. Auf Sportplätzen (Fußball, Tennis, Golf) wertvoll und bei häufigem Schnitt und reichlicher Düngung oft in Reinkultur.

Hainrispengras (*Poa nemoralis*)

Tafel 4

Erkennungsmerkmale: Zierliches Rispengras im Halbschatten unter Bäumen. Bildet lockere Horste mit kurzen Ausläufern. Halme dünn, die braunen Knoten nicht von Blattscheiden umhüllt. Die schmalen Blätter, 1-2(-3)mm breit, stehen auffällig horizontal ab. Sie laufen allmählich spitz zu. 30-80cm hoch, ausdauernd, Blüte im Juni und Juli.

Lebensweise und Standortansprüche: (Halb-) Schatten in Laubwäldern und in Parkanlagen. Trockene bis mäßig frische Böden mit guter Streuzersetzung und Gare. Gerne auf kalkhaltigen, lehmigen Böden, mäßig anspruchsvoll.

Verwendung: Halmreiches, blattarmes Gras. Mittelwertiges, halmreiches Grünfutter und Heu. Stark beschattete Parkrasen. In Laubwäldern bei geringem Auftreten Zeichen für gute Verjüngungschancen des Waldes. Auf Lichtungen rasenbildend und verjüngungsfeindlich.

Wiesenschwingel (*Festuca pratensis*)

Tafel 5

Erkennungsmerkmale: Recht kräftiges Wiesengras, lockere Horste bildend. Blätter recht breit (3-5mm), 10-20cm lang, schlaff, flach und glatt. Blattgrund mit gekrümmten, stängelumfassenden Öhrchen. Blatthäutchen kurz. 40-100cm hoch, ausdauernd, Blüte von Juni bis Juli. Wiesenschwingel hat in der Natur nicht nur fruchtbare Nachkommen mit dem Rohrschwingel sondern ist mit dem Deutschen Weidelgras (*Lolium perenne*) genetisch so nahe verwandt und problemlos hybridisierbar (*Festulolium*), dass diskutiert wird, ob nur eine einzige Spontanmutation im Blütenbau diese Arten voneinander trennt. Die Inhaltsstoffe sind entsprechend ähnlich.

Lebensweise und Standortansprüche: Bevorzugt auf frischen, feuchten Böden. Auf trockenen Standorten von anderen Gräsern verdrängt und ersetzt. Dürreempfindlich und flieht vor Schatten, übersteht aber kürzere Überstauungen. Bildet kaum geschlossene Rasen, wintergrün und früh austreibend. Entwicklung rasch, im ersten Jahr halmarm mit Vollertrag ab dem zweiten Jahr. Durch Konkurrenz im Aufwuchs leicht verdrängt (Weidelgräser, Glatthafer, Knäuelgras). Bei reichlicher Düngung auch auf trockeneren Standorten gefördert, aber nicht auf armen, sauren, sich schnell erhitzenden oder flachgründigen Böden. Salzunempfindlich, meidet jedoch Rohhumus. Wenig anspruchsvoll und dennoch düngedankbar. Durch wüchsige Konkurrenz bei hohen Stickstoffdüngegaben verdrängt.

Verwendung: Schmackhaftes, recht weidefestes Gras für den Futterbau. Außer auf trockenen, armen Böden überall dort, wo Weidelgräser nicht dominieren, kultiviert. Bevorzugt in Nasswiesen, gerne wechselfeucht, seltener in Trockenwiesen. Detaillierte Informationen zu Zuchtzielen, Inhaltsstoffen (z.B. Fruktanen), Hybridisierung mit anderen Gräsern und gentechnisch veränderten Sorten können kostenlos über Internet oder gegen ein Entgeld von 10 Euro beim Umweltbundesamt, Postfach 330022, 14191 Berlin, abgerufen werden: www.umweltbun-desamt.de <http://www.umweltbundesamt.de> Texte 08/2002: Biologische Basisdaten zu *Lolium perenne, Lolium multiflorum, Festuca pratensis* und *Trifolium repens*; ISSN 0722-186X.

Rotschwingel (*Festuca rubra*)

Tafel 5

Erkennungsmerkmale: Sehr formenreiches Gras. Die Landwirtschaft unterscheidet vor allem zwei Gruppen, den »Horstrotschwingel« und den »Ausläufer-Rotschwingel«. Die Halme stehen zerstreut und werden 25-80cm hoch. Die Grundblätter zeigen rötliche Blattscheiden, und auch die Ährchen der etwas einseitswendigen Rispe sind meist rotviolett. Das Gras ist ausdauernd und blüht von Juni bis Juli.

Der Horstrotschwingel bildet dichte Horste und ist kaum rasenbildend. Seine Blätter sind stets borstlich schmal.

Der Ausläufer-Rotschwingel bildet Rhizome und somit dichte Rasenflächen. Die Blätter sind breiter, falten sich bei Trockenheit als Verdunstungsschutz jedoch zusammen.

Lebensweise und Standortansprüche: Der Horstrotschwingel verträgt mehr Trockenheit und ärmere Böden als der Ausläufer-Rotschwingel. Bei Konkurrenz durch wüchsigere Arten in feuchten Mähwiesen wird Rotschwingel durch Düngung verdrängt, zeigt jedoch bei Beweidung gutes Narbenbildungsvermögen und wird gefördert durch Kalk und Dünger. Verfilzung durch früh absterbende Blätter bei geringer Beweidung. Altes Gras wird nicht gerne gefressen, das Heu wird jedoch gut angenommen. Sehr ausdauerndes, anspruchsloses Gras, das vor allem bei extensiver Bewirtschaftung sowie als Bodenfestiger und Rasenbildner wichtig ist. Verträgt keine Beschattung.

Verwendung: Viel verwendetes Rasengras. Schließt Lücken gut, neigt wegen schwer verrottender Blätter aber zur Verfilzung (bis über 50% verrottende Blätter bei überalterter Grasnarbe). Da der Rotschwingel nicht ganz vertrittfest ist, kann er sich auf vielbetretenen Flächen nicht halten. Wegen seiner Trockenheitsresistenz kommt er überall dort zum Einsatz, wo Deutsches Weidelgras und Wiesen-Rispengras nicht dauerhaft kultivierbar bzw. wirtschaftlich sind. Wegen seiner Salzresistenz als Gras für Straßenränder geeignet (Salzstreu im Winter!). Als Futterpflanze auf guten, trockenen Böden angebaut, der Heuertrag ist mager. Nur für Dauergrünland geeignet, da Vollertrag erst etwa vom dritten Jahr an. Vorher keine nennenswerten Anteile in kurzlebigen Gemischen. Von wuchskräftigeren Gräsern bei Düngung unterdrückt.

Schafschwingel (*Festuca ovina*)

Tafel 6

Erkennungsmerkmale: Überaus formenreiche Sammelart. Bildet kleine, halbkugelig-dichte Horste aus zahlreichen borstlich-fadenförmigen, weichen Blättern (höchstens 0,5mm dick). Die Halme werden etwa 10-30cm hoch. Ausdauerndes Gras, Blüte von Mai bis Juli.

Lebensweise und Standortansprüche: Trockene bis dürre, nährstoffarme Böden, gerne bei voller Besonnung. Von lockeren aber nicht losen Sandböden bis zu Stein- und festgelagerten Tonböden. Selten auf Moorboden. Besiedlung von Dünen erst nach Festlegung des Flugsandes durch höherwüchsige Gräser. Zeiger für Bodenverdichtung und Verhagerung. Wächst auf Trockenrasen, in Heiden und bodensauren Eichenwäldern. Rasch verdrängt durch Düngung, Bewässerung und geregelte Koppelbeweidung. Unregelmäßige Beweidung fördert den für Weidevieh wenig attraktiven Schafschwingel.

Verwendung: Dürftiges Notfutter ärmlichster Standorte. Vollertrag frühestens ab dem 3. oder 4. Jahr. Starke Rohhumusbildung bei bodenfestigender Wirkung (ausgedehntes Wurzelwerk) macht Schafschwingel bei der Bekämpfung der Erosion von Sandböden interessant. Das spärliche, kurze Heu ist minderwertig. Auf Extensivweiden als unregelmäßige Schafweide nutzbar. Ungeeignet in stärker betretenen Rasen. Rasenschnitt zumeist überflüssig.

Rohrschwingel (*Festuca arundinacea*)

Tafel 6

Erkennungsmerkmale: Früher auch als »Hoher Wiesenschwingel« bezeichnet. Unterscheidet sich vom Wiesenschwingel aber durch die groben, hartblättrigen Horste. Blätter sind bis 10mm breit und bis zu 70cm lang. Ausdauerndes Gras, 60-180cm hoch, Blüte von Juni bis Juli.

Lebensweise und Standortansprüche: Auf ausgesprochen wechselfeuchten, nährstoffreichen aber auch moorigen Böden. Verträgt kurzzeitige Überflutung und Verschlammung sowie höhere Salzgehalte. Gefördert durch extensive Beweidung, düngedankbar aber wenig anspruchsvoll. Zeiger für Bodenverdichtung und Vernässung.

Verwendung: Guter Bodenbefestiger. Hartes, verschmähtes Gras (höchstens ganz jung gefressen), bei früher Mahd reichlich grobes mittelwertiges Heu, narbenentwertend durch Bültenwuchs. In den USA wegen seiner Robustheit und Krankheitsresistenz in subtropischen Bereichen als Rasengras verwendet. Verträgt keinen zu tiefen Schnitt. Griffige, derbe Blätter u.U. für (Pferde-) Rennbahnen tauglich.

Rasenschmiele (*Deschampsia caespitosa*)

Tafel 7

Erkennungsmerkmale: Große, vielblättrige Horste aus altem und jungem Blattmaterial. Blätter rückwärts rau, schneidend scharf, im Gegenlicht durch die starke Längsriefung »gestreift«. Ausdauerndes Gras, 30-150cm hoch, Blüte von Juni bis Juli.

Lebensweise und Standortansprüche: In Erlenbrüchen, an Ufern und auf (stau-) nassen Wiesen heimisch. Quell- und Grundwasserzeiger. Unempfindlich gegen Klimaeinflüsse, gefördert durch kühl-feuchtes Wetter und hohen Wasserstand. »Verschmielung«, also Ausbreitung der großen Bülten, tritt bei später, extensiver Beweidung, fehlender Nachmahd und bei Verarmung lückiger Weiden ein. Düngung drängt die Schmiele nur bei Konkurrenz durch andere Gräser langsam zurück. Ohne Konkurrenz fördert Düngung die Schmiele. Früher Weidebesatz mit Pferden verdrängt die Schmiele, da sie empfindlich gegen häufigen tiefen Schnitt und Verbiss ist.

Verwendung: Streuwiesen (Gewinnung von Stalleinstreu) und feuchte Mähwiesen, Befestigung nasser Hänge. Jung insbesondere von Pferden gerne abgeweidet, alt und hart verschmäht, auch im Heu dann nicht mehr gerne gefressen. Bei Mangel an anderen Gräsern scharf abgeweidete Futterpflanze. Ansonsten »schlechtes Futtergras«.

Drahtschmiele (*Deschampsia flexuosa*)

Tafel 8

Erkennungsmerkmale: Die weichen, fadenförmigen, dunkelgrünen Blätter stehen in lockeren Horsten oder bilden feine Rasen. Die ausgebreitete Rispe hat feine Äste, die wellig gebogen sind (wie geschlängelter Draht). Ausdauerndes Gras, 30-60cm hoch, Blüte von Juni bis August.

Lebensweise und Standortansprüche: Schattentoleranter Rohhumuszehrer in nährstoffarmen, sauren Wäldern feuchter bis nasser Standorte (Eichen-, Birken- und Nadelwälder), Heiden und Bergwiesen. Zeiger für Säure, Rohhumus und Waldstandorte. Oft vergesellschaftet mit der Heidelbeere. Kalken, Düngen und Beweiden drängt die Drahtschmiele rasch ab. Auf Magerboden bei Dauerbeweidung durch Borstgras ersetzt.

Verwendung: Ertragsarmes Notfutter. Von Schaf und Ziege gut, von Rind und Pferd weniger gern gefressen. Als Pack- und Polsterstoff verwendet. Die Drahtschmiele ist beteiligt an der Zersetzung des Rohhumus zu feinerem Humus und an dessen Einbringung in den Oberboden (Bodenbildung).

Wiesenfuchsschwanz (*Alopecurus pratensis*)

Tafel 9

Erkennungsmerkmale: Frisch-grünes, blattreiches Gras in aufgelockerten Horsten mit wenigen Halmen. Früh austreibend und blühend. Blüte ist eine dichte, walzenförmige Ährenrispe (bis 1cm dick). Nach der Reife fallen die Ährchen mit den Körnern ab, zurück bleibt eine kahle Spindel. Ausdauerndes Gras, 30-100cm hoch, Blüte von Mai bis Juni.

Lebensweise und Standortansprüche: Feuchte, nährstoffreiche Wiesen, Dungstellen, Auen, gern im Überschwemmungsbereich überdüngter Wiesen. Nässe- und Nährstoffzeiger auf tiefgründigen, durchlässigen Böden. Winterhart, durch Bewässerung und Düngung begünstigt, durch längere Austrocknung gefährdet. Düngung fördert ihn auf Nassböden sehr und ermöglicht sogar sein Vorkommen auf wasserüberstauten Böden, auf denen sein den Gasaustausch sehr begünstigendes Wurzelsystem die Wurzelatmung sicherstellt. »Nährstofffresser«, insbesondere Stickstoffdünger, mit frühem, erdrückendem Wuchs (Vorherrschaft in Düngewiesen). Nicht sehr weidefest, durch frühe Dauerweide zurückgedrängt. Vollertrag im 3. und 4. Jahr, bei Mischsaaten langsame Entwicklung, dafür später sehr durchsetzungsfähig.

Verwendung: Ertragreiches Futtergras. Gerne gefressen, solange der weiche Halm nicht hart und strohig wird. Nur begrenzt weidefähig. Möglichst früher Schnitt und drei Mahden, da sonst Lagern und Verfaulen der unteren Blätter sowie Strohigwerden der Halme den Wert stark mindert. Ansaat nur auf Dauergrünland sinnvoll und auf ungenügend reichen bzw. feuchten Böden zwecklos.

Geknieter Fuchsschwanz (*Alopecurus geniculatus*)

Tafel 9

Erkennungsmerkmale: Graugrünes Gras auf zeitweise nassen Böden. Die 15-45cm langen Halme liegen dem Boden teilweise auf und sind in den wurzelnden Knoten aufstrebend »gekniet«. Horstbildend, niederliegend, im Nassbereich oft flutender Wuchs. Die Blattscheiden sind mehr oder weniger aufgeblasen, die Spreite des obersten Blattes kurz. Die dunkelgrüne oder schwarz-violett angelaufene Ährenrispe ist kurz und schmal. 10-30cm aufsteigende Halme, ein-, zwei- und mehrjährige Büschel, Blüte von Mai bis Oktober.

Lebensweise und Standortansprüche: Offene Pioniergesellschaften, Gräben, Ufer u.a. wechselnasse, zeitweise überflutete Böden, salzertragend. Stark schwankende Anteile im Bewuchs, durch Beweidung gefördert.

Verwendung: Gerne gefressenes Weidegras. Für Mahd nicht lohnend. Wegen der Überschneidung seines Lebensraums mit dem der Zwergschlammschnecke ist bei Vorkommen von Geknietem Fuchsschwanz immer an die Gefahr von Leberegeln zu denken! Die Zwergschlammschnecke ist der Zwischenwirt des gefährlichen Leberegels. Die infektionsfähige Larve (Zerkarie) umgibt sich mit einer stabilen Hülle (Zyste), in der sie vor Sonnenlicht und Trockenheit geschützt zwei bis vier Wochen überleben kann. Im Wasser bleiben die Zerkarien 80 Tage lebensfähig. Weidevieh infiziert sich mit dem Parasiten, indem die aus der Schnecke freigesetzten Zerkarien mit dem Trinkwasser, dem Gras, dem sie anhaften, oder frischem Mähgut aufgenommen werden. Bei Leberegelgefahr sind die Flächen großzügig auszuzäunen. Gelagertes Heu und Silage von diesen Flächen können gefüttert werden.

Wiesenlieschgras (*Phleum pratense*)

Tafel 10

Erkennungsmerkmale: Helles, blass blaugrünes Gras, lockere Horste bildend, nicht rasenbildend. Blätter flach, recht breit und mit rauen Kanten. Blüte eine 6-7(10)mm dicke, meist grüne Ährenrispe, im Gegensatz zum Fuchsschwanz recht kratzig und mit stachelspitzigen Hüllspelzen. Ausdauernd, 20-100cm hoch, Blüte von Juni bis August.

Lebensweise und Standortansprüche: Einzelstand, nicht horstweise, auf Weiden wie im Ödland. Bevorzugt reiche, feuchte Lagen, meidet Trockenheit und hitzige Böden wie Sand und Kalk. Salztolerant und unempfindlich gegen Kälte, Nässe, Überstauung, hohen Schnee. Verträgt weder Dürre noch starke Beschattung. Guter Nährstoffverwerter aber nur mäßig düngedankbar. Vollertrag im 2. Jahr, aber weil sehr konkurrenzempfindlich, rasch von wüchsigeren Arten verdrängt. Mittelfrüh austreibend, spät blühend, nach der Ansaat gut schossend, Nachwuchs (bis auf feucht-kühle Lagen) meist unbefriedigend.

Verwendung: Jung von allen Tieren gerne gefressen. Das Heu ist schwer, die Halme sind bei spätem Schnitt sehr hart. Gutes Pferdeheu! Recht weidefest, aber wenig Nachwuchs. Als Lückenfüller gesät und in Kleegrasmischungen im Feldfutterbau.

Rotes Straußgras (*Agrostis capillaris*)

Tafel 11

Erkennungsmerkmale: Horstbildendes, durch kurze Ausläufer zu Rasenbildung befähigtes Gras mit flachen Blättern. Die zarten Halme sind 20-60(80)cm hoch und tragen eine filigran anmutende, rotbraune Rispe, die auch nach der Blüte (Juni-August) ausgebreitet bleibt.

Lebensweise und Standortansprüche: Früh austreibendes aber spät blühendes Untergras. Auf Silikat-Magerböden bestandsbildend, oft mit Rotem Schwingel zusammen. Säure- und Magerkeitszeiger, in Wäldern Verhagerungs- und Verlichtungszeiger, wobei es aber bessere Nährstoffverhältnisse braucht als die Drahtschmiele (*Deschampsia flexuosa*). Auf besseren Böden bei gegebener Konkurrenz durch Kalkung, Düngung und Bewässerung zurückgedrängt, ohne Konkurrenz und bei Weidegang hierdurch gefördert. Weidegang auf mageren Böden fördert das Rote Straußgras, da es hier durch vegetative Vermehrung höherwüchsigen Horstgräsern überlegen ist.

Verwendung: Bedeutsames Weide- und Wiesengras auf ungünstigen Standorten. Wenn keine Alternative vorhanden ist, durchaus gerne gefressen und weidefest. Bei Düngung recht gut nachtreibend. Auf guten Böden nicht vergleichbar ertragreich zu wüchsigeren Arten. Als Rasengras geschätzt wegen seiner Anspruchslosigkeit. Verträgt Tiefschnitt. Auf Sportplätzen und Golfgreens.

Weißes Straußgras (*Agrostis stolonifera*)

Tafel 12

Erkennungsmerkmale: Formenreiche Sammelart. Bildet lockere Horste. Die bis 2m langen oberirdischen Kriechtriebe sind belaubt; keine unterirdischen Ausläufer. Nach der Blüte ist die Rispe zusammengezogen. Die Blätter sind 2-6(-8)mm breit. Früh austreibend, spät schossend und nach dem ersten Heuschnitt blühend. Ausdauernd, 10-70cm hoch, Blüte von Juni bis Juli.

Lebensweise und Standortansprüche: Im Küstengebiet und auf feuchten Wiesen verbreitet, auch im Gebirge. Auf trockenen Flächen weicht es in den Schatten aus. Entscheidend ist die reichliche Wasserversorgung. Mittels der langen Ausläufer kann es auf freien Wasserflächen schwimmende (nicht blühende) Inseln bilden. Bildet sehr schnell dichten Bewuchs. Nach Ansaat im ersten Jahr Blattbüschel, Vollertrag ab dem dritten Jahr. Wegen des späten Schossens konkurrenzempfindlich und von wüchsigeren Arten leicht überwachsen. Bei Beweidung, guter Wasserversorgung und Düngung der Konkurrenz überlegen. Durch

Trockenheit zurückgedrängt, unempfindlich gegen Nässe und Kälte. Bei Freisetzungsversuchen mit gentechnisch veränderten Sorten wurden beim Straußgras (engl. Bentgras) Befruchtung und also »Verunreinigung« durch den Flug der sehr leichten Pollen bis 13 Meilen in Windrichtung nachgewiesen, erfolgreiche Hybridisierung mit anderen (Wild-) Grasarten konnte bis 9 Meilen in Windrichtung gemessen werden (New York Times 21.09.2004).

Verwendung: Weidegras auf sumpfigen Wiesen. Der zweite Heuschnitt ist wegen der späten Blüte oft besser als der erste. Zur Bodenbefestigung genutzt, auch in Rasensaaten, vor allem Fertigrasen, und für Golfgreens.

Weiches Honiggras (*Holcus mollis*)

Tafel 13

Erkennungsmerkmale: Obergras mit unterirdischen Ausläufern. Blattspreite und Blattscheiden sind spärlich behaart, der Halm ist glatt. Die Knoten sind mit einem auffälligen Kranz von nach unten gerichteten Haaren umgeben. Die Hüllspelzen der Ährchen sind zugespitzt und tragen eine gekniete, kurze Granne. Ausdauerndes Gras, 30-80cm hoch, Blüte von Juli bis August.

Lebensweise und Standortansprüche: Das Gras ist ein Sand- und Säure- sowie ein Verhagerungszeiger. Auf sauren, mageren Böden in Eichen-Birken-Wäldern, Heiden und auf Wiesen. Nicht nur auf Sand, sondern auch auf schwerem Lehm und Hochmoortorf zu finden, wenn der Boden sauer und mineralarm, u.U. verdichtet ist. An der Küste auf mageren Wiesen, wie die Quecke, bestandsbildend. Zahlreiche nichtblühende Triebe, Nachwuchs dürftig. Kalkung, (Stickstoff-) Düngung und Beweidung wirken verdrängend.

Verwendung: Ertragsarmes Gras. Auch auf Magertriften vom Vieh eher verschmäht. Heu wertloser als das von *Holcus lanatus*.

Wolliges Honiggras (*Holcus lanatus*)

Tafel 14

Erkennungsmerkmale: Sehr weichhaariges, dadurch graugrün wirkendes Allerweltsgras (»weich wie ein Pyjama«). Auch die Halme flaumig weich und »gestreift«, die Längsstreifen oft rötlich (anthocyan überlaufen). Die Rispe ebenfalls oft einseitig anthocyan-rötlich, auf der anderen Seite weißlich. (Leicht zu merken: Das »Pyjamagras« ist weich und oft fein rot gestreift – wie ein Pyjama!). Ausdauerndes Obergras mit bültigen Horsten, früh austreibend. 30-100cm hoch, Blüte mittelfrüh von Juni bis August, früh absamend, dadurch rasche Verbreitung.

Lebensweise und Standortansprüche: Überall verbreitet, erhebliche Anpassungsfähigkeit. Bevorzugt werden frische bis mäßig nasse Böden mit lockerem Humus und saurer Reaktion. Früher massenhaft auf Pferdeweiden, heute als Gras »minderwertigen« Grünlands tituliert. Nicht ganz resistent gegen Spätfröste. Saure Dünger, insbesondere auch Stickstoffdünger, fördern das Gras, frühe Nutzung und Umtriebsweide wirken verdrängend.

Verwendung: Jung gerne gefressen, alt Bülten bildend und u.U. verschmäht. Den Tieren scheint die samtige Behaarung unangenehm zu sein. Das Heu wurde früher als »Puddingheu« bezeichnet, weil es weich und schwer zu mähen ist und nicht so gerne gefressen wird (»wertlos«). Fazit: Überfressen und mästen wird sich das Pferd an diesem Gras eher nicht. Es könnte aber beim alten Gras bzw. Heu wegen der Behaarung vielleicht Verdauungsprobleme bekommen (u.U. schwer verdaulich). Früher war dieses Gras auf Pferdeweiden bestandsbildend.

Wiesen-Kammgras (*Cynosurus cristatus*)

Tafel 15

Erkennungsmerkmale: Ausdauerndes Untergras, das kleine, blattarme Horste bildet, aus dem die langen, steifen Halme in Gruppen hervorgehen. Die Blätter sind 2-3mm breit, bodennah und oft zusammengefaltet. Die Spreite ist fein gerieft, oben glänzend, unten matt grün. Die Blattscheiden sind eher gelbbraun. Die Ährenrispe ist schmal und einseitswendig mit auffällig kammartig gefiederten unfruchtbaren Ährchen. Durch kurze Rhizome zur Rasenbildung fähig. Nur 2 bis 5 Jahre ausdauernd, dann durch Selbstaussaat verjüngt. In kurzen Rasen ohne Blütenbildung daher nicht dauerhaft vertreten. 20-60cm hoch, Blüte von Juni bis Juli.

Lebensweise und Standortansprüche: Besonders auf feuchten, kühlen Böden vertreten, gerne auf verdichteten, betretenen Rasen. Meidet saure, nährstoffverarmte und besonders trockene Böden. Langsame Entwicklung nach der Ansaat, leicht unterdrückt. Vollertrag ab dem 3. Jahr. Durch Weidegang stets gefördert, durch Düngung bei Konkurrenz verdrängt, ansonsten begünstigt. Da die Halme stehen gelassen werden, ist unter Weidenutzung die Selbstaussaat problemlos.

Verwendung: Obwohl die Halme stehen bleiben, wird das Gras gerne gefressen, vor allem jung und auch im Heu. Bei Trockenheit ertragsarm, in humidem, mildem (Küsten-) Klima durchaus wüchsig, vor allem bei frühem ersten Schnitt. Völlig weidefest bei frühem Austrieb und langanhaltendem Nachwuchs. Nie bestandsbildend in Weiden sondern immer nur in kleinen Anteilen vorhanden. Die langen, nicht brechenden Halme wurden früher zu Flechtarbeiten verwendet.

Ruchgras (*Anthoxanthum odoratum*)

Tafel 15

Erkennungsmerkmale: Wie der Name (*odoratum*) besagt, ein »wohlriechendes« Gras. Dieses Gras enthält Cumarinderivate, also die Substanzen, die auch dem Waldmeister sein Aroma geben. Wie beim Waldmeister wird der Stoff erst beim Anwelken riechbar freigesetzt. Heulage und Heu, die besonders gut wie Waldmeister riechen, enthalten mit hoher Wahrscheinlichkeit dieses Gras. In sehr großen Konzentrationen entfalten Cumarinderivate ihre giftige Wirkung, die jeder vom zur gleichen Stoffgruppe gehörigen Rattengift kennt. Zwar ist mir kein Fall einer solchen Vergiftung durch Ruchgras bekannt, doch sollte man diese Möglichkeit auch nicht vergessen. Das Ruchgras wird als »wenig giftig« eingestuft. Es dürfte also sehr schwer sein, einem Pferd so viel Pflanzenmaterial zu verfüttern, dass man eine Reaktion feststellen könnte. Bei trächtigen Stuten sollte man dennoch wachsam bleiben.

Mehrjähriges Untergras in dichten Horsten. Blätter recht kurz und schmal, blaugrün und von bitterem Geschmack. Blattscheiden behaart, am Grunde mit Haarkranz. Die kleine (2-4cm lange), etwas zusammengedrückte Ähre mit vielen Spelzen ist zur Reifezeit goldgelb, was dem Gras mancherorts den Namen Goldgras eingetragen hat. Ausdauernd, 10-45cm hoch, Blüte von Mai bis Juni.

Lebensweise und Standortansprüche: Magerkeitszeiger. In mageren, kalkarmen Wiesen, Weiden, Heiden und in lichten (Birken-Eichen-) Wäldern. Auf Bergwiesen mit dem Rotschwingel gemeinsam. Nicht ganz winterhart. Nach Aussaat nur langsam entwickelt und leicht durch wüchsigere Arten verdrängt. Blüte früher als andere Gräser. Nicht bestandsbildend, sondern stets nur in kleinen Anteilen vertreten. Zur Heumahd schon strohig, Nachwuchs gering.

Verwendung: Kaum Ertrag im Heu, da es bitter ist, vom Vieh nicht gern gefressen, höchstens jung. In Getränken als Würze, in Schnupftabak, Kräuterkissen u.a. genutzt.

Weiche Trespe (*Bromus hordeaceus*)

Tafel 16

Erkennungsmerkmale: Formenreiche Art. Wegen ihres getreideartigen Aussehens vom Laien oft als »Hafergras« angesprochen. Einjähriges, oft überwinterndes Gras. Ganz und gar samtig weichhaarig, u.U. sogar die Ährchen. 10-80cm hoch, Blüte von Mai bis August.

Lebensweise und Standortansprüche: Bevorzugt auf trockenen bis frischen, nährstoff- (kalk-) reichen, nicht zu kalten Sand- und Lehmböden.

Überall gerne in Lücken und Wundflächen vertreten, auch bestandsbildend. Anspruchsvoll und sehr anpassungsfähig. Wintergrün und frühblühend, aber ertragsarm.

Verwendung: Jung gerne gefressen, aber abgeblüht und verstroht stehen gelassen. Früher im Feldfutterbau vor allem in Norddeutschland empfohlen unter dem Namen »Deutsches Raygras«. Frühe Mahd und Beweidung verdrängen die Weiche Trespe.

Taube Trespe (*Bromus sterilis*)

Tafel 16

Erkennungsmerkmale: Einjähriges, überwinterndes Gras, das Horste bildet. Blattscheiden und Blätter sind behaart, der Halm ist glatt. Die dekorative, 10-15cm lange Rispe ist allseits ausgebreitet und erst aufrecht, dann hängend. Die Ährchen können rot angelaufen sein und haben lange, raue Grannen. Rispenäste rückwärts rau. 30-60cm hoch, Blüte von Mai bis Juni.

Lebensweise und Standortansprüche: Stickstoffzeiger. Der Name »steril« leitet sich nicht etwa von ihrem (sehr guten) Keimungsvermögen ab, sondern von ihrer wirtschaftlichen Unbrauchbarkeit. Ausgesprochene Ruderalpflanze (Pflanze offener Flächen, z.B. nach Erosion o.ä.).

Verwendung: Früher wurden als Ackerunkraut aus dem Getreide ausgesiebte Trespensamen als Geflügel-Notfutter verwendet.

Aufrechte Trespe (*Bromus erectus*)

ohne Abbildung

Erkennungsmerkmale: Mehrjähriges, halmarmes Obergras, das lockere Horste bildet. Die Blätter sind schmal und am Rand behaart, die Halme steif und aufrecht. Deutlich größer als die Weiche Trespe. Ausdauerndes Gras, 30-90(-120)cm hoch, Blüte von Mai bis Oktober.

Lebensweise und Standortansprüche: Magerkeitszeiger, Pionierpflanze. Liebt trockene Kalkböden, (Halb-) Trockenrasen und wechseltrockene Wiesen. Treibt früh aus, wächst aber langsam und treibt nur mäßig nach. Dürre- und kältefest, empfindlich gegenüber Nässe. Bei Mangel an Konkurrenz auch auf feuchteren und kalkärmeren Standorten. Hohe Anpassungsfähigkeit an die Umweltbedingungen. Düngung und Feuchtigkeit wirken verdrängend, einmaliger Schnitt und Extensivierung wirken fördernd.

Verwendung: Bei frühem Schnitt mittelwertiges Heu, sonst hart und ertragsarm. Nicht weidefest und ungern gefressen, jedoch auf entsprechenden Flächen das hochwertigste dort wachsende Gras. Als Trespenwiese (Futtergras) auf nicht ackerfähigen, armen Kalkböden genutzt.

Zittergras (*Briza media*)

Tafel 17

Erkennungsmerkmale: Blätter 2-4mm breit, bläulich-grün, rückwärts rau. Ährchen herzförmig hängend, unter der Mitte am breitesten. Die große Rispe mit den ausgebreiteten, oft welligen Ästen und den großen Ährchen, die bei jedem Windhauch zittern, ist äußerst dekorativ und leicht wiederzuerkennen. Kleinhorstiges und blattarmes Gras kurzrasiger Standorte. 20-50cm hoch, ausdauernd, Blüte von Mai bis Juli.

Lebensweise und Standortansprüche: Magerkeitszeiger. Trockene Wiesen und Weiden, Halbtrockenrasen. Sowohl auf basenreichen als auch auf mäßig sauren Böden. Durch Düngung und intensive Beweidung bzw. Bewirtschaftung wurde dieses einstmals sehr häufige Gras bis auf Spuren verdrängt.

Verwendung: Gutes, aber wenig ergiebiges Futtergras (Untergras). Im Heu gerne gefressen, aber auch frisch nicht verschmäht. Örtlich in Kräutertees verwendet, auch als Zierpflanze in Trockensträußen beliebt.

Pfeifengras (*Molinia caerulea*)

Tafel 17

Erkennungsmerkmale: Hochwüchsiges Horstgras wechselfeuchter (austrocknender) Standorte. Scheinbar knotenloses Gras: sämtliche Knoten befinden sich am Grund des Halmes und sind, da hier Reservestoffe gespeichert werden, deutlich verdickt. Dadurch (knotenlose Halme und geballte Knoten am Ende) ist das Gras als Pfeifenputzer für die langen Pfeifenrohre verwendbar. Alle Blätter (3-8mm breit) grundständig an den Knoten. Kein Blatthäutchen, statt dessen ein Haarkranz. Stoppeln des gemähten oder gefressenen Grases sehr hart. Tiefe, kräftige Wurzeln. Im Winter oberirdisch nur altes, verstrohtes Material. Austrieb sehr spät, Blüte ebenfalls. Die Rispe ist sehr lang, dunkel, mit dünnen Ästen und sehr kleinen Ährchen. 30-120cm hoch, ausdauernd, Blüte von Juli bis September.

Lebensweise und Standortansprüche: Humuszehrer, Torfzerstörer, Magerkeitszeiger. Zeiger für Stau- und Grundwasserschwankungen sowie für siedlungsfeindliches Gelände. Nach Ansaat nur sehr langsame Entwicklung. Halme selten vor dem 4. Jahr. Wechselfeuchte Flächen, nährstoffarm, u.U. verdichtet. Schatten ertragend und in rohhumusreichen Bruchwäldern wie austrocknenden Mooren verbreitet. Oft bestandsbildend mit mächtigen Horsten. Verträgt nur einen einzigen, späten Schnitt. Beweidung und Vertritt werden schlecht ertragen. Entwässerung und Düngung wirken durch Konkurrenzförderung verdrängend. Ursprünglich in lichten Wäldern wechselfeuchter bis nasser, saurer Böden sowie auf den Bulten in Hochmooren beheimatet.

Verwendung: Typisches Gras sumpfiger Streuwiesen: Mahd früher zur Gewinnung von Wintereinstreu. (Da mangels Dünger viel weniger Fläche als heute ackerfähig waren und viele Kühe wenig Milch gaben, war Einstreu ein Engpass und wertvoll – vor allem im Bergland.) Kein Futtergras. Auch jung gemieden, eventuell gesundheitsschädigende Wirkung (?). Wandelt Rohhumus in Humus um, wirkt bodenfestigend und bodenlockernd gleichzeitig. Pfeifenreiniger und Halmbesen.

Knäuelgras (*Dactylis glomerata*)

Tafel 18

Erkennungsmerkmale: Im Austrieb lichtgrünes, ansonsten etwas graugrünes, dichtes Horstgras, nicht rasenbildend. Die zahlreichen Blatttriebe sind zusammengedrückt und scharf zweischneidig. Relativ wenige Halme. Blattspreiten rau, lang und breit (4-10mm), deutlich gekielt. Die große Rispe hat zur Blütezeit (dann ausgebreitet) einen dreieckige Umriss und trägt an ihren Ästen stark knäulige Ährchen. Eines der bekanntesten und am leichtesten zu erkennenden Obergräser. 50-120cm hoch, ausdauernd, Blüte von Mai bis Juli.

Lebensweise und Standortansprüche: Düngerliebender Stickstoffzeiger, aber auch Rohbodenpionier. Vor allem auf Fettweiden und -wiesen, nährstoffreichen, frischen Wegrändern, Unkrautgesellschaften und Ruderalstellen in Trocken- und Halbtrockenrasen, auch auf feuchten Waldschlägen im (Halb-) Schatten zu finden. Vollertrag nach Ansaat ab dem 2. Jahr. In Saatgutmischungen oft erst zögerlich und verdrängt, später vor allem bei Düngung um so durchsetzungsfähiger. Bei Verarmung und Versauerung des Bodens verdrängt. Dicke Speicherwurzeln ermöglichen dem Horst die Überdauerung ungünstiger, trockener Zeiten.

Verwendung: Gutes Viehfutter auf der Weide wie auf der Wiese. Heumahd sollte vor der Blüte erfolgen, da die Halme äußerst derb sind. Ideal für Flächen, die zeitig im Jahr beweidet werden. Relativ geringe Fruktosegehalte, daher für Pferdehaltung geeignet. Alte Horste sind hart und sehr kieselsäurehaltig und werden vom Vieh verschmäht. Bei Winterweide im Naturschutz guter Futtervorrat, da die Blätter in der Mitte der Horste im Schutz der abgestorbenen alten Blätter wintergrün sind und gerne gefressen werden, was natürlich nur bei sehr geringen Viehbesatzdichten praktikabel ist. Frühzeitiger Austrieb zu Beginn der Vegetationsperiode, dadurch etwas spätfrostgefährdet. Als Bodenfestiger geeignet.

Glatthafer, Französisches Raygras (*Arrhenatherum elatius*)

Tafel 19

Erkennungsmerkmale: Blätter flach, etwas rau, schwach behaart, beiderseits glänzend, gelbgrün bis graugrün, Oberseite mit niedrigen flachen Rippen, Unterseite gekielt. Die bis zu 25cm große Rispe ist nur während der Blüte ausgebreitet, ansonsten zusammengezogen. Aus den aufrechten Ährchen schaut je eine lange gekniete Granne heraus. 40-150cm hoch, ausdauernd in lockeren Horsten, Blüte von Juni bis Juli.

Lebensweise und Standortansprüche: Liebt Nährstoffreichtum, Wärme und Licht. Verträgt dabei Trockenheit gut, Nässe und Bodenverdichtung schlecht. Spätfrostempfindlich. Rohbodenpionier, Tiefwurzler, Lichtpflanze aus moosigen, stickstoffreichen Felsschutthalden Süddeutschlands. Gleiche Verbreitung wie die Rotbuche. Entwickelt sich bestens im Bereich stärkster Düngung (Mist-, Jauche-, Gülledüngung). Früh austreibend, schon im ersten Ansaatjahr schossend, Vollertrag ab dem 2. Jahr, praktisch als Obergras, aber oft nur drei bis sechs Jahre nutzbar. Beweidung und zu häufiges Schneiden verdrängen den Glatthafer. Auch in Gemischen gute Entwicklung, Nachwuchs bei guten Wuchsbedingungen sehr gut (zwei Blüten möglich). Früher im Norden auf günstige, unbeweidete Wuchsorte beschränkt (z.B. alte Flussdeiche und warme, wasserdurchlässige Hänge im Bereich stickstoffsammelnder Besenginsterbüsche) ist der Glatthafer in Schleswig-Holstein heute an vielen Straßenrändern bestandsbildend.

Verwendung: Wertvolles, ergiebiges (Ober-) Futtergras. Bis zu drei Mahden in besten Lagen möglich. Im Frischzustand oder angewelkt ungern gefressen, da bitter. Im Heu vom Vieh sehr geschätzt. Auf Weiden meist ungern gesehen, in Mähwiesen erwünscht. Gegenspieler der Aufrechten Trespe (*Bromus erectus*). Der Glatthafer erträgt weniger Trockenheit als die Aufrechte Trespe und ist dann auf entsprechende Düngung angewiesen.

Goldhafer (*Trisetum flavescens*)

Tafel 19

Erkennungsmerkmale: Lockerrasiges, Horste bildendes Gras ohne oberirdische Ausläufer. Halme gelbgrün, an den Knoten oder dicht darunter behaart. Blattscheiden manchmal kahl, meistens zottig. Rispe bis zu 20cm lang, Ährchen glänzend gelbgrün, später goldgelb. 30-70cm hoch, ausdauernd, Blüte von Mai bis Juni (und von August bis September).

Lebensweise und Standortansprüche: In Fettwiesen, vor allem Bergwiesen. Mittel- bis Obergras. Früher Austrieb. Nach Reinsaat ab dem

2. Jahr Vollertrag, im Gemisch erst viel später (4. bis 6. Jahr). Reichlicher Nachwuchs sowohl nicht blühender wie blühender Triebe. Im Bergland häufig, nach Nordosten hin deutlich abnehmend. Zwar winterhart und dürrefest, dem Schatten weichend, bevorzugt aber warme, nährstoffreiche Böden. Meidet verarmte, saure, nasskalte oder rohhumusführende Böden. Düngedankbar, bei Stickstoffdünger eventuell von wüchsigeren Gräsern verdrängt. Dauerbeweidung wirkt ebenfalls verdrängend.

Verwendung: Wertvolles Futtergras insbesondere im Bergland. Verhältnismäßig ertragreich. Ungewöhnlich starker Aufwuchs nach dem ersten Schnitt. Hochwüchsiges, feinhalmiges, blattreiches Heugras der Bergwiesen. Frisch u.U. vom Vieh gemieden. Vorsicht: 10% Bestandsanteil dieses Grases in Weidegras, Heu und Heulage kann Calzinose auslösen, 15 bis 30% sind auf jeden Fall gesundheitsgefährdend! (Calzinose: Ablagerung von Kalziumphosphat in inneren Organen, wie Herz, Lunge und Leber. Ursache ist der hohe Gehalt an aktivem Vitamin D_3, wodurch eine Vitamin-D_3-Hypervitaminose hervorgerufen wird.) Heugewinnung mindert das Risiko, da ältere Pflanzen weniger Vitamin D_3-Metabolite enthalten. Diese werden aber weder durch Trocknung noch durch Silierung unwirksam, sind also in Heu und Silage enthalten!

Flutender Schwaden, Manna-Schwaden (*Glyceria fluitans*)

Tafel 20

Erkennungsmerkmale: Lockere Horste mit langen Ausläufern. Diese kriechen und wurzeln bzw. schwimmen auf dem Wasser. Die Schosse liegen am Grunde nieder und richten sich zu den aufrechten Halmen auf. Blätter grasgrün bzw. grün-graugrün, lang zugespitzt. Oberseite der oft gefalteten Spreite stets gerippt. Blattscheiden zusammengedrückt und mit verwachsenen Rändern, aufwärts rau. Blatthäutchen lang und spitz. Unterster Ast der armblütigen, einseitswendigen Rispe mit einem viel kürzeren, meist einährigen grundständigen Zweig. Ährchen bis 2cm lang, walzenförmig. 30-100cm hoch, ausdauernd, Blüte von Mai bis September.

Lebensweise und Standortansprüche: Sickernasse oder flach überflutete Flächen, Gräben, Bäche, Quellen, Auenwälder. Stehende und langsam fließende Gewässer. Vorsicht: Gleiche Standorte wie die Zwerg-Schlammschnecke, daher Gefahr der Infektion mit Leberegeln! Fördert Verlandung. Ohne Schlickzuführung und Düngung im Nassbereich zurücktretend. Im trockeneren Uferbereich bei Düngung der Konkurrenz bald erlegen.

Verwendung: Gutes Futtergras, mäßig ertragreich bei reichlichem Nachwuchs. Gerne gefressen, wenig verholzend, in Grenzen weidefest. Der manchmal aufretende Blausäuregehalt wird beim Silieren unschädlich. Früher im Norden Nutzung der Samen als Manna-Grütze. Im Osten als Schwadengrütze und Frankfurter Grütze gehandelt. Geschätzt auch als Fisch- und Geflügelfutter.

4.1.2 Sauergräser (*Cyperaceae*)

Im Unterschied zu Süßgräsern haben Seggen einen im Querschnitt dreieckigen Halm. Die Blätter sind dadurch in drei Zeilen angeordnet. Die Blattscheiden umfassen stets den Halm und sind immer geschlossen. Die scharfen, schneidenden Kanten der Halme und Blätter entstehen durch Einlagerung von Kieselsäure in die Pflanzenzellen. Allein dadurch sind Seggen als Weidegräser weitgehend ungeeignet. Auf einer natürlichen, vielfältigen Grasfläche gehören neben den meist bekannten Kräutern Seggen einfach dazu. Da ihr Vorkommen immer etwas über den Wuchsort aussagt, eventuell Zeigerfunktion haben kann, werden hier exemplarisch für ca. 50 meist im Nassbereich heimische Arten ein paar für Grünländer typische vorgestellt.

Wiesen-Segge (*Carex nigra*)

Tafel 21

Erkennungsmerkmale: Einzeln, rasig oder in lockeren Horsten wachsend. Stängel scharf dreikantig, oben rau. Blätter beiderseits blaugrün, 2-5(-9)mm breit. Blütenstand oben mit 1-2 männlichen Ähren, darunter 2-3 sitzende oder kurz gestielte, weibliche grün-schwarz gefärbte Ähren. Diese aufrecht, lang-walzenförmig, Narbe mit 2 fädigen Narbenlappen. 5-25(-70)cm hoch, ausdauernd, Blüte von April bis Juni.

Eine natürliche Verbastardierung von *Carex nigra x C. gracilis* kommt mancherorts (z.B. in der Umgebung Kiels) vor und kann zur Verwirrung bei der Bestimmung führen.

Lebensweise und Standortansprüche: Feuchtwiesen und feuchte Böden, Binsenwiesen. Kriechpionier, Vernässungszeiger.

Verwendung: Als Viehfutter geeignet und gefressen, da nicht so hart wie andere Seggen.

Blaugrüne Segge (*Carex flacca*)

ohne Abbildung

Erkennungsmerkmale: Zerstreut stehend oder locker horstig. Halme glatt, stumpf dreikantig. Blätter steif, flach, 2-4mm breit, grundständig. Oberseite grün, Unterseite blaugrün, vor allem bei jungen Blättern. Blütenstand mit 2 männlichen Ähren, darunter 2-5 dichtblütige, rotschwarze, walzenförmige, weibliche Ähren. Narbe mit 3 Narbenlappen. Oberste weibliche Ähre aufrecht und kurz gestielt, die darunter länger gestielt und zunehmend hängend. Die weiblichen Ähren entspringen den Achseln von Tragblättern. Das unterste Tragblatt überragt den Blütenstand oft. 10-60cm hoch, ausdauernd, Blüte von Mai bis Juni.

Lebensweise und Standortansprüche: Feuchte Wiesen, Kalk-Magerrasen, Kalk-Flachmoore und im lichten Wald. Rohbodenpionier, Wechselfeuchte-Zeiger.

Hirsen-Segge (*Carex panicea*)

ohne Abbildung

Erkennungsmerkmale: Zerstreut stehend oder locker horstig. Blätter grundständig, steif, 1-5mm breit, beidseitig blaugrün oder hell graugrün. Halme fast rund. Blütenstand oben mit einer einzigen männlichen Ähre, 1-3 weibliche darunter, die aufrecht oder etwas abstehend, dabei kurz gestielt sind. Weibliche Ähren wenigblütig, ihre Tragblätter den Blütenstand nicht überragend. Narbe mit 3 Narbenlappen. 10-40cm hoch, ausdauernd, Blüte von April bis Juni.

Lebensweise und Standortansprüche: Feuchte Wiesen und Moore. Gern an Störstellen (Flächen, die durch Veränderungen aus dem Gleichgewicht gekommen sind).

Verwendung: Früher vielfach auf Viehweiden verbreitet, da der Mist als Dünger und mäßige Beweidung ihr durchaus zusagen. Seit der synthetischen Düngung und durch gezielte Kulturmaßnahmen verdrängt.

Behaarte Segge (*Carex hirta*)

Tafel 22

Erkennungsmerkmale: Kleine Horste bildend. Blätter (Spreite wie Scheide) grau behaart, dadurch leicht wiederzuerkennen. Selten fast kahl. Blattscheiden schwach netzfaserig, bräunlich oder purpurrot. Blütenstand der aufrechten Triebe fast über die gesamte Halmlänge verteilt. Untere, weibliche Ähren gestielt, Tragblätter lang scheidig. An der Spitze 2-3 männliche Ähren. Narbe mit 3 Narbenlappen. 10-80cm hoch, ausdauernd, Blüte von April bis Juni.

Lebensweise und Standortansprüche: Unterschiedliche Böden. Lückige Wiesen und Weiden, auch Böschungen, Waldschläge und Ufer. Zur Verdichtung neigende, tonige Sand- und Lehmböden. Tiefwurzler und Wurzelkriechpionier.

4.1.3 Simsen und Binsen (*Juncaceae*)

Während die Süß- und Sauergräser, die auf Windbestäubung spezialisiert sind, einen sehr reduzierten Blütenaufbau verwirklicht haben, ist den Simsen und Binsen ein sehr ursprünglicher, grundlegender Blütenaufbau eigen. Im Prinzip sind die Blüten genauso gebaut wie die Blüte einer Lilie oder Tulpe. Nur sind hier keine Insekten anzulocken, da ebenfalls die Windbestäubung gegeben ist. Die Blüten sind daher klein und unscheinbar, bei genauer Betrachtung aber nicht weniger ästhetisch als die einer Tigerlilie.

Auffällige Unterschiede zwischen Simsen und Binsen bestehen u.a. im Bau des Pflanzenkörpers sowie in der Samenproduktion. Die Binsen setzen auf massenhafte Samenproduktion. Die leichten, bei Feuchtigkeit klebrigen Samen bleiben an Tieren hängen oder werden weggeblasen. Simsen produzieren gezielter. Sie setzen neben der Beförderung durch größere Tiere meist auf Ameisenverbreitung. Den Samen hängt ein ölhaltiges Gebilde (Elaiosom) an, das die Ameisen gerne als Nahrung wegtragen – und so den Samen mitnehmen. So sind viel weniger Samen für eine effektive Verbreitung nötig.

Die Blätter der Binsen sind glatt, pfriemlich rund, manchmal etwas zusammengedrückt, aber nicht flach und ausgebreitet wie bei Süßgräsern. Halm und Blatt weisen eine Innenkonstruktion mit vielen Hohlräumen (schwammiges Mark) auf.

Wie die Süßgräser haben die Simsen breite, flache, jedoch dreizeilig angeordnete, weiche Blätter, die zumindest an den Rändern weiche, lange Haare besitzen.

Flatterbinse (*Juncus effusus*)

Tafel 23

Erkennungsmerkmale: Wuchs dichtrasig, runde Horste bildend. Halme und Pfriemblätter mit zusammenhängendem Mark, glatt, gelblichgrün. Frisch ganz ohne Riefen. Getrocknet sehr fein gerieft (30 bis 60

Riefen), dann leicht zu zerreißen (frisch zäh). Blütenstand (Spirre) locker, unordentlich wirkend, selten kopfig zusammengezogen. 30-150cm hoch, ausdauernd, Blüte von Juni bis August.

Lebensweise und Standortansprüche: Beweidete Nasswiesen, Streuwiesen, zertretene Quellmoore und Moorwiesen, nasse Wege, Waldschläge (Bruchwälder), Stör- und Nässezeiger.

Verwendung: Da frisch vom Vieh nicht gerne gefressen, oft lästige Verbreitung, andere Gräser erdrückend. Streuwiesen (siehe Pfeifengras und Rasenschmiele).

Krötenbinse (*Juncus bufonius*)

Tafel 23

Erkennungsmerkmale: Gruppe kleiner, besenförmiger Binsen. Zarte, blassgrüne, später bräunliche Binse. Die Blätter fadenförmig dünn. Halme reich verzweigt. Untere Blattscheiden zumeist gelbbraun. Die einzeln stehenden Blüten sind relativ groß (bis 5mm lang), weißlichgrün, und befinden sich auf recht langen Ästen. Der Stängel ist am Grunde büschelig verzweigt und alle Triebe blühen. 10-25cm hoch, sommereinjährig, Blüte von Mai bis August.

Lebensweise und Standortansprüche: Pioniergesellschaften offener, feuchter Standorte. Gräben, Waldwege, Heiden, nasse Äcker. Oberflächliche Bodenverdichtung und Vernässung anzeigend.

Hasenbrot, Feld-Hainsimse (*Luzula campestris*)

Tafel 24

Erkennungsmerkmale: Pflanze mit Ausläufern, kriechend. Blätter flach, 2-4mm breit, behaart. Blütenstand zusammengesetzt. Die 2-5 kugelförmigen Ährchen bestehen aus jeweils 5-12 braunen Blüten. Zentral ein sitzendes Ährchen, die anderen gestielt, bis zur Fruchtzeit hängend. 5-20cm hoch, ausdauernd, Blüte von März bis Mai.

Lebensweise und Standortansprüche: Wenig anspruchsvoll, sogar auf Strandwiesen zu finden. Braucht viel Licht, daher nur auf kurzrasigen Flächen. Humus- und Flachwurzler, Versauerungs- und Magerkeitszeiger. Kalkmeidend; bodensaure Magerwiesen, Heiden, Sand- und Halbtrockenrasen, arme Frischwiesen.

Verwendung: Das »Brot der Hasen«, also auf extrem kurz genagten, armen Flächen das, was die genügsamen Langohren dann noch finden.

Vielblütige Hainsimse (*Luzula multiflora*)

Tafel 25

Erkennungsmerkmale: Pflanze ohne Ausläufer. Die Horste tragen unendlich viele Halme. 5-10 Ährchen mit je 5-15 Blüten auf geraden, schräg aufwärtsgerichteten (nicht hängenden) Stielen. 20-50cm hoch, ausdauernd, Blüte von April bis Juni.

Lebensweise und Standortansprüche: Mäßig frische, kalkarme Magerrasen, Heiden, Böschungen, lichte Wälder, Bergwiesen und auch auf Torf. Licht- und Halbschattenpflanze. Düngerfeindlicher Magerkeitszeiger. Die Halme bleiben auch im Winter steif stehen. Der Wind sorgt für die Samenverbreitung, indem er an den alten Fruchtständen kräftig rüttelt. Die Anhängsel der Samen sind ebenfalls an die Windverbreitung angepasst: sie sind groß und luftgefüllt.

Verwendung: So wie die meisten Seggen, Binsen und Simsen kaum wirtschaftliche Verwendung aber recht häufig, vom Laien gut ansprechbar und mit gewissem Zeigerwert.

4.2 Zeigerpflanzen: Kräuter – Gräser

Pflanzen siedeln sich nur an, wenn die Gegebenheiten ihnen zusagen. Ansaaten haben keinen durchgreifenden Erfolg, wenn das Umfeld nicht passt. Statt auf ertragreichem Boden teure Saaten für Extensivweiden auszubringen, die sich weder durchsetzen noch langfristig halten können oder gar nicht erst keimen, ist es sinnvoller, über den Boden auf die Vegetation einzuwirken. Das verlangt eine Einarbeitung in das Erkennen von auftretenden Zeigerpflanzen sowie Bereitschaft zu rücksichtsvoller Beweidung bzw. Weidepflege (Bodenverdichtung reduzieren, Bewuchs abräumen: Mahd) und genau überlegter Düngung (z.B. Gesteinsmehle). So steigt beispielsweise der Klee-Anteil einer Weide mit steigender Nutzungsintensität unter PK-Düngung bzw. -Verfügbarkeit.

Wie kann ich meine Weide einschätzen? Statt nur Bodenproben hierzu heranzuziehen, sollte die Vegetation der Weide näher betrachtet werden. Während die Düngeempfehlung die Grundlage zur Schaffung einer optimalen (durch Düngung und Saat ermöglichten) Pflanzenproduktion ist, zeigt die sich von selbst einstellende Vegetation den Gesamtzustand der Weide an. Bei den empfohlenen, ansaatwürdigen Gräsern handelt es sich heute durchweg um Arten und Zuchtsorten aus nassen und sehr nährstoffreichen natürlichen Standorten (Auenwälder, Flutrasen, Ufersäume).

Zeigerpflanzen werden oft aufgelistet und gerne zitiert. Ihr Gebrauch ist aber immer mit Vorsicht zu genießen, denn das Vorkommen alleine muss noch nicht heißen, dass diese Pflanze einen bestimmten Zustand anzeigt. Man sollte immer die Summe der Zeigerpflanzen prüfen und genau überlegen, ob der Wettbewerbsdruck (Konkurrenz durch andere Pflanzen, gezielte Einwirkungen durch den Menschen oder durch Tiere) einseitig verschoben wurde. Da das ökologische Optimum (hier ist die Pflanze im Ökosystem am meisten verbreitet) selten dem physiologischen Optimum (hier würde die Pflanze nach ihrer Veranlagung die besten Voraussetzungen finden) entspricht, sondern meistens durch Konkurrenz und Fraß Kompromisse eingegangen und auf Randbereiche der eigentlich physiologisch möglichen Verbreitung ausgewichen wird, kann das Fehlen des Druckes durch Konkurrenz und Fraß zu einem verschobenen Verbreitungsmuster führen. Arten mit breitem Toleranzbereich sind anpassungsfähiger, weil sie bei Konkurrenz auf Standorte am Rande des physiologischen Optimums ausweichen können. Das kann schnell zu verkehrten Schlussfolgerungen führen. Beispielweise sind viele Greiskräuter Dünge- oder konkret Stickstoffzeiger. Jakobsgreiskraut kann auch Zeiger bestimmter gestörter Pflanzengesellschaften sein. Die meisten Greiskräuter sind zudem Pionierpflanzen, siedeln also bevorzugt auf zerstörten Vegetationsnarben (Trittschäden, Erosion, Treckerspuren). Bei Mangel an Konkurrenz sind diese Pflanzen daher auch auf wenig gedüngten Böden zu finden. Früher fand man Greiskraut auf den eher ärmeren, aber gedüngten Sandböden der Geest nach Erosion und/oder Überweidung der trittempfindlichen Standorte. Heute breitet es sich mit dem Wind vor allem an Straßen entlang rapide aus und findet überall nährstoffreiche Böden mit ausreichend Lücken im Bewuchs, um zu keimen. Pferdeweiden auf ehemals intensiv bewirtschafteten Rinderweiden oder von Natur aus reichen Böden, die »extensiviert« werden, scheinen ideale Bedingungen zu bieten: weniger Düngung und weitgehender Verzicht auf chemische Unkrautbekämpfung bei weiter hoher Besatzdichte der für Pferde zu fetten Weide gefolgt von teilweiser Narbenzerstörung vor allem bei Winterweide oder als Auslauf. Pferde fressen weniger als Rinder, laufen aber mehr. Die Konkurrenten der Kräuter, vor allem angesäte Zuchtgräser, sind bei weniger Düngung und Pflege nicht mehr so konkurrenzstark und Trittsiegel bieten ein Keimbett. Stand früher eher die Pioniereigenschaft der Greiskräuter im Vordergrund, so bietet die intensive Grünlandnutzung mit hohem Vertritt und insgesamt aufgedüngter Landschaft noch bessere Verbreitungsmöglichkeiten für diese giftigen Pflanzen.

Folgende, beispielhaft herausgegriffene Zeigerpflanzen (OBERDORFER 1983) helfen, die eigene Weide einzuordnen:

Düngezeiger allgemein: Löwenzahn, Scharfer Hahnenfuß, verschiedene Greiskrautarten, Gewöhnliche Kratzdistel, Brennessel, Strahllose Kamille, Stumpfblättriger Ampfer, Acker-Kratzdistel, Taube Trespe, Knäuelgras, Gemeine Quecke.

Speziell Stickstoffzeiger: Gewöhnliches Greiskraut, Wasser- und Waldgreiskraut, Gewöhnliche Kratzdistel, Klettiges Labkraut, Gundelrebe, Beinwell, Schafgarbe, Stumpfblättriger Ampfer, Krauser Ampfer, Weg-Rauke, Vogelmiere, Gänseblümchen, Vogelknöterich, Taube Trespe, Knäuelgras, Quecke.

Düngefeindlich: Wundklee, Vielblütige Hainsimse.

Bodenverdichtungszeiger: Kriechender Hahnenfuß, Strahllose Kamille, Breitwegerich, Krauser Ampfer, Riesenschwingel, Schafschwingel, Rohrschwingel, Krötenbinse.

Lückenbüßer übernutzter Weiden: Einjähriges Rispengras, Strahllose Kamille, Vogelknöterich, verschiedene Greiskräuter.

Störungs- und Nässezeiger: Gewöhnliches Rispengras, Flatterbinse, Knäuelbinse.

Wechselfeuchtezeiger: Spatelblättriges Greiskraut, Großer Wiesenknopf, Blaugrüne Segge.

Feuchtezeiger: Kuckuckslichtnelke.

Quell- und Grundwasserzeiger: Rasenschmiele.

Magerkeitszeiger: Gewöhnliches Ferkelkraut, Kleines Habichtskraut, Rundblättrige Glockenblume, Gewöhnliches Katzenpfötchen, Feld-Klee, Kleiner Klappertopf, Kleiner Sauerampfer, Wiesen-Augentrost, Kriechende Hauhechel, Kleiner Wiesenknopf, Gewöhnliche Kreuzblume, Feld-Hainsimse, Drahtschmiele, Rotes Straußgras, Aufrechte Trespe, Zittergras, Pfeifengras, Ruchgras.

Säurezeiger: Gewöhnliches Ferkelkraut, Hasen-Klee, Wiesen-Wachtelweizen, Kleiner Sauerampfer, Feld-Hainsimse, Drahtschmiele, Weiches Honiggras.

Verhagerungs- und Degradationszeiger: Wiesen-Wachtelweizen, Schafschwingel, Hainrispengras, Weiches Honiggras.

Ein Pferd, das schon einmal an Hufrehe erkrankt ist, wird eventuell nur noch gefahrlos auf Weiden stehen können, auf denen sich von selbst Magerkeitszeiger einstellen. Derartige Weiden können als schützenswert eingestuft werden, da sie zumindest im Norddeutschen Flachland Seltenheitswert haben. Einen pauschalen Lösungsansatz für diese Problematik gibt es nicht. Die Lösung muss immer individuell im Spannungsfeld »Ansprüche Pferd – Ansprüche Mensch – Ansprüche Vegetation – Boden« gefunden werden.

Tafel 1

Deutsches Weidelgras, auch Englisches Raygras genannt (*Lolium perenne*), normal diploides Gras (links) und tetraploide? Sorte "Trivoli t" (rechts)

Tafel 2

Gemeine Quecke oder Acker-Quecke
(*Elytrigia repens*, früher *Agropyron repens*)

Tafel 3

Gemeines Rispengras (*Poa trivialis*)
Ausschnitte: a - kurzes Blatthäutchen vom Wiesenrispengras *P. pratensis* nur sichtbar beim Zurückbiegen des Blattes oder ohne Halm; b - langes Blatthäutchen vom Gemeinen Rispengras *P. trivialis*

Tafel 4

Einjähriges Rispengras (*Poa annua*)

Hainrispengras (*Poa nemoralis*)

Tafel 5

Wiesenschwingel (*Festuca pratensis*)

Rotschwingel (*Festuca rubra*)

Tafel 6

Schafschwingel
(*Festuca ovina*)

Rohrschwingel
(*Festuca arundinacea*)

Tafel 7

Rasenschmiele (*Deschampsia caespitosa*). Ausschnitt: gerieftes Blatt

Tafel 8

Drahtschmiele (*Deschampsia flexuosa*).
Ausschnitt: Rispe; Ästchen geschlängelt, wellig

Tafel 9

Wiesenfuchsschwanz
(*Alopecurus pratensis*)
Ausschnitt: Ährenrispe

Geknieter Fuchsschwanz
(*Alopecurus geniculatus*)

Tafel 10

Wiesenlieschgras (*Phleum pratense*). Ausschnitt: Ährenrispe

Tafel 11

Rotes Straußgras (*Agrostis capillaris*). Ausschnitt: Blühende Rispe

Tafel 12

Weißes Straußgras (*Agrostis stolonifera*)

Tafel 13

Weiches Honiggras (*Holcus mollis*)
Ausschnitt: behaarter Knoten

Tafel 14

Wolliges Honiggras (*Holcus lanatus*)
Ausschnitt: Pflanze weich behaart und oft rot gestreift

Tafel 15

Wiesen-Kammgras
(*Cynosurus cristatus*)
Ausschnitt:
kammartig gefiedertes Ährchen

Ruchgras (*Anthoxanthum odoratum*)

Tafel 16

Weiche Trespe (*Bromus hordeaceus*)
Ausschnitt: Ährchen

Taube Trespe (*Bromus sterilis*)

Tafel 17

Zittergras (*Briza media*)
Ausschnitt: Ährchen

Pfeifengras (*Molinia caerulea*)

Tafel 18

Knäuelgras (*Dactylis glomerata*)

Tafel 19

Glatthafer, Französisches Raygras (*Arrhenatherum elatius*)
Ausschnitt: gekniete Granne

Goldhafer (*Trisetum flavescens*)
Ausschnitt: Ährchen goldgelb

Tafel 20

Flutender Schwaden, Manna-Schwaden (*Glyceria fluitans*)

Tafel 21

Wiesen-Segge (*Carex nigra*)
Ausschnitt: verschiedenährige
Blüte im Blühen und im Fruchten

Tafel 22

Behaarte Segge (*Carex hirta*)
Ausschnitt: Behaarung Blattscheide

Tafel 23

Krötenbinse (*Juncus bufonius*) Flatterbinse (*Juncus effusus*)

Tafel 24

Hasenbrot, Feld-Hainsimse (*Luzula campestris*)
Ausschnitt: Behaarung Blatt

Tafel 25

Vielblütige Hainsimse (*Luzula multiflora*)

5 Danksagung

An der Entstehung dieses Buches sind neben Pferden und ihrer Lebensgrundlage, dem Grünland, viele Pferdehalter beteiligt. Ihnen allen danke ich an dieser Stelle recht herzlich fürs Zuhören bei Vorträgen, für Fragen und kritische Bemerkungen. Ein besonderer Dank gilt meinem Studienkollegen Gerd Kämmer, Geschäftsführer von Bunde Wischen e. V., für die vielen Einblicke in moderne Naturschutzarbeit ebenso wie für die Bereitstellung einiger sehr schöner Fotos für dieses Buch. Birgit Paustian vom Islandpferdegestüt Barghof hat sich trotz der Mehrfachbelastung durch Familie und als Berufsschullehrerin für Pferdewirte in Futterkamp ebenso wie Gerd Kämmer die Mühe gemacht, den Text fachlich aus der Sicht der Pferdewirtschaft bzw. des Landschaftsschutzes kritisch durchzulesen. Ihre Anmerkungen waren sehr wertvoll. Der Vereinigung der Freizeitreiter und -fahrer in Deutschland e. V. (VFD) danke ich besonders herzlich für die sehr gute Zusammenarbeit und die Vermittlung des Kontaktes zur Familien-Vontobel-Stiftung, welche sich mit einem Beitrag zu den Druckkosten an dem Buch beteiligt hat. Dafür danke ich der Stiftung im Namen aller zukünftigen Leser, weil das Projekt dadurch auf abgesicherten Füßen steht und durchführbar ist. Mein zuverlässiger Partner beim Gespannfahren, Dirk von Lindern, hat mir die filigranen Gräser aus meinen Herbarien in seinem Urlaub geduldig eingescannt. Meine Patentante Lotte Willrodt und ihr Mann Gerhard haben als ehemalige Lehrer für Deutsch und Biologie die Rechtschreibkorrektur übernommen. Besonders freue ich mich darüber, dass sowohl unser VFD-Bundesvorsitzender, Hanspeter Hartmann, als auch der Geschäftsführer der Stiftung Naturschutz Schleswig-Holstein, Dr. Walter Hemmerling, sich bereit erklärt haben, Geleitworte zu dem Buch zu schreiben. Nicht wenige Flächen des Stiftungslandes werden von Bunde Wischen e.V. mit Weidetieren gepflegt. Dem Verlag Westarp Wissenschaften danke ich für die hervorragende Zusammenarbeit. Ohne die Hilfe aus diesen sehr unterschiedlichen Fachbereichen wäre das Buch in dieser Form nicht zu verwirklichen gewesen. Für diese breite Unterstützung danke ich allen Beteiligten sehr herzlich.

6 Literaturverzeichnis

BAATZ, M. & M. BAATZ (1988): Hunde. – BLV Heimtierführer, München. 127 S.

BAUR, P. (2003): Milch UND Blumen - Schritte auf dem Weg zur Professionalisierung der Produktion von ökologischen Leistungen durch die Landwirtschaft. In: OPPERMANN, R. & H.U. GUJER (Hrsg.): Artenreiches Grünland bewerten und fördern - MEKA und ÖQV in der Praxis. – Ulmer, Stuttgart: 160-171.

BENDER, I. (1999): Praxishandbuch Pferdehaltung. – Frankh-Kosmos, Stuttgart. 320 S.

BENDER, I. (2003): Praxishandbuch Pferdeweide. – Frankh-Kosmos, Stuttgart. 207 S.

BLUME, H.-P. (1990): Handbuch des Bodenschutzes. – ecomed. Landsberg/Lech. 686 S.

BLUME, H.-P. & E. A. LOOP (1990): Nebenwirkungen von Pflanzenschutzmitteln. In: BLUME, H.-P. (Hrsg.): Handbuch des Bodenschutzes. – ecomed. Landsberg/Lech: 330-335.

BLUMENTHAL, D. M., JORDAN, N. R. & M. P. RUSSELLE, (2003): Soil Carbon Addition Controls Weeds and Facilitates Prairie Restoration. – Ecological Applications 13(3): 605-615.

BRIEMLE, G., EICKHOFF, D. & R. WOLF (1991): Mindestpflege und Mindestnutzung unterschiedlicher Grünlandtypen aus landschaftsökologischer und landeskultureller Sicht. Praktische Anleitung zur Erkennung, Nutzung und Pflege von Grünlandgesellschaften. – Herausgegeben von der Landesanstalt für Umweltschutz Baden-Württemberg, Karlsruhe, und der Staatlichen Lehr- und Versuchsanstalt für Viehhaltung und Grünlandwirtschaft, Aulendorf. 160 S.

BUNZEL-DRÜKE, M., DRÜKE, J. & H VIERHAUS (1994): Quaternary Park – Überlegungen zu Wald, Mensch und Megafauna. – ABUinfo 17/18 (4/93&1/94): 4-38.

BUNZEL-DRÜKE, M., DRÜKE, J., HAUSWIRTH, L. & H. VIERHAUS (1999): Großtiere und Landschaft – Von der Praxis zur Theorie. In: GERKEN, B. & M. GÖRNER (Hrsg.): Europäische Landschaftsentwicklung mit großen Weidetieren – Geschichte, Modelle und Perspektiven. – Natur- und Kulturlandschaft (Höxter/Jena) 3: 210-229.

BUNZEL-DRÜKE, M. (2004): Ersatz für Tarpan und Auerochse – Chancen und Grenzen der Verwendung von Pferden und Rindern in Halboffenen Weidelandschaften und Wildnisgebieten. – Schr.-R. f. Landschaftspfl. u. Natursch. 78: 491-510.

CAVALLO (2002): Keiner braucht mehr Gras. – Cavallo 6: 8.

CHATTERTON, N., HARRISON, P. A., BENNETT, J. H. & K. H. ASSAY (1989): – J. Plant Physiol. 134: 169-179.

CHRISTIANSEN, M. S. & V. HANCKE (1980): Gräser: Süßgräser, Sauergräser und Binsen Mittel- und Nordeuropas. – BLV, München. 176 S.

CORBIN, J. D. & C. M. D´ANTONIO (2004): Can Carbon Addition Increase Competitiveness of Native Grasses? A Case Study from California. – Restoration Ecology 12(1): 36-43.

DIETRICH, G. & F. W. STÖCKER (1980): fachlexikon abc biologie. – Harri Deutsch, Frankfurt/Main. 916 S.

DIETZ, T. & H. WEIGELT (1987): Böden unter landwirtschaftlicher Nutzung. – Verlagsunion Agrar, BLV, München. 123 S.

DIERSCHKE, H. & G. BRIEMLE (2002): Kulturgrasland: Wiesen, Weiden und verwandte Staudenfluren. – Ulmer, Stuttgart. 239 S.

ELLENBERG, H. (1986): Vegetation Mitteleuropas mit den Alpen. – Ulmer, Stuttgart. 989 S.

FELLMER, E. (1978): Wer haftet bei einer Ansteckung durch Koppen? – Tier extra, Sonderausgabe über Pferde: 82 u. 98.

FELLMER, E. (1999): Tod eines Pferdes durch Giftpflanze auf der Weide – Haftung des Stallinhabers? – freizeitreiten und -fahren 2: 34-35.

FINCK, P., HÄRDTLE, W., REDECKER, B. & U. RIECKEN (Hrsg.): Weidelandschaften und Wildnisgebiete - Vom Experiment zur Praxis. – Schr.-R. f. Landschaftspfl. u. Natursch. 78. 539 S.

FINKLER-SCHADE, C. (2002): Die Wissenschaft der Fohlenfütterung. – Pferde fit & vital 01: 46-49.

FRANZEN, J. L. (2002): Die Evolution der Pferde. In: MARX, C. & STERNSCHULTE, A. (Hrsg.) „...so frei, so stark..." Westfahlens wilde Pferde. – Klartext, Essen: 59-68.

FROHNE, D. & H. J. PFÄNDER (1997): Giftpflanzen – 4. Aufl., Wissenschaftliche Verlagsgesellschaft, Stuttgart. 450 S.

GILBERT, J. C., GOWING, D.J.G. & P. LOVELAND (2003): Chemical amelioration of high phosphorus availibility in soil to aid the restoration of species-rich grassland. – Ecological Engineering 19: 297-304.

VON GROHNE, J. (1994): Die Pferdeweide. – Müller Rüschlikon, Cham. 128 S.

HABERMEHL, G. (1985): Mitteleuropäische Giftpflanzen und ihre Wirkstoffe. – Springer, Berlin, Heidelberg. 137 S.

HEGI, G. (1909/1939): Flora von Mitteleuropa. – Hanser, München.

HENRICH, G.K.W. (1985): Reitschäden im Walde. – SVK-Verlag GmbH, Wilnsdorf. 43 S.

HEUSCHMANN, G. (2001): Funktionale Anatomie des Pferdes: Der Rücken. – PM-Forum. FN Warendorf. (6) 2-5.

HEUSCHMANN, G. (2002a): Funktionale Anatomie des Pferdes, Teil II: Der Einfluß der Bewegung auf die Gesundheit des Pferdes. – PM-Forum. FN Warendorf. (2) 2-4.

HEUSCHMANN, G. (2002b): Funktionale Anatomie des Pferdes, Teil III: Gelenkserkrankungen. – PM-Forum. FN Warendorf. (5) 2-4.

HOIS, C. U. (2004): Feldstudie zur Gewichtsentwicklung und Gewichtsschätzung beim wachsenden Pferd. – Diss., LMU München.

HOWE, H. F. & L. C. WESTLEY (1993): Anpassung und Ausbeutung: Wechselbeziehungen zwischen Pflanzen und Tieren. – Spektrum, Heidelberg, Berlin. 310 S.

JANSEN, T., FORSTER, P., LEVINE, M. L., OELKE, H., HURLES, M., RENFREW, C., WEBER, J. & K. OLEK (2002): Mitochondrial DNA and the origins of the domestic horse. – Proceedings of the National Academy of Sciences of the USA 99 (16): 10905-10910.

JEGGE, J. (1991): Dummheit ist lernbar. – Zytglogge, Bern. 289 S.

KÄMMER, G. (2004): Veterinärmedizinische, rechtliche, finanzielle und praktische Aspekte bei der großflächigen Extensivhaltung von Rindern – Erfahrungen aus der Halboffenen Weidelandschaft Schäferhaus. – Schr.-R. f. Landschaftspfl. u. Natursch. 78: 377-392.

KIENZLE, E. (2002): Wie gefährlich ist Eiweiß wirklich? – Sonderbeilage „Pferdefütterung" des Deutschen Bauernverlages Berlin 2/2002: 13-15.

KLAPP, E. (1983): Taschenbuch der Gräser. – Parey, Berlin. 159 S.

KNAUER, N. (1990): Böden und Pflanzengesellschaften. In: BLUME, H.-P. (Hrsg.) Handbuch des Bodenschutzes. – ecomed. Landsberg/Lech: 85-91.

KONRAD, F.-M. (1987): Haustierkrankheiten. – BI-Lexikon, Bibliographisches Institut, Leipzig.

VON KORN, S. (1987): Im Einsatz in der Landschaftspflege. Welche Tierarten eignen sich? – DLG-Mitt. 18: 974-977.

LARCHER, W. (1994): Ökophysiologie der Pflanzen: Leben, Leistung und Streßbewältigung der Pflanzen in ihrer Umwelt. – UTB für Wissenschaft, Ulmer, Stuttgart. 394 S.

LENGWENAT, O. (2000): Seminarunterlagen. – Sachkundenachweis für Pferdehalter FN. Warendorf 11/2000.

LENGWENAT, O. (o.J.): Grünland - Basis der Pferdefütterung. Eigenvlg.: Zum Ritterbusch 4, D-31319 Sehnde.

LONGLAND, A. C. & A. J. CAIRNS (2000): Fructans and their implications in the aetiology of laminitis. – Dodson & Horrell Ltd 3rd International Conference on Feeding Horses.

MAHLKOW-NERGE, K. (2000): Preßschnitzel: ein wertvolles Futtermittel. Hinweise für die Silierung. – Veredlungsproduktion – Zeitschrift für Tierhaltung 3: 64-65.

MÄRTIN, B. [Hrsg.] (1983): Kleines abc Futterproduktion. – VEB Deutscher Landwirtschaftsverlag, Berlin. 366 S.

MARX, C. & A. STERNSCHULTE (2002): „...so frei, so stark..." Westfahlens wilde Pferde. – Klartext, Essen. 232 S.

MCDONALD, D. W. (1993): Unter Füchsen: eine Verhaltensstudie. – Knesebeck, München. 253 S.

MEYER, H. (1986): Pferdefütterung. München.

MEYER, H. (1995): Pferdefütterung. Blackwell, Berlin, 3. Aufl. 212 S.

MOHR, H. & P. SCHOPFER (1985): Lehrbuch der Pflanzenphysiologie. – Springer, Berlin. 608 S.

MORGHAN, K. J. & T. R. SEASTEDT (1999): Effects of Soil Nitrogen Reduction an Nonnative Plants in Restored Grasslands. – Restoration Ecology, 7(1): 51-55.

NISSEN, J. (1976): Großes Reiter- und Pferdelexikon. – Bertelsmann, Gütersloh. 480 S.

NOWAK, B. & B. SCHULZ (2002): Wiesen. Nutzung, Vegetation, Biologie und Naturschutz am Beispiel der Wiesen des Südschwarzwaldes und des Hochrheingebietes. – Vlg. Regionalkultur, Heidelberg. 368 S.

NÜRNBERG, H. (1993): Der Lipizzaner. – Westarp Wissenschaften (Die Neue Brehm-Bücherei) Bd. 613. 250 S.

OBERDORFER, E. (1983): Pflanzensoziologische Exkursionsflora. – Eugen Ulmer, Stuttgart. 1051 S.

OELKE, H. (2004): Eine Heimat für die Wildpferde. – Pegasus 6: 78-81.

OPPERMANN, R. & H. U. GUJER (2003): (Hrsg.): Artenreiches Grünland bewerten und fördern - MEKA und ÖQV in der Praxis. – Ulmer, Stuttgart, 199 S.

PASCHKE, M. W., MCLENDON, T. & E. F. REDENTE (2000): Nitrogen availibility and old-field succession in a shortgrass steppe. – Ecosystems 3: 144-158.

PFERDE FIT & VITAL (2003): News: Die Knochen der Pferdekinder. – www.pferdefitundvital.de/archiv/2003_02/news.html; 21.02.2005

PIRKELMANN, H. [Hrsg.] (1991): Pferdehaltung. – Eugen Ulmer, Stuttgart. 446 S.

PYWELL, R. F., WEBB, N. R. & P. D. PUTWAIN (1995): A comparison of technics for restoring heathland on abandoned farmland. – Journal of Applied Ecology 32: 400-411.

ROSENKRANZ, B., GÜNTHER, J., LEHMANN, ST., MATERN, A., PERSIGEHL, M. & TH. ASSMANN (2004): Die Bedeutung koprobionter Lebensgemeinschaften in Weidelandschaften und der Einfluß von Parasitiziden. – Schr.-R. f. Landschaftspfl. u. Natursch. 78: 415-428.

ROTHMALER, W. (1897): Exkursionsflora. – Volk und Wissen Volkseigener Verlag Berlin. 4 Bände.

RÜTHER, P. & C. VENNE (2002): Beweidungsprojekt mit Senner-Pferden im Naturschutzgebiet „Moosheide". Erste Ergebnisse. In: MARX, C. & STERNSCHULTE, A. (Hrsg.) „...so frei, so stark..." Westfahlens wilde Pferde. – Klartext, Essen: 175-182.

SATTELMACHER, B. & G. STOY (1990): Düngung von Böden. In: BLUME, H.-P. (Hrsg.) Handbuch des Bodenschutzes. – ecomed. Landsberg/Lech: 217-245.

SCHÄFER, M. (1971): Wie werde ich Pferdekenner. – Nymphenburger, München. 259 S.

SCHÄFER, M. (1972): Großponies und Kleinpferde. – Nymphenburger, München. 207 S.

SCHÄFER, M. (1974): Die Sprache des Pferdes. – Nymphenburger, München. 218 S.

SCHÄFER, M. (1986): Beobachtungen zum Verhalten des südiberischen Primitivpferdes (Sorraiapferd). – Diss., LMU München. 147 S.

SCHÄFER, M. (2000): Handbuch Pferdebeurteilung. – Frankh-Kosmos, Stuttgart. 374 S.

SCHEFFER, F. & P. SCHACHTSCHABEL (1992): Lehrbuch der Bodenkunde. – Enke, Stuttgart. 491 S.

SCHELLE, T. (1925): Das Reitsportbuch. – Diek & Co, Sportverlag, Stuttgart. 172 S.

SCHLEGEL, H. G. (1985): Allgemeine Mikrobiologie. – Thieme, Stuttgart. 571 S.

SIELING, C. (2002): Auswirkungen der Beweidung mit Przewalski-Herden auf die Vegetation. In: MARX, C. & A. STERNSCHULTE (Hrsg.) „...so frei, so stark..." Westfahlens wilde Pferde. – Klartext, Essen: 183-198.

ST. GEORG (2002): Klare Linien. – St. Georg, 9: 34-37.

STRASBURGER, E. (1983): Lehrbuch der Botanik. – VEB Gustav Fischer Verlag, Jena. 1161 S.

STUPPERICH, A. (1998): Handbuch Pferdeweide. Pflege, Nutzung, Weide-Management. – Franckh-Kosmos, Stuttgart. 134 S.

TEUSCHER, E. (1996): Gefährdung von Pferden durch Giftpflanzen Mitteleuropas. – Tagungsband zur 7. FFP-Tagung zur Pferdegesundheit. Bonn: 24-49.

ULLSTEIN, H. (1996): Natürliche Pferdehaltung. Müller Rüschlikon, Cham. 165 S.

VANSELOW, R. U. (2002a): Pferdeweide kritisch betrachtet: Wie gesund ist das moderne Grünland für Pferde? – Vlg. Asmussen, Gelting. 37 S.

VANSELOW, R. U. (2002b): Risiken und Nebenwirkungen einer Begegnung. Giftpflanzen und Pferde. – Ed. Schürer, Kirchheim. 63 S.

VANSELOW, R. U. (2002c): Modernes Gras macht Pferde fett. – Cavallo 11: 146-149.

VANSELOW, R. U. (2003a): Von Bingelkraut und Taumellolch: Erkennen Pferde Giftpflanzen instinktiv? – Pferd & Freizeit 2: 8.

VANSELOW, R. U. (2003b): Nichts für Pferde? Pferdeweiden heute: Bewuchs, Pflege, Nutzung. – Pferd & Freizeit 2: 9-10.

VANSELOW, R. U. (2003c): Zäune für Winter-Paddocks. – Pferd & Freizeit 3: 9-10.

VANSELOW, R. U. (2004a): Gut oder giftig – Pferde kosten vor. – freizeit im sattel 6: 32-33.

VANSELOW, R. U. (2004b): Hufrehe: Verschiedene Faktoren sind verantwortlich. – freizeit im sattel 8: 45.

VANSELOW, R. U. (2005a): EU-Agrarreform: Neue Weiden für die Pferde? – freizeit im sattel 1: 24-27.

VANSELOW, R. U. (2005b): Naturnahe Pferdehaltung in Halboffener Weidelandschaft – eine Herausforderung für das Sachverständigenwesen. In: BRÜCKNER, S. (Hrsg.) Hippo-logisch! Interdisziplinäre Beiträge namhafter Hippologen rund um das Thema Pferd. – FN-Verlag, Warendorf: 324-331.

VERHAGEN, R., KLOOKER, J., BAKKER, J. P. & R. VAN DIGGELEN (2001): Restoration success of low-production plant communities on former agricultural soils after top-soil removal. – Applied Vegetation Science 4: 75-82.

WALTER, H. (1984): Vegetation und Klimazonen: Grundriß der globalen Ökologie. – UTB, Stuttgart. 382 S.

WALTER, H. (1986): Allgemeine Geobotanik als Grundlage einer ganzheitlichen Ökologie. – UTB, Stuttgart. 279 S.

WALZER, J. (1942): In: BRAUN, W. & A. MARSANI R. (Hrsg.) Berühmte Reiter erzählen. – Limpert, Berlin. Bd. 2: 67-88.

ZIMEN, E. (1988): Der Hund. – Bertelsmann, München. 336 S.